항공종사자(유인 · 무인조종사)를 위한

항공기상

AVIATION WEATHER

책을 시작하며

Drone(초경량비행장치)는 4차 산업혁명이 시작된 지금 전 세계적으로 국가와 기업들의 최고 관심 사업으로서 주목받고 있다. 과연 드론으로 무엇을 할 수 있을까? 가장 흔히 보았던 방제와 촬영에서부터 측량, 택배, 구조, 감시, 기상관측뿐만 아니라 요즘에는 아트(공연) 드론에 이르기까지 그 분야는 매우 방대하다.

우리 모두가 체감하듯 자고 일어나면 드론 관련 신기술이 언론에 보도되고 있다. 드론은 최초 군사용으로 개발되어 활용되었지만, 최근에 멀티콥터형 드론이 출시되면서 현재는 취미 및 상업용 시장이 더욱 빠른 속도로 급성장하고 있다. 국내의 경우 군사용을 중심으로 연평균 22% 급성장하고 있으며, 2022년에 5,500여억 원에 달할 것이라는 분석이며, 18년 12월을 기준으로 조종자증명 취득자는 242배(64 → 15,492명)로 급격히 증가하고 있다. 향후 다양한 형태의 수많은 드론이 노동력을 대체할 것이고, 기체의 대형화와 더불어 고고도에서 장시간 체공이 가능한 무인비행장치가 개발, 상용화될 것으로 전망된다.

드론(무인멀티콥터 중심으로) 자격은 매월 1,800~2,000여명의 수험생들이 필기시험을 합격하고 20시간 비행 증명을 받아 전국 110여개소의 실기시험장에서 시험에 응시하여, 전국적으로 50% 수준의 합격률을 보이고 있다. 하지만 국가 실기시험에서도 안전점검 시 "풍향, 풍속"만 점검하고 있으며, 시간당 5~10mm 정도의 비에서는 시험을 진행하는 경우가 대부분이다. 결국 드론 비행 간에 기상요소로 판단하는 것은 "바람과 강수"가 전부인 것이다.

이렇게 드론 국가자격증에 대한 국민적 관심이 급부상하고, 각 대학교별로 앞다투어 드론학과 신설에 매진하고 있지만 초경량 비행장치(특히, 무인비행장치 중 비행기와 멀티콥터)에 영향을 주는 기상요소에 대해 체계적으로 다루고 있는 교재가 부족한 실정이다. 기존의 교재들은 대부분 유인항공기 위주의 항공기상을 다루고 있으며, 이러한 교재들로 각종 교육기관에서 약식으로 가르치고 있을 뿐이다.

이제 드론(무인비행장치 : 비행기, 멀티콥터, 비행선 등)은 장난감 수준에서 벗어나 점차 유인항공기의 영역(고도 및 임무 수행 면)에서 하루가 다르게 발전하고 있다. 무인 전투체계의 "전투용 드론"이나, 민수용의 "택배" 또는 "기상관측용 드론"이 가장 먼저 만나게 될 기상요소를 다루고자 한다.

이 책은 본 저자들이 드론 전문교육기관인 "육군정보학교 드론교육원"의 교장 및 전투실험처장 직책, "아세아무인항공교육원"의 원장, 75사단장, 그리고 "트라이셀"의 대표 직책을 수행하는 동안의 실증경험을 토대로 집필하였다. 교통안전공단에서 제시한 무인멀티콥터 "항공기상" 파트의 출제범위를 토대로 내용을 구성하여, 자격취득을 희망하는 수험생과 대학교에서 드론을 전공하는 학생들이 보다 쉽게 드론에 미치는 기상요소에 대해 이해할 수 있도록 하였다. 또한 무인항공기(무인비행장치) 분야의 전문지식과 육군에서 "전투실험처장" 임무로 수행한 4계절 실험을 기초로 무인항공기(무인멀티콥터 포함)를 운용함에 있어서 한계를 주는 항공기상요소(악기상 위주) 등을 그림과 함께 상세히 설명하였다.

끝으로 이 책이 초경량비행장치(드론) 자격 수험생과 드론학과 학생들에게 좋은 수험서 및 대학 교재가 되길 기대하면서 항상 묵묵히 내조를 해준 사랑하는 가족들과 이 책을 출판하기까지 지도를 해주신 황창근 · 김재철 교수 그리고 자료 검색 및 편집을 도와준 최혁찬 · 박근휘 교관, 마지막으로 도서출판 시대교육 박영일 회장님 이하 편집부 관계자 등 모든 분들께 깊은 감사를 드린다.

2019년 7월 31일

저자 일동

PART 01 기상 일반

contents

contents

PART

1

기상 일반

FLIGHT

항공 기상

항공분야 전문가를 위한

CHAPTER

1 기 상

1 기상 개관

'모든 기상현상은 대류권에서 발생한다' 또는 '기상 변화가 일어나는 층', '대기권 중 지구 표면으로부터 형성된 공기의 층으로 끊임없이 공기부력에 의한 대류현상이 나타나는 층' 등은 초경량비행장치 필기시험을 준비해 온 사람이라면 한 번쯤 들어보았을 것이다.

우리가 살고 있는 지구는 대기권으로 구성되어 있고, 지표면으로부터 고도가 높아지는 방향에 따라 대류권, 성층권, 중간권, 열권, 외기권으로 구분하는데, 상부 성층권 이상은 광화학반응을 일으키는 화학권(Chemosphere)이라고도 한다. 이러한 대기 순환의 원인은 태양에서 방출되는 에너지에 의한 지표면의 불규칙한 가열 때문이라고 정의할 수 있다. 즉, 태양에서 열이 방출되고 지구에 열이 복사되면서 복사된 열이 지표면을 가열시키면 공기는 상층부로 올라가게 되는데 이를 대류현상이라고 하며, 대류현상이 주로 발생하는 권역을 대류권이라고 한다.

대류권에서는 1,000ft당 -2℃(km당 -6.5℃)의 기온감률현상이 발생하는데 데워진 공기가 높이 올라가면서 이슬점온도에 도달하기 직전부터 수증기로 변하면서 안개나 구름이 발생한다. 즉, 안개나 구름은 지구 표면의 불규칙한 부등가열현상에 의해 일어나는 것이다. 이러한 구름은 모양과 형태에 따라 적운계(수직으로 발달한 구름 0.5~8km) - 하층운(2km 이하) - 중층운(2~7km) - 상층운(5~13km)으로 구분한다.

구름의 형성과정에서 대류현상 외에 중요하게 작용하는 것이 전선이다. 일반적으로 전선이라고 하면 온난전선과 한랭전선을 생각하는데, 한랭전선이 온난전선보다 강하다면 한랭전선이 쐐기처럼 온난전선 밑으로 파고들어가게 되고, 이때 강한 폭우나 폭설을 동반하는 적운계(Cb) 구름이 나타난다. 반대로 온난전선이 한랭전선보다 강해 한랭전선 위로 완만하게 상승하면서 응결고도 이상으로 상승하면 전선에 의한 공기의 상승작용으로 구름이 형성된다.

구름이 형성되는 가운데 공기(기체) → 수증기 · 물방울(액체) → 빙정 · 우박(고체)이 형성되어, 지표면에서 상승되는 양이온(+)과 구름 속에 생성된 음이온(-)의 활발한 활동 속에서 고체 성분이 파괴되면 강한 폭우성 소나기가 내리고, 고체 성분이 유지된다면 우박으로 떨어지는 것이다. 우박이 주로 여름철 내륙에서만 나타나는 것은 지형적 영향으로 내륙지역이 곡풍(낮에 공기가 골짜기에서 산 정상으로 이동하여 발생하는 바람)에 의해 적운형 구름이 잘 발달하기 때문이다.

이러한 과정에서 적란운이 더 크게 발달하면서 구름 내부에 축적된 음전하와 양전하 사이에서 또는 구름 하부의 음전하와 지면의 양전하 사이에서 발생하는 불꽃방전을 번개라고 한다. 번개는 구름의 내부, 구름과 구름 사이, 구름과 주위 공기 사이, 구름과 지면 사이의 방전을 포함하여 다양한 형태로 발생한다.

번개는 여러 가지 과정을 통해 일정한 공간 내에서 전하가 분리되고 큰 전하차가 있을 때 발생하는데, 관측에 의하면 적란운 상부에는 양전하가, 하부에는 음전하가 축적되며, 지면에는 양전하가 유도된다. 이때 적란운 속의 전하분리에 의해 구름 하부에 음전하가 모이면 이 음전하의 척력과 인력에 의해 지면에 양전하가 모이게 된다. 지면의 양전하와 구름 하부의 음전하 사이에 전하차가 증가하면 전기방전, 즉 낙뢰 또는 벼락이 발생한다.

이러한 구름은 주로 저기압 지역에서 상승기류를 타고 발생되며, 고기압 지역에서는 하강기류가 발생하여 구름이 잘 발달되지 않는다. 따라서 맑고 청명한 날씨의 일기도는 고기압(H) 대역으로 표시되어 있다.

일기도[1)]는 매일매일의 날씨를 중심으로 신문이나 TV를 통해 일상생활과 밀접하게 관련이 있는 주제도이다. 일기(날씨)는 기상관측소에서 관측한 강수량, 기온, 습도, 풍속, 풍향, 일조, 기압 등의 정보를 바탕으로, 대기 중의 수분과 운동의 조합에 의해 결정된다. 수분이 많고 상승기류가 강하면 비가 많이 내리고, 반대로 수분이 적고 하강기류가 강하면 날씨가 맑다. 즉, 일기도는 어떤 시각에서 각 지역의 일기를 한 장의 지도에 그려, 넓은 구역의 일기를 한눈에 파악할 수 있도록 만든 것으로, 대기상태는 간혹 고기압이나 저기압, 전선, 기단 등 큰 규모의 기상현상과 관련되는 경우가 많다. 이 같은 대기현상을 한 장의 지도로 표현한 것이 일기도이다. 우리나라는 전국에 28개 측후소와 47개의 관측소가 있고, 이들 측후소에서 관측된 기상 자료는 중앙기상청에서 모아 정리한 후 우리나라 각 지역에 무선전신으로 방송한다.

기상관측의 결과는 일정한 부호로 표시하며 이 부호에는 국제식과 약식이 있다. 현재 기상청에서 사용하고 있는 국제식은 세계 공통으로 자세하지만 너무 복잡하여 일반인들이 사용하기는 곤란하므로, 일반인을 상대로 하는 일기도에는 약식부호를 사용한다. 약식부호의 경우 일기는 관측소의 위치를 나타내는 동그라미 안에 부호를 써서 나타내며 풍속은 화살표로 나타낸다. 구름의 양은 작은 원에 표시하고, 풍향은 바람이 불어오는 방향을 나타내며, 풍속은 길거나 짧은 직선으로 나타낸다. 총괄 날씨를 나타낼 때는 일기기호를 사용한다. 과거에는 기상예보 시에 일기도를 보여 주었지만, 최근에는 기상 캐스터에 의한 설명만 진행하다보니 고기압과 저기압 지역을 확인하기가 어려운 실정이다. 따라서 초경량비행장치 조종자는 기상예보에 의존하지 말고 기상청 홈페이지를 통해 일기도를 확인하는 습관을 가지는 것이 매우 중요하다. 예를 들어, 다음날 방제 임무가 있다면 방제 지역이 고기압 지역인지 저기압 지역인지 확인을

---

1) [네이버 지식백과] 일기도 [日氣圖, weather map]
https://terms.naver.com/entry.nhn?docId=915064&cid=42455&categoryId=42455

하고 저기압 지역이라면 비가 내릴 가능성을 염두에 두고 임무계획을 수립해야 한다.

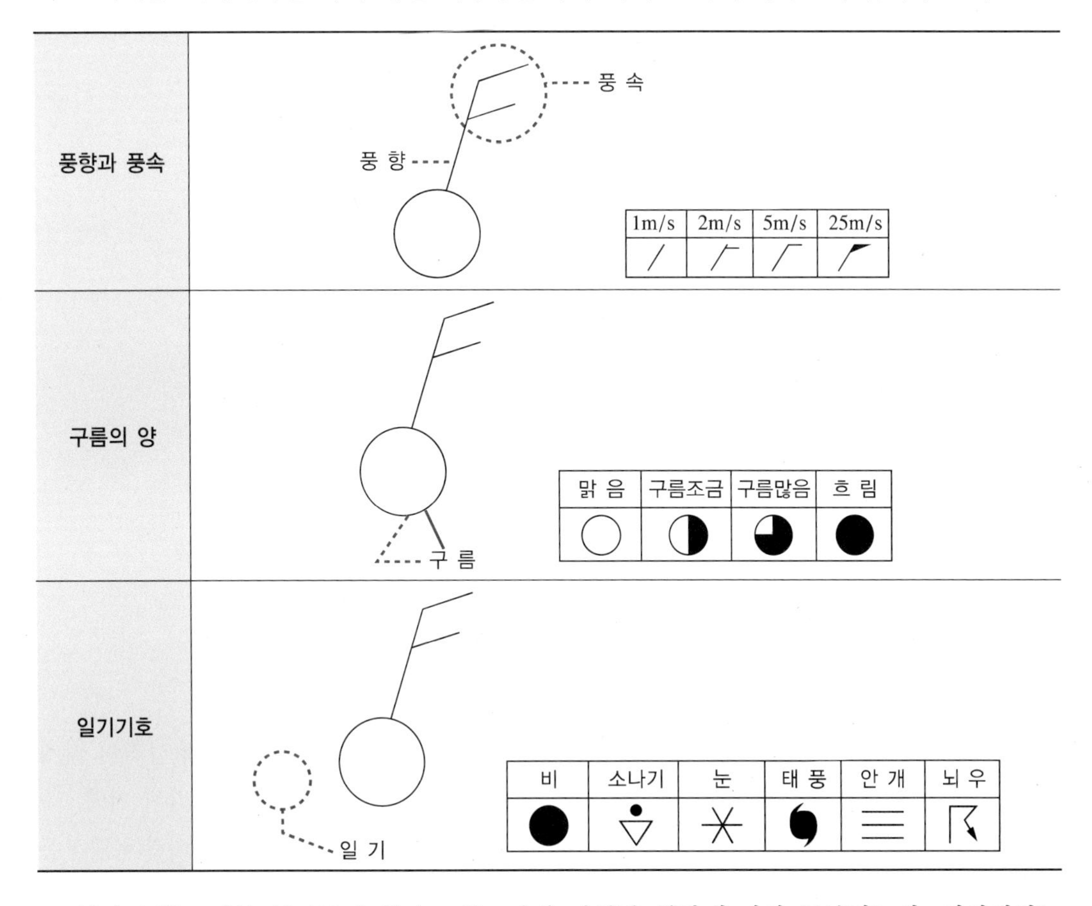

일기도에는 지상 일기도가 있다. 이는 다시 지역과 시간에 따라 구분되는데, 지역에서는 극동과 북반구, 시간에서는 정시(定時), 5일 평균, 30일 평균 등이 있다. 지상 일기도는 등압선을 그리고 고기압과 저기압의 위치, 강도 등 기압 분포의 형태를 강조하는 것으로, 기압 분포를 그릴 때에는 고도를 0으로, 즉 해수면을 기준으로 그린다. 고층 대기의 상태를 해석하기 위한 일기도로서, 고층 일기도가 있는데 일반적으로는 등압면 일기도(等壓面日氣圖)가 사용된다. 등압면이란 기압이 같은 면으로 그 면의 고도를 등압면 고도라고 한다. 등압면 일기도에서 기압 분포를 그릴 때에는 고도를 정하고 등압선을 그리는 방법과 기압을 정하고 등고선을 그리는 방법이 있다.

앞의 설명처럼 저기압 지역에서 구름의 양을 판단하는 것이 강수 확률을 판단하는데 도움이 될 것이다. 일기도상에서 고기압(H)과 저기압(L)을 파악하는 것 이외에도 풍향과 풍속을 파악할 수 있어야 하며, 비가 내리는 지역을 파악하여 비행 임무에 적용할 수 있어야 한다. 또한 풍속을 파악하여 특정 지역 비행 시에 풍향·풍속에 대한 대략적인 예보를 확인함으로써 실제 비행 시 대응능력을 구비할 수 있다.

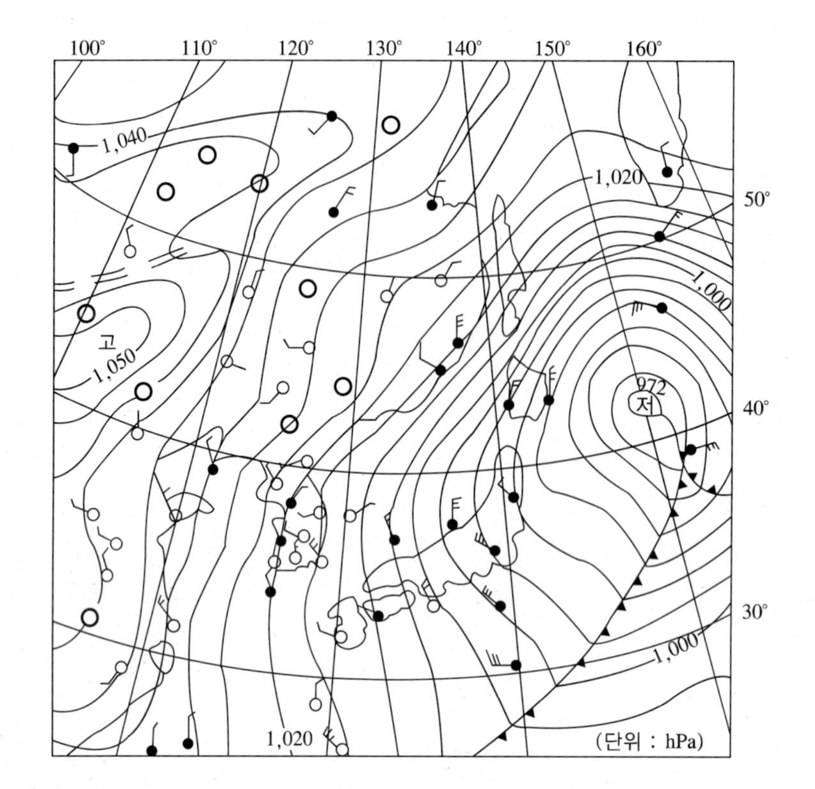

위 그림에서 '고'와 '저'로 표시된 지역이 중심부이며 중심부를 기준으로 선의 간격이 넓게 그려진 지역, 즉 등압선이 넓은 지역은 기압차가 작고, 좁은 간격으로 선이 그려진 지역, 즉 등압선이 좁은 지역은 기압차가 커 바람의 세기가 강하다. 이러한 기압차에 의해 바람(풍향・풍속)이 발생한다.

(1) 대기의 구성

① **대기권**[2] : 지구를 둘러싸고 있는 공기층으로, 지표에서 높이 약 1,000km까지의 영역(산소 포함)이다. 높이 올라갈수록 지구의 중력이 약하게 작용하기 때문에 높이에 따른 대기의 밀도는 지표면에서 높이 올라갈수록 공기가 희박해져 대기의 밀도는 작아진다. 대기권을 구성하고 있는 기체를 총괄하여 대기라고 하며, 이 대기는 여러 가지 기체의 혼합물이다. 대기의 하층에서는 공기의 운동에 의하여 상하의 공기가 잘 혼합되므로 상당한 높이까지 조성비(組成比)가 일정하다. 대기의 역할은 다음과 같다.

㉠ 동식물의 호흡에 필요한 산소를 공급한다.

㉡ 태양으로부터 방출되는 자외선을 차단한다.

㉢ 우주 공간에서 지구로 들어오는 운석을 막아준다.

2) http://study.zum.com/book/12673

㉣ 지구의 열이 우주 공간으로 빠져나가는 것을 방지한다.

㉤ 저위도의 남는 열을 고위도로 운반하여 온도차를 줄인다.

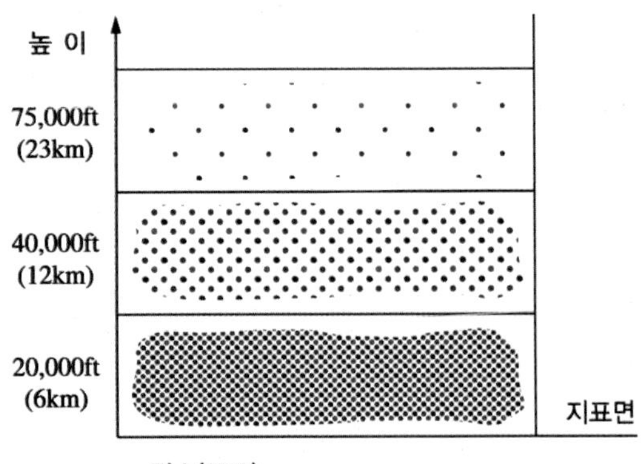

② 대기는 고도에 따라 물리적인 특성이 달라지지만, 대기의 주성분인 질소와 산소 등은 지표면에서 고도 80km에 이르기까지 거의 일정한 비율로 분포되어 있다.

③ 대기는 질소(N_2) 78%, 산소(O_2) 약 21%, 아르곤(Ar) 0.93%, 이산화탄소(CO_2) 0.035%, 그 나머지는 미량의 네온・헬륨・크립톤・제논・오존 등으로 이루어져 있지만 부피 백분율은 장소에 따라 변한다. 실제로 이산화탄소의 양은 장소와 계절에 따라서 변하는데, 나무나 식물이 이산화탄소를 흡수해서 대기 중 이산화탄소를 줄이는 한편 사람이나 동물의 호흡으로 증가되기도 하며, 연소나 화학작용에 의해 생성되기도 한다. 특히 대기 중의 이산화탄소는 공업의 발달로 전 세계적으로 증가하는 경향을 보이고 있다. 또한, 오존은 지상에서 20~50km 높이에 주로 분포되어 있는데, 공기의 전체 부피에 대비하면 이산화탄소와 오존은 양은 적지만 기상에 큰 영향을 미친다. 여러 고도에서 공기의 시료(試料)를 채취하여 분석해 보면, 이산화탄소와 오존을 제외하고 대략 80km까지는 기체가 일정하게 분포되어 있다고 한다. 공기의 대류운동이 거의 없는 아주 높은 상공에서는 혼합작용이 감소되어 공기 분자 자체의 분자운동으로, 기체 중 무거운 기체는 아래로, 가벼운 기체는 위쪽으로 확산 분리된다. 인공위성 관측에 의하면 대기는 지상 120km 층까지는 주로 질소와 산소로 구성되고, 120~1,000km까지는 산소원자로 층을 이루고, 1,000~2,000km까지는 헬륨이 층을 이루고 있으며, 그 이상 10,000 km까지는 수소로 구성되어 있다.

▮ 대기의 구성

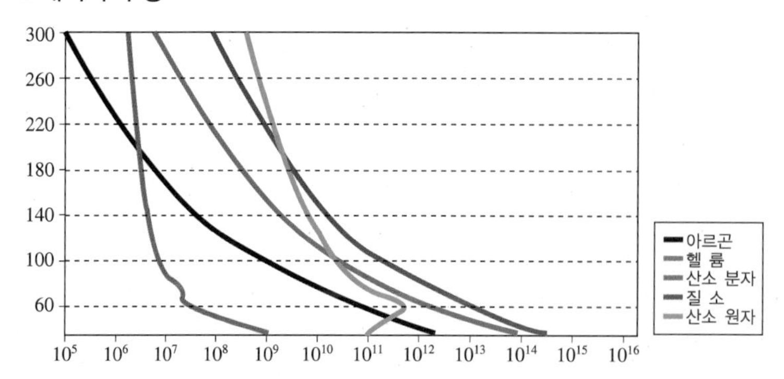

④ **대기권의 구분** : 지표면으로부터 고도가 높아지는 방향으로 대류권, 성층권, 중간권, 열권, 외기권으로 구분하는데 상부 성층권 이상은 광화학반응을 일으키는 화학권이라고도 한다. 대기 순환의 원인은 태양에너지에 의한 지표면의 불규칙한 가열 때문이다.

⑤ 대기는 전체 질량의 99%가 지표면으로부터 약 40km 이내에 집중되어 있다.

⑥ **지구 대기의 생성** : 지구가 원시 행성이었을 때 가지고 있던 가스는 지구가 생성되는 동안에 우주 공간으로 빠져나갔고, 그 후 지구 내부에 포함되어 있던 가스가 빠져나와 지구 주위를 둘러싸게 되면서 이것이 원시 대기를 이루었다. 이 원시 대기는 주로 메테인, 암모니아, 수증기 등으로 이루어져 있었는데, 태양열이 수증기를 산소와 수소로 분리시켰고, 산소는 메테인과 반응하여 이산화탄소와 물이 생성되었다. 또한, 태양열은 암모니아에서 질소를 분리시켰다. 이렇게 하여 이산화탄소와 질소를 주성분으로 하는 대기가 생겨났으며, 현재 대기 중의 20%를 차지하는 산소는 대부분 지구상에 녹색 식물이 출현한 후에 생긴 것이다. 녹색식물은 광합성의 부산물로 대기 중의 이산화탄소를 흡수하고 산소를 방출한다.

▮ 고도에 따른 공기밀도

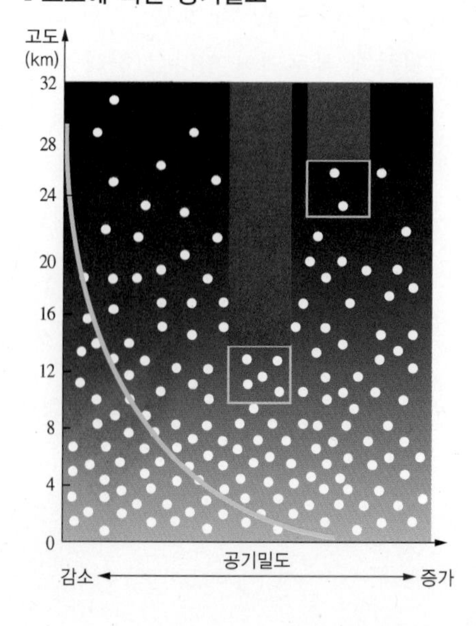

⑦ 지상 공기 고밀도, 고고도 공기 저밀도[3)]

드론(무인비행장치, 유인비행기) 운항에 있어서 공기의 밀도가 높은 것이 무조건 좋은 것은 아니다. 비행기 이륙 시에는 공기의 밀도가 높아야 유리하지만 일정 고도(순항고도)까지 상승하면 그때부터는 충분한 비행 속도로 양력을 유지할 수 있기 때문에 공기의 밀도가 낮은 편이 비행하는 데 유리하다. 고도가 높으면 공기의 밀도가 낮아져 높은 공기밀도로 인한 항력이 저하된다. 즉, 맞바람이 적어져 훨씬 쉽게 정상적인 비행을 할 수 있기 때문이다. 따라서 민간 항공기는 공기밀도가 가장 낮은 30,000~40,000ft 정도의 높은 고도까지 상승한 후 정상적인 경로로 비행을 실시한다. 200~300m 높이에서는 고속 비행을 해도 시속 800~900km(지상 속도 기준)밖에 내지 못하지만 공기밀도가 낮은 고고도에서는 저속 비행 시에도 이 속도가 가능하다(지상에서의 공기밀도는 고밀도이지만 고고도에서의 공기밀도는 저밀도이기 때문이다).

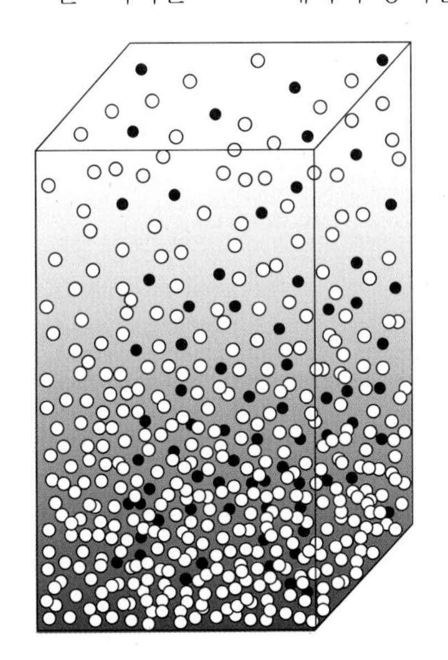

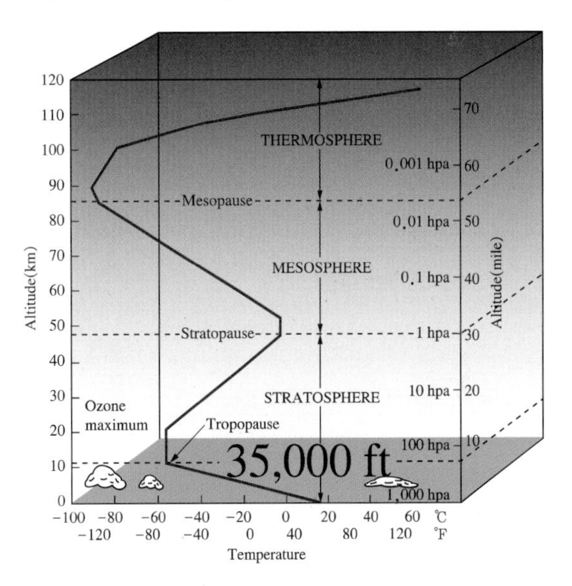

항공기(무인 비행장치 포함)는 상황에 따라 항공기 성능이 달라지고 이착륙의 조건, 비행 성능도 달라지기 때문에 이에 적절히 대응하지 않으면 큰 사고로 이어질 수 있다. 이러한 이착륙의 조건, 비행 조건, 항공기 성능 등을 고려해 비행 계획을 세우는 직업이 운항관리사이다. 현재 드론(무인비행장치)과 무인항공기(150kg 초과)도 항공기와 동일하게 적용되어야 함에도 불구하고 운항관리, 즉 관제를 하는 인원이 없기 때문에 드론 조종자는 더욱더 기상 요건에 관심을 가져야 한다.

3) https://airtravelinfo.kr/xe/air_sense_board/1216658

(2) 대기의 구조

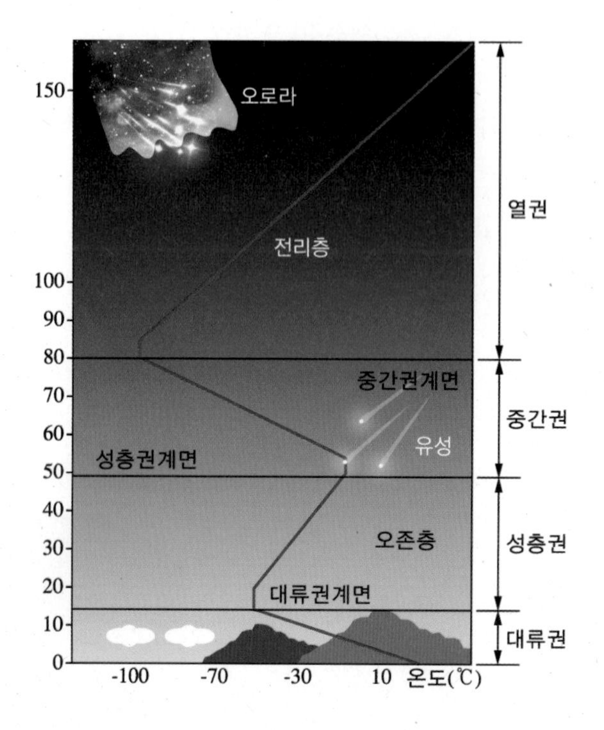

■ 대기의 구조

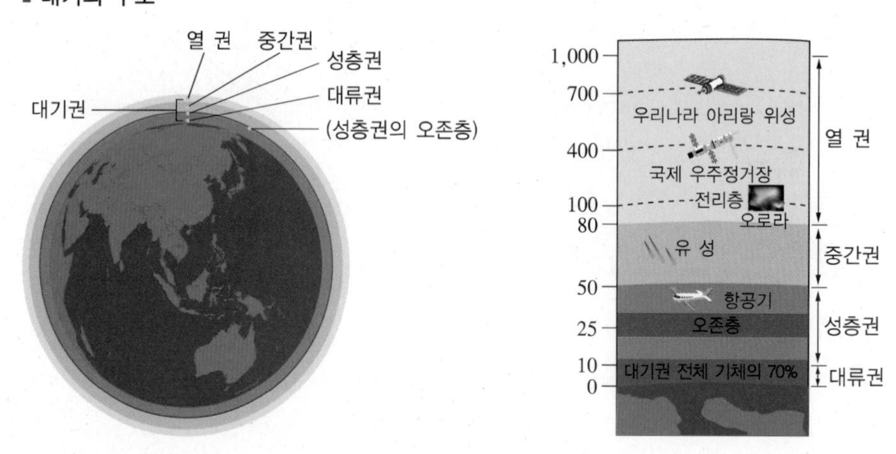

① 대류권(Troposphere) : 지구 표면으로부터 형성된 공기의 층으로 통상 10~15km이며, 평균 12km이다.

㉠ 중위도지방 : 지표면으로부터 약 11km(약 36,000ft)까지의 고도

㉡ 적도지방 : 지표면으로부터 16~18km 정도

㉢ 극지방 : 지표면으로부터 6~10km 정도

② 대류권의 기상 변화

㉠ 대부분의 구름이 대류권에 존재하는데 지표에서 복사되는 열 때문에 고도가 높아짐에 따라 기온이 감소되는 음(−)의 온도 기울기[4](온도구배)가 형성되므로 온도가 감소한다.

㉡ 대류권에서는 고도가 증가함에 따라 온도의 감소가 발생한다.

㉢ 대류권의 공기는 수증기를 포함하는데, 지구상의 지역에 따라 0~5%까지 분포되는 것으로 알려져 있다. 대기 중의 수증기는 응축되어 안개, 비, 구름, 얼음, 우박 등과 같은 상태로 존재하기 때문에 비록 작은 비중을 차지하지만 기상현상에 매우 중요한 요소이다.

㉣ 대류권에서는 공기부력에 의한 대류현상이 나타나며, 주요 기상현상이 발생한다.

③ **대류권계면(Tropopause)** : 대류권의 상층부로 적도를 기준으로 대류권과 성층권 사이 17km 내외이다. 제트기류, 청천난류 또는 뇌우를 일으키는 기상현상이 발생하므로 조종사에게 매우 중요하다.

㉠ 청천난류(Clear-air Turbulence)[5]

구름 한 점 없는 하늘에서도 예기치 않은 중간 정도 이상의 난류현상이 존재하는데, 이러한 난류를 청천난류라고 한다. 항공기(무인기 포함)의 순항고도가 점차 높아짐에 따라 항공기가 기상현상으로부터 자유로울 것으로 예상되지만, 실제로 비행을 하면 눈에 보이지 않는 기상현상으로 인한 위험이 생길 수 있다. 청천난류라는 명칭은 초기 조종사들이 맑은 날 고층에서 심한 난류를 겪은 경험에서 유래되었다. 그러나 지금은 청천난류가 고고도의 전선난류와 제트기류난류를 포함한 개념으로 사용되고 있으며, 권운이나 연무층에서 발생하는 난류도 청천난류라고 한다. 유인항공기가 고고도를 비행하는 중에 중간 정도 이상의 청천난류를 만날 가능성은 약 6% 정도이며, 심한 청천난류를 만날 가능성은 1% 미만으로 매우 작다. 예측이 어렵기 때문에 조종사에게 청천난류 예측 자료를 제공할 때에는 '가능성 있는 지역'이나 '높은 빈도를 가진 지역'으로 표현한다. 청천난류는 대부분 중위도 지방에서 관측되는데 발생고도는 권계면의 아래나 위의 수천 ft 이내 정도이다.

청천난류는 기온감률이 크고 수직적인 윈드시어가 있는 권계면 부근에서 특히 강하며, 높은 산의 상공에서도 발생하는 경우가 많다. 드론(무인기)도 유인항공기 고도에서 운용되는 경우가 선진국(글로벌호크, 프레데터, 리퍼 등)에서는 보편화되어 있으며, 우리나라의 경우에도 한국항공우주연구원에서 개발한 EAV-3(운용고도 18km)가 시험 비행한 경우가 있고, 향후 드론산업이 발전된다면 더욱더 많은 드론

---

4) 온도 기울기 : 물체 내부의 열전도는 평행한 양면의 온도가 각각 일정하고 물체 내부가 일정하다면, 물체 내부의 온도 분포는 직선이 된다. 이 직선의 기울기를 온도 기울기(온도구배)라고 한다.

5) http://rtocare.tistory.com/entry/뇌우난류와-청천난류[RTO care]

(무인기)이 고고도에서 비행할 것으로 예상되므로 이러한 청천난류를 만날 가능성이 커진다. 특히, 기상관측용 드론은 상층운[고도 16,500~45,000ft(5~13.7km)]~중층운[고도 6,500~23,000ft(2~7km)]~하층운[지표면과의 고도 6,500ft(2km) 미만], 적운계(수직으로 발달한 구름 0.5~8km) 구름을 관측할 수 있는 고도로 비행해야 하기 때문에 이러한 청천난류를 극복할 수 있는 기술 개발이 '고고도 무인기'와 '기상관측용 드론'의 성공에 중요한 핵심이 될 것이다. 상층운 지역에서 주로 발생되는 권운(13쪽 사진 참조)에서 생기는 난류도 청천난류에 속하기 때문이다.

이러한 청천난류는 지형적으로 높은 산악지역에서 보통 지형보다 약 3배 이상 많이 발생하기 때문에 주요 산맥(태백산맥, 소백산맥, 차령산맥 등)에서 운용할 때는 더욱더 각별히 주의해야 한다. 우리나라에서 청천난류가 주로 발생되는 곳은 '추풍령' 상공 부근이다.

▮ 상층운 지역에서 주로 발생되는 권운[6]

청천난류의 규모와 강도 측면에서 보면 청천난류는 제트기류와 밀접한 연관이 있는데, 제트기류 근처에서 발생할 때는 제트코어(Jet Core)의 위쪽과 아래쪽, 그리고 한랭기단 쪽으로 청천난류가 생성된다. 일반적으로 제트코어 바로 아래쪽과 약간 북쪽으로 치우친 위쪽 부분에서 제일 강한 청천난류가 나타나는데, 난류의 강도는 약, 보통, 강으로 구분된다. 기록에 의하면 청천난류의 강도를 중력 단위 g로 나타낼 때 전체의 75%가 0.1~0.3g인 약한 상태였으며, 15~20%가 0.6g인 보통 상태, 5~10%가 0.9~1.2g 및 그 이상인 매우 강한 상태였다. 가장 강한 난류로는 4g의 요동이 관측된 적도 있는데, 겨울이 여름보다 청천난류 빈도가 높고 한 겨울에서 이른 봄 사이가 가장 심한 것으로 관측되었다.

청천난류는 대부분 너비가 수십 mile, 길이가 50mile 이상, 두께는 2,000ft 이하로 얇게 발생하는데, 가장 두껍게 발달한 경우는 18,000ft 이상을 기록했던 적이

6) (cc) PiccoloNamek at Wikimedia.org

있으며, 항공기가 청천난류를 심하게 만나는 경우는 난류층에 비스듬히 진입했을 때이다.

조종사는 청천난류를 만날 경우 고도나 항로를 바꾸며, 난류지역을 빨리 빠져나오도록 적절한 속도로 비행하면서 좌석벨트와 어깨 고정벨트를 조인다. 제트기류난류를 측풍으로 만났을 때에는 전진함에 따라 온도가 상승하면 고도를 높이는 것이 좋다. 반대로 전진함에 따라 온도가 하강한다면 고도를 낮춰야만 청천난류 지역으로부터 신속하게 이탈이 가능하다.

- 일기도와 연관된 청천난류

  강한 청천난류의 약 75% 이상이 제트기류 북방에서 관측된다. 특히, 한대제트기류가 남쪽으로 곡의 모양(○ 부분)을 이룬 곳에서 주로 발생하는데, 한대제트와 아열대제트가 매우 근접해 있을 때 그 중간에서 10% 정도가 발생한다. 강한 수직 윈드시어에 의해 생기는 청천난류는 보통 200~500hPa 사이에서 많이 발생하는 것으로 관측되었다.

▮ 300hPa 일기도에 그려진 200~500hPa 사이의 난류 발생 구역

(실선 : 300hPa 등고선, 전선 : 지상전선 위치)

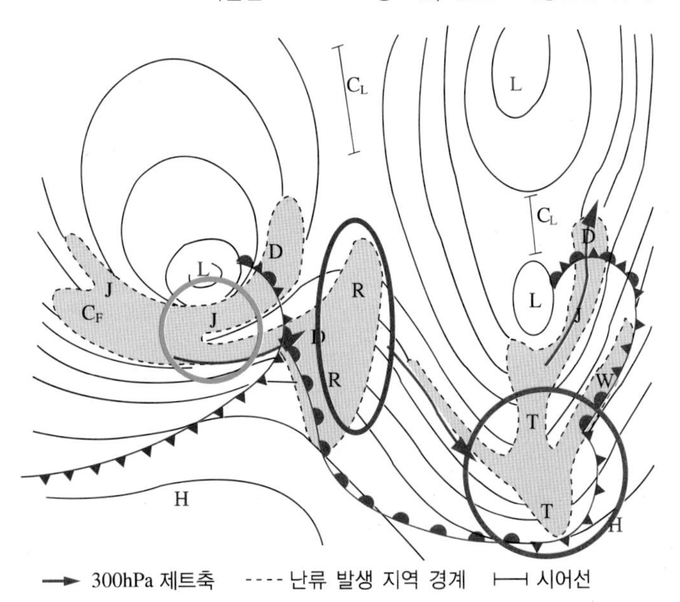

CL	상층 안장부(시어선 표시를 따라 좁은 구역에서 난류 발생)
CF	두 제트기류의 수렴 구역
D	제트기류의 발산 구역
J	저기압 쪽의 제트기류난류
R	발달 중인 상층 기압능
T	예리한 상층 기압곡
W	발달 중인 파동성 저기압

청천난류 발생 구역은 일기도상에 회색으로 표시한다. 이때 대부분의 난류는 권역별 계면 고도(대류권계면이나 성층권계면 등)나 다른 안정층 고도에서 발생하는 경우가 많으며, 제트기류에서는 보통 축 상하의 구역에서 발생한다. 그런데 제트기류가 저기압성 곡률일 때는(◯ 부분) 그 하층에, 반대로 고기압성 곡률일 때는(◯ 부분) 그 상층에 난류가 집중되는 경향이 있다. 상층의 각이 큰 예리한 기압곡(氣壓谷) 부근(◯ 부분), 등압선이 닫힌 저기압의 주변 및 온도 경도가 큰 곳에서도 난류가 존재한다. 난류 발생 지역에서는 기류 패턴이 급격히 변화하거나 빠르게 발달하는 경우에 특히 강한 청천난류가 발생한다.

ⓛ 뇌우난류

뇌우난류는 대류운 주위나 성숙기에 적란운 주위에 나타나는 난류로, 뇌우구름의 내부나 아래, 주변에서 주로 발생한다. 다음 그림에서 A 부분은 대류운 내부에서 발생하는 난류이고, B 부분은 뇌우구름 아래에서 발생하는 난류로 마이크로버스트 등의 형태로 생성된다. C 부분은 뇌우구름 주위, D 부분은 뇌우구름의 상공에서 발생하는 난류로 대부분 모루구름(적란운의 윗부분에 나타나는 모루 또는 나팔꽃 모양의 구름으로 적란운이 발달해 권계면 부근에 이르면 더 이상 연직 방향으로 발달하지 못하고 풍속에 따라 옆으로 퍼진다)과 같이 나타난다. 특히, 적란운이 40,000ft 정도까지 발달하면 상당히 강력한 난류가 만들어진다.

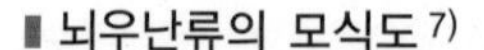

■ 뇌우난류의 모식도 7)

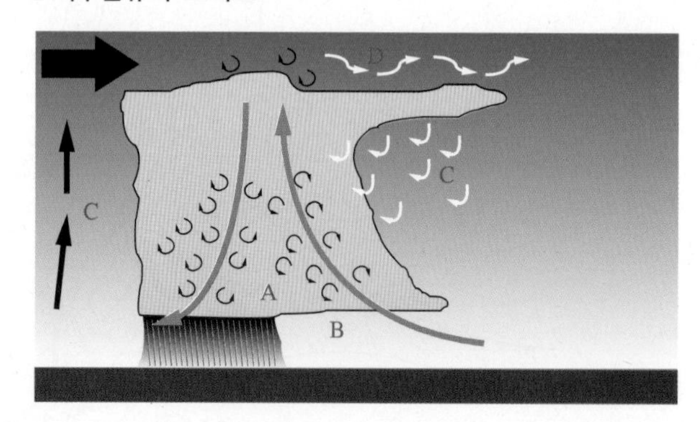

가장 강력한 뇌우난류는 구름 내부에서 생성되는데, 이는 강한 상승기류와 하강기류로 인해 생성된다. 뇌우 내부의 난류는 착빙(着氷)이나 우박, 번개가 동반되어서 유인항공기와 드론(무인항공기/무인비행기)의 안전에 가장 위험한 요소로 나타날 수 있기에 치명적인 항공사고의 원인이 되기도 한다.

7) 항공기상학 교학연구사 홍성길 2012. 2

뇌우구름이 만들어지는 첫 단계인 적운 단계에서의 뇌우난류는 상승기류 때문에 발생하며, 상승기류의 속도는 운저(Cloud Base)에서부터 점차 증가하여 운정에서 최대가 된다. 적운 단계에서 더 발달해 성숙 단계에 이르면 상승기류의 속도는 가속화되며, 최대 속도는 권계면 가까이에서 크게 나타난다. 이로 인해 뇌우구름의 운정 고도가 급속하게 높이지기 때문에 권계면 바로 아래를 비행하는 유인항공기 조종사와 무인항공기/무인비행기 내부 조종자는 급격히 강해지는 난류를 만날 수 있다. 뇌우구름의 성숙 단계에서 상승기류의 속도는 뇌우구름의 밑면 부근에서 보통 0.2~6m/sec 정도이나 권계면 근처에서는 20m/sec 정도까지 강해지기 때문이다. 매우 극심한 뇌우가 있을 때는 50m/sec 이상의 격렬한 연직난류가 관측되기도 하는데, 뇌우구름의 하강기류는 비가 내리는 지역이 가장 강하며, 뇌우구름의 밑면 근처가 가장 강해서 최고 25m/sec가 관측된 바도 있다.
난류의 강도는 뇌우구름의 발달에 따라 강해진다. 적운 단계에서는 난류 강도가 '약~보통'이지만, 성숙 단계에서는 '보통~강' 이상이며, 뇌우구름이 소산 단계에 접어들면 비가 그치고 뇌우구름 내부의 난류 또한 약해진다. 그러나 항공기에 탑재된 기상레이더에 탐색되지 않는 소산 단계의 뇌우구름에서도 난류의 가능성은 존재한다. 다음은 뇌우구름의 일종인 슈퍼셀(Supercell)이다.

최근의 유인항공기들은 레이더를 장착하고 있어 난류의 분포를 미리 알 수 있으며, 고고도 드론(UAV/RPAV : 무인항공기)에도 레이더 장착이 필수요소가 될 것이다. 다음의 표는 레이더 분포도(Radar Summary Chart)로서 대부분의 항공기에 탑재되어 있는 레이더에서 사용하는 VIP Level(Video Integrator Processor Level, 레이더 강도 규모)의 추정 난류표이다.

▮ VIP Level과 추정 난류 강도

VIP Level	강 도	추정 난류 강도
1	약(Weak)	약~중 정도의 난류 가능성
2	보통(Moderate)	약~중 정도의 난류 있음
3	강(Strong)	심한 난류 가능성
4	매우 강(Very Strong)	심한 난류 있음
5	격렬(Intense)	조직화된 지상 돌풍을 동반한 심한 난류
6	매우 격렬(Extreme)	대규모의 지상 돌풍을 동반한 심한 난류

현재는 유인항공기가 청천난류 또는 뇌우난류의 영향권에 들어가지만 드론이 대형화되어 감에 따라 향후에는 드론(무인항공기)도 권계면 근처에서 비행할 가능성이 높기 때문에 이러한 기상요소를 파악하는 것이 조종자에게 매우 중요하다. 특히, 상층운~하층운에 이르는 구름을 관측해야 하는 기상관측용 드론은 이러한 난류의 분포를 파악하고 피할 수 있는 레이더 장착이 더더욱 필요하다.

㉢ 제트기류

중심기압이 300hpa로 약 10km 상공에서 초속 30m 이상으로 강하게 부는 강풍대로 서쪽에서 동쪽으로 부는 강한 바람의 흐름이다. 제트라는 용어는 빠른 유체(가스나 물 등 흐르는 물체들)의 흐름을 의미한다. 제트기류가 존재한다는 것은 제2차 세계대전(1940년대) 당시 미군 폭격기가 일본 본토에 폭탄 투하를 하고 미국으로 복귀하는 과정에서 작전 투입 시보다 작전 종료 후 복귀할 때 비행시간이 더 짧다는 데서 알게 되었다.

▮ 제트기류(북태평양 북반구 지역)

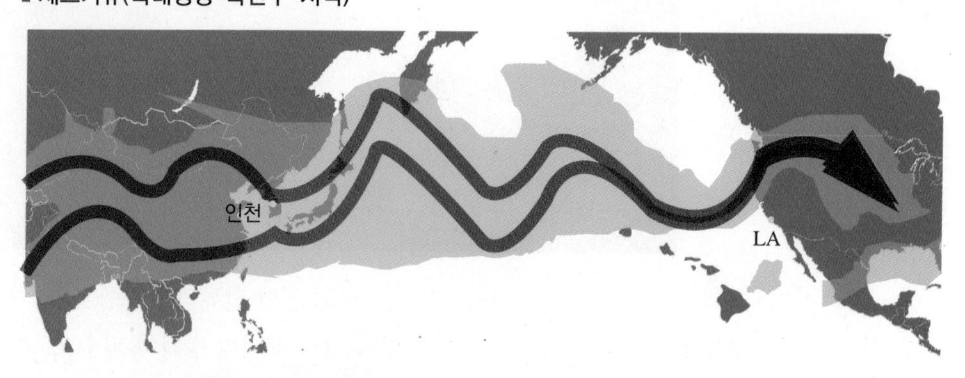

• 대류권 상부(권계면) 부근에 존재하는 폭이 좁은 편서풍대
• WMO(세계기상기구)의 정의 : 풍속 30m/s 이상
• 길이 : 수천km / 폭 : 수백km / 두께 : 수km

반대되는 예로 우리나라에서 미국이나 멕시코 등 아메리카 대륙으로 여행을 갈 경우 목적지로 여행을 갈 때보다 돌아올 때 비행시간이 더 많이 걸리는 것은 바로 제트기류 때문이다. 즉, 인천에서 LA로 갈 때에는 편서풍인 제트기류 때문에 11시간 정도가 걸리는 반면, 되돌아올 때는 맞바람인 이 제트기류를 피해 북극항로를 거쳐 우회하기 때문에 약 13시간 30분 정도 걸린다.

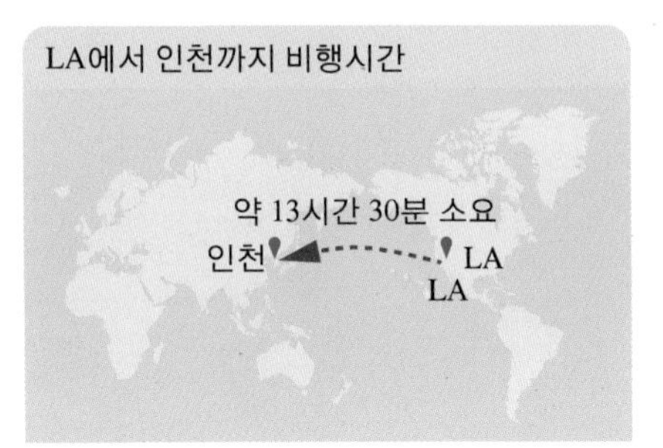

이러한 제트기류는 대류권 상부나 대류권계면 부근에 존재하는 초속 30m/sec 이상의 강한 편서풍대를 의미하며, 길이는 수천km, 폭은 수백km, 두께는 수km에 달한다. 자세히 살펴보면 우리나라를 기준으로 남쪽과 북쪽으로 두 갈래의 제트기류(아열대제트와 한대제트)가 형성된다. 다음 제트기류의 연직구조 그림에서 왼쪽이 북극, 오른쪽이 적도이며 ①번이 아열대제트이고 ②번이 한대제트이다.

▮ 제트기류의 연직구조

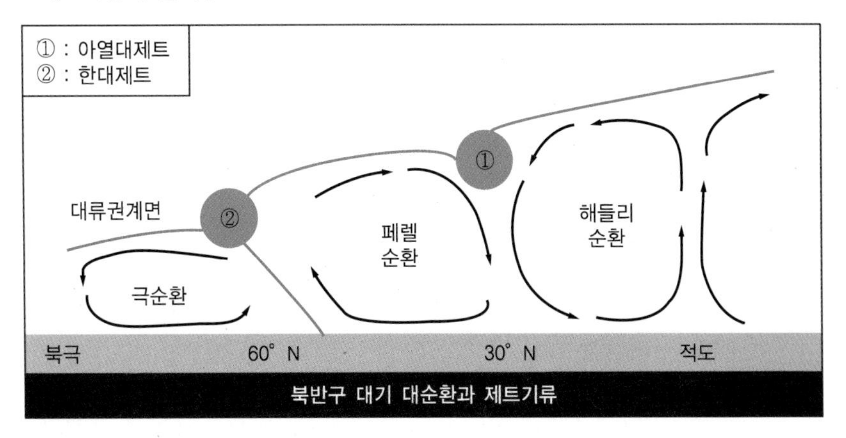

북반구 대기 대순환과 제트기류

▮ 북위 / 경위 요도 8)

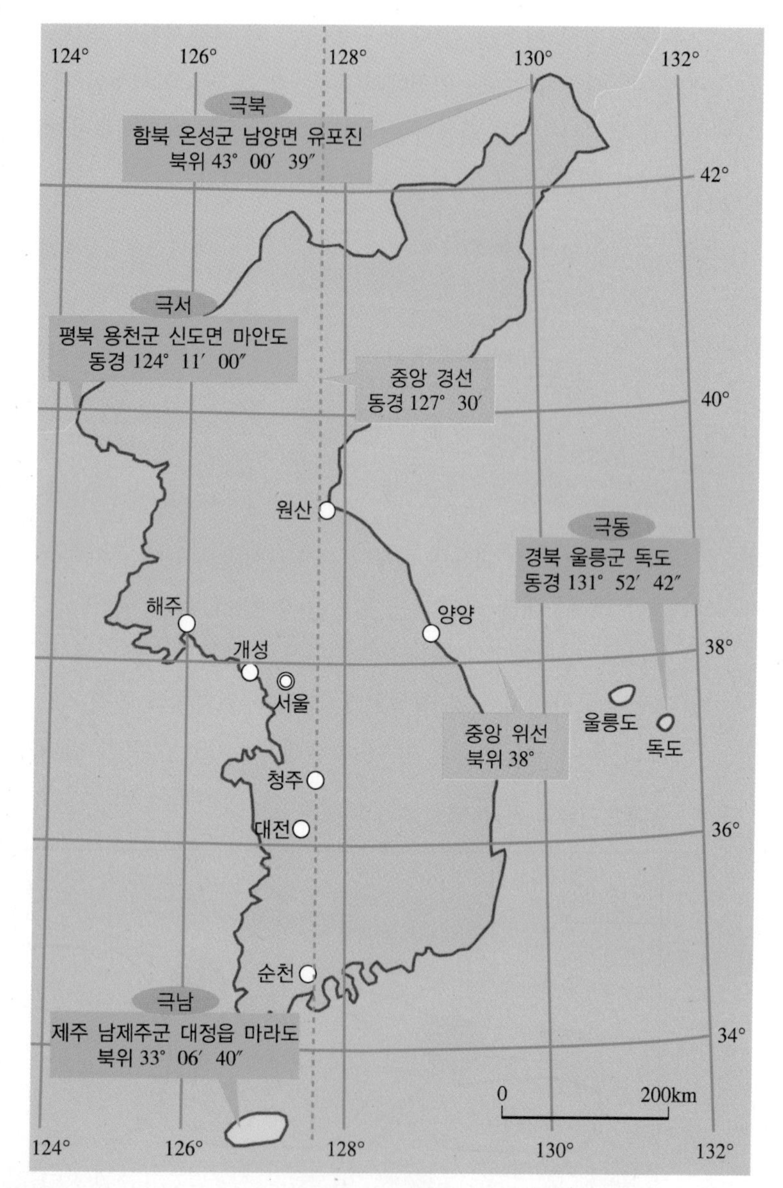

우리나라의 경우 최고 남단인 마라도는 북위 33° 06′ 40″에 위치하고 있으며, 최고 동쪽인 독도는 동경 131° 52′ 42″이고, 최고 서쪽인 평북 온천군 신도면 마안도는 동경 124° 11′ 00″이며, 최고 북단인 함북 온성군 남양면 유포진 지역은 북위 43° 00′ 39″에 위치하고 있다. 중앙 경선은 동경 27° 30′이며, 중앙 위선은 북위 38°이다. 우리나라가 광복 이후 미소 군정시설 38°선을 기준으로 남과 북으로 나누어지게 된 배경도 이러한 이유이다.

8) https://kin.naver.com/qna/detail.nhn?d1id=13&dirId=130102&docId=221296690&qb=7Jqw66as64KY652864qUlOu2geychCDrqofrj4Q=&enc=utf8§ion=kin&rank=3&search_sort=0&spq=0&pid=UsVUqdpySElssc9i2zVssssst60-189462&sid=aZnlo0a/1PwKlxgxwUU8QQ%3D%3D

북위/경위 요도를 보면 우리나라는 두 제트기류 사이에 위치하고 있다. 제주도(마라도 포함) 일대인 북위 30° 부근에 위치하고 있는 아열대제트기류와 한대제트기류의 생성원인을 살펴보면 다음과 같다(해들리 순환 : 적도에서 북위 또는 남위 30° 부근의 대기 순환).

- 아열대제트
  - 먼저 태양 복사열을 가장 강하게 받는 적도 부근에서는 지면과 해수면의 동시 가열로 인해 공기가 데워지면서 상승하게 된다.

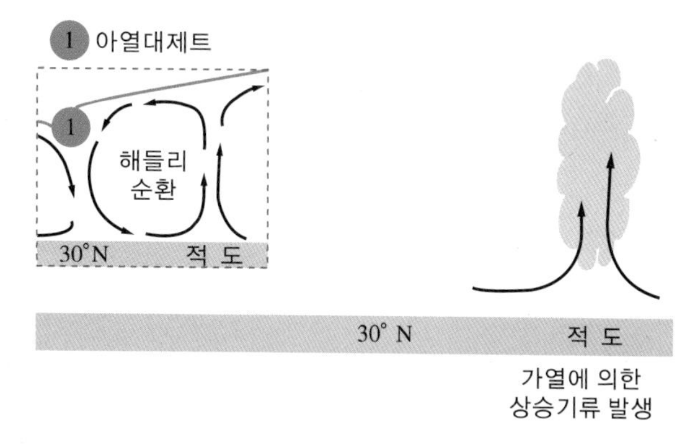

  - 상공으로 떠오른 공기는 열적으로 보호막 역할을 하는 성층권이 시작되는 대류권계면 부근까지 지속적으로 상승(상승 간 1,000ft당 -2℃의 기온감률현상 발생)하게 된다.

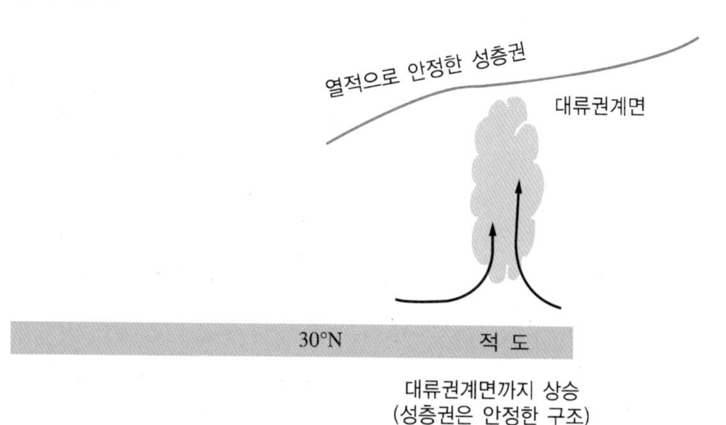

  - 적도에서 북상하는 공기는 상승하면서 전향력(코리올리의 힘)의 영향을 받게 되는데, 북반구의 경우 전향력은 이동 방향의 오른쪽으로 작용하기 때문에 이동하는 공기는 북극까지 계속 올라가지 못하고 북위 30° 부근에서 서쪽에서 동쪽으로 흐르는 편서풍으로 바뀐다. 고위도로부터 남하하는 상대적으로 찬 공기와 만나 온도차가 커지면서 강한 바람이 형성되며, 이 강한 편서풍대가 '아열대제트기류'로서 주로 우리나라 남쪽을 지난다.

▮ 전향력에 의한 아열대제트기류 형성

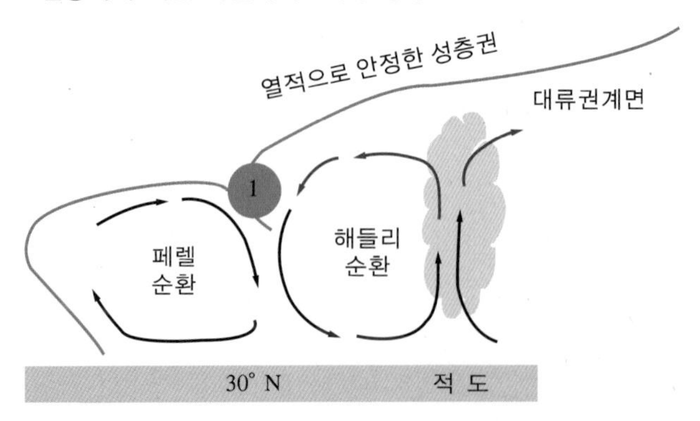

• 한대제트(극제트)

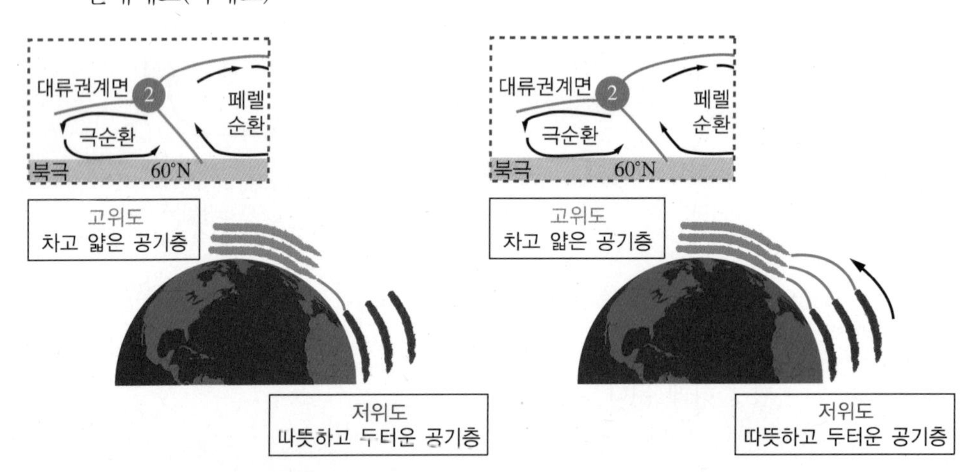

대기 하층만 비교해 보면 공기층 두께에 차이가 없는 것 같지만, 상공으로 올라가면서 누적될수록 저위도와 고위도 공기층 간의 두께 차이로 인해 기울기가 점점 더 커지면서 물이 높은 곳에서 낮은 곳으로 흐르듯이 유체인 공기의 흐름 역시 기층이 두꺼운 저위도로부터 기층이 얇은 고위도로 흐르게 된다. 아열대제트기류와 마찬가지로, 북상하는 공기가 이동 방향의 오른쪽으로 작용하는 전향력(코리올리의 힘)의 영향을 받아 서쪽에서 동쪽으로 흐르는 강한 편서풍으로 변환되는데, 이것이 한대제트기류의 형성원리이다. 즉, 한대제트기류는 저위도와 고위도 간의 온도 차이에 의해 생성되며, 두께 차이가 가장 극대화되는 고도에서 가장 강하게 분다.

한대제트기류는 적도가 따뜻하고 극이 차가운 대류권의 가장 상단부인 대류권계면에서 가장 강하게 형성된다. 반대로, 적도가 차고 극이 따듯한 성층권 이상의 고도로 올라가게 되면 누적됐던 온도차가 줄어들면서 기울기가 다시 완만해지기 때문에 풍속은 감소한다. 즉, 중위도 고압대에서 하강한 공기 일부가 위도 60° 부근에서 전향력에 의해 오른쪽으로 편향되어 지상에서 편서풍이 형성된다. 이러한 편서풍을 따라 고위도로 올라간 따뜻한 공기는 한대전선대에서 찬공기를 만나게 되고 상승기류를 형성하면서 저기압을 이루게 된다. 이때 생성된 저기압으로 공기가 다시 저위도로 이동하며 하나의 순환기류를 형성하는데 이를 페렐순환이라 한다.

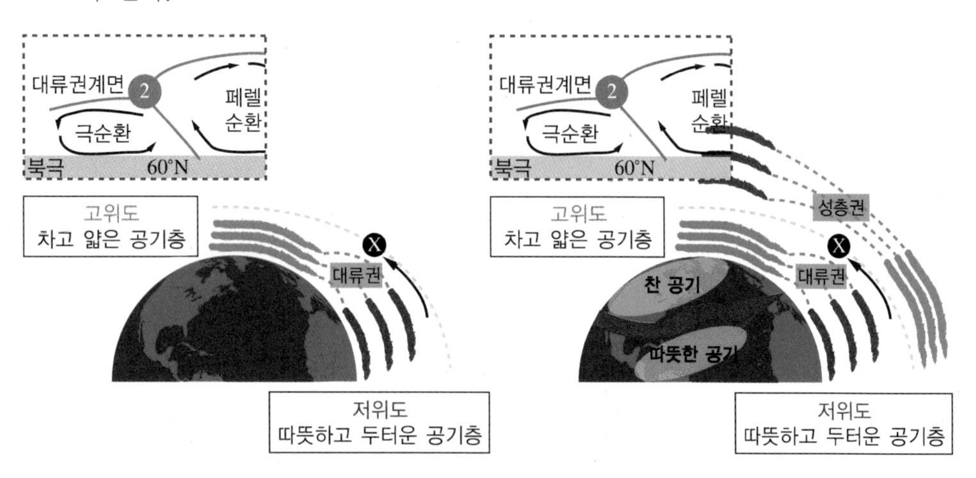

- 대류권계면의 높이는 위치와 계절에 따라 다른데, 겨울에는 극지방에서 더욱 낮아지고, 여름에는 적도지방에서 더욱 높아진다.
- 기온체감률은 2℃/km로 거의 없다.

③ 성층권(Stratosphere) [9)]

㉠ 대류권 바로 위에 있는 층으로, 고도는 약 50km에 이른다. 성층권(200hPa부터) 25km의 고도까지는 −56.5℃로 일정한 기온을 유지하고, 그 이상의 고도에서는 온도가 중간권에 이를 때까지 증가한다.

㉡ 온도가 증가하는 이유는 고도 약 20~30km에 있는 오존층(Ozonosphere)이 자외선을 흡수하기 때문이다.

㉢ 지표면 상공 약 13km에서 시작되어 약 50km까지 형성되며, 시작되는 높이는 위도마다 조금씩 다르다. 북극과 남극에서는 좀 더 낮은 약 8km 상공부터 성층권이 시작되며, 반대로 적도 근처에서는 상공 약 18km부터 시작되기도 한다.

㉣ 대류권계면을 17km로 보는 이유는 적도를 기준으로 성층권을 구분하기 때문이다. 통상적으로 비행기가 다니는 최고 높이의 구간이기도 하다.

㉤ 오존(O_3)

질소산화물에 대한 태양작용과 번개와 같은 전기방전에 의해 고층 대기인 성층권에서 생성되는 유독성 물질로, 오존의 유독성 때문에 고고도로 비행하는 동안 유인항공기의 승무원과 승객들의 직접적인 노출이 우려된다. 반대로 태양으로부터 오는

9) https://namu.wiki/w/%EC%84%B1%EC%B8%B5%EA%B6%8C

생물에 해로운 자외선을 오존층의 상부에서 대부분 흡수하기 때문에, 오존은 지표면에 있는 동식물을 보호하는 유익한 존재이기도 하다. 오존의 농도가 최대인 곳은 지상 25km(80,000ft) 고도 부근으로 이곳을 오존층이라고 하며, 농도는 약 10ppm 정도가 된다. 단점보다는 장점이 많은 오존층 때문에 우리가 대류권에서 평안한 생활을 영위하고 있는 것이다.

▮ 오존층의 형성과정과 역할

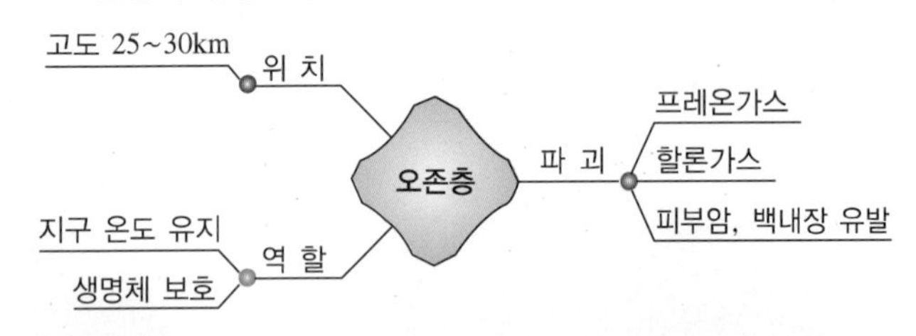

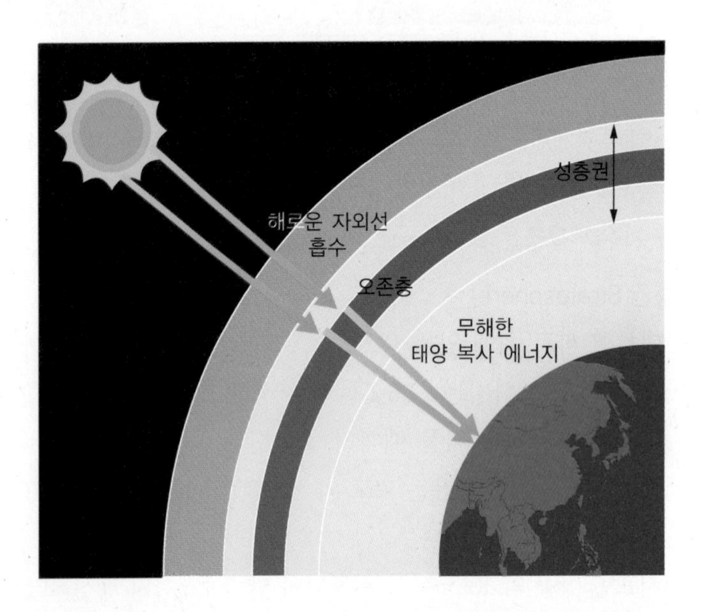

오존층에 주로 분포된 오존(O_3)은 산소원자 3개로 만들어진 분자로 대부분 성층권 내의 고도 25~30km에 집중적으로 분포하고 있다. 오존층은 태양에서 방출하는 해로운 자외선을 흡수하여 지표면에 도달하지 않도록 막아 생명체(인간을 포함한 동식물 등)를 보호하고, 태양 복사에너지를 흡수하여 대기를 가열시키며, 지구 복사에너지가 대류권 밖으로 빠져나가는 것을 막아 주는 중요한 역할을 한다. 만약 지구에 오존층이 없다면 지표면의 온도가 지금처럼 유지되지 않을 뿐만 아니라 자외선이 지표까지 그대로 도달하여 생물체가 존재하기 어려울 것이다.

한편, 스프레이·냉장고·에어컨의 냉매 등으로 이용하는 프레온가스(염화플루오린화탄소, CFCs)와 소화기에 사용되는 할론가스(Halon Gas) 등의 성분들은 오존층을 파괴한다. 오존층 파괴의 흔적은 남극 상공에 나타나는 오존 구멍(Ozone

Hole)을 통해서 확인할 수 있을 만큼 매우 심각하다. 오존층이 점점 더 파괴되면 생명체에 해로운 자외선이 지표면까지 도달하여 피부암, 백내장 등 인간의 건강을 위협하고 생태계(동식물 보존 등)도 파괴시킨다.

최근에 발생되고 있는 지구온난화와 게릴라성 폭우, 2018년도 여름에 일어난 이상 폭염현상 등 주요한 기상이변이 다수 발생하는 것도 오존층이 파괴되고 있기 때문이다. 이를 해결하기 위해 세계 각국 대표들이 모여 오존층 파괴물질 사용 금지에 관한 '몬트리올 의정서(1989)'를 발효하는 등 규제를 강화하고 대체물질 개발에 힘쓰고 있지만, 현재까지 뚜렷한 대체물질이 개발되어 보급되지 않고 있으며, 지금 이 순간에도 오존층은 파괴되고 있다. 지난 4월 1일부로 일회용 비닐봉지 사용이 금지된 것도 이러한 배경에서 제정된 것이다.

다음 사진은 NASA의 위성으로 촬영한 지구의 모습으로 푸른색과 보라색은 오존층이 희박한 곳을 나타낸다. [10]

▮ 미국 항공우주국(NASA)의 위성이 포착한 남극 상공의 오존층

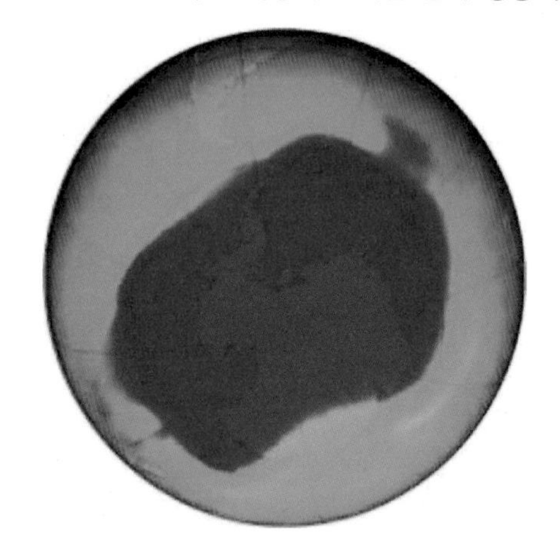

④ 중간권(Mesosphere) [11]

㉠ 성층권 위를 중간권이라고 하는데, 이 권역은 고도에 따라 온도가 감소하며, 그 고도는 약 50~80km에 이른다.

㉡ 성층권계면에서 중간권계면까지의 영역으로 고도가 상승할수록 온도가 계속 감소하며, 그 온도는 영하 130~90℃에 이른다. 대기권 내에서 가장 추운 곳으로 대류권과 마찬가지로 대류의 불안정은 존재하나 수증기가 없어 중간권에서는 날씨변화현상, 즉 기상현상이 발생하지 않는다. 최고 높은 구름으로 불리는 야광운(Noctilucent Cloud)이 대략 70~80km 상공에서 나타나며, 메가번개 중에서는 스프라이트(Sprite)와 자이언트 제트(Giant Jet)가 발생하는 권역이기도 하다.

---

10) http://100.daum.net/encyclopedia/view/39XXX8700030
11) https://namu.wiki/w/%EB%8C%80%EA%B8%B0%EA%B6%8C

㉢ 유성(Meteor, Shooting Star)은 50~100km 고도, 즉 중간권에서 관측이 가능한데 대기권 내로 진입하던 우주의 물체들이 이 근방에서 고밀도 공기층과 마찰을 일으키면서 최대 6,000℃에 이르는 고온으로 가열, 플라스마화되기 때문이다. 사실상 이 중간권은 지구의 보호막이라고 할 수 있는 권역이다.

⑤ 열권(Thermosphere)

㉠ 중간권 위쪽의 영역으로 지표면으로부터 고도 80~500km 사이에 존재한다.

㉡ 전리층(Ionosphere) : 열권 하부 중 태양이 방출하는 자외선에 의해 대기가 전리되어 밀도가 커지는 층으로, 전파를 흡수하거나 반사하는 작용을 함으로써 무선통신에 영향을 미친다. 극지방에서 발생하는 극광(Aurora)이나 유성이 밝은 빛의 꼬리를 남기는 것도 주로 이 열권에서 발생한다. 전리층은 지표면에서 50km 이상에 있는 대기가 태양에너지에 의해 이온화되어 자유전자가 밀집된 곳으로, 높이에 따라 D층, E층, F층으로 구분한다. 이 중 D층은 지상 50~90km 사이의 가장 낮은 곳에 존재하며, 전자밀도가 작고 장파영역의 전파는 반사시키지만, 중파 이상의 전파는 모두 투과되어 반사되지 못한다. 또한, 야간에는 전리된 이온들이 대부분 소멸하기 때문에 존재하지 못하는 층이다. E층은 지상 약 100km 높이에 존재하며 장파 및 중파를 반사시키고 낮에는 전자의 밀도가 커서 10MHz의 단파도 반사시킬 수 있다. 통상적으로 여름에는 전자밀도가 커서 겨울보다 더 전파를 잘 반사시킨다. F층은 지상 200~400km 높이에 존재하며 전자밀도가 가장 높은 층으로 야간에도 상당히 큰 전자밀도 때문에 단파대의 전파도 잘 반사시키는 특징이 있다. 12)

▮ 전리층의 구분 13)

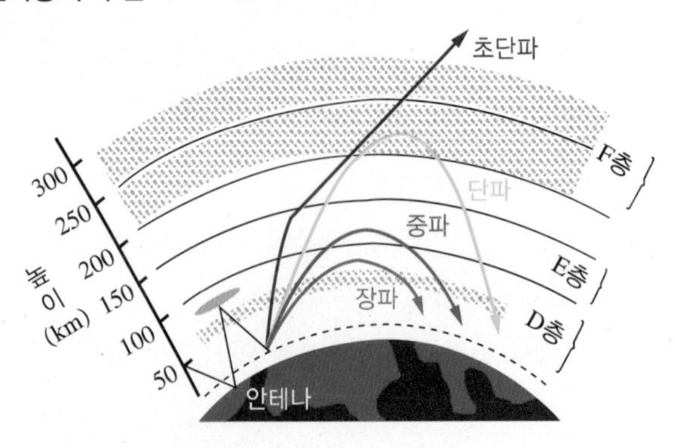

전리층은 무선통신에도 크게 영향을 미친다. 예를 들어, FM 방송은 단파로서 통달거리가 짧은 대신 잡음(Noise)이 적고 소리가 깨끗하다. 반대로 AM 방송은 통달거리가 긴 대신 잡음(Noise)이 많고 소리가 잘 들리지 않기도 한다. 과거에는 다이얼방식의 라디오 주파수를 돌리다 보면 러시아나 일본, 중국의 방송이 들리기도 했는데,

12) https://blog.naver.com/moeblog/220631640649(델린저현상)
13) 에듀넷

이러한 현상은 AM파의 특성 때문이다. 즉, 긴 통달거리로 전리층에 도달하기도 하고 전리층에서 반사되어 더 먼 거리에 있는 지역에서도 청취가 가능한 것이다. 군대에서도 AM파를 이용해서 첩보 보고를 할 때 주간보다는 야간, 특히 새벽에 송신했을 경우 첩보보고의 성공률이 높았다.

무선통신이 태양의 활동에 영향을 받는 이유는 다음과 같다. 무선통신이란 선을 연결하지 않고 전파에 정보를 실어서 먼 곳까지 보내는 통신기술로, 이때 전파는 직접 보내는 RF(Radio Frequency, 무선주파수로 전자파가 점유하는 전체 주파수 범위 중에서 전파가 섬유하는 주파수) 방식을 사용하거나, 인공위성을 거쳐 보내거나, 전리층을 통해 원격지까지 보낼 수 있다. 전리층은 지상에서 발사된 전파를 흡수하고 반사하기 때문에 다음의 그림에서 알 수 있듯이 무선통신에서 아주 중요한 역할을 한다. 그래서 군에서도 작전지역이 적은 보병전투부대에서는 주통신이 FM 무전기이고 수색부대나 특공대, 특전사 등 원거리부대에서는 AM 무전기를 보급하여 작전을 수행한다.

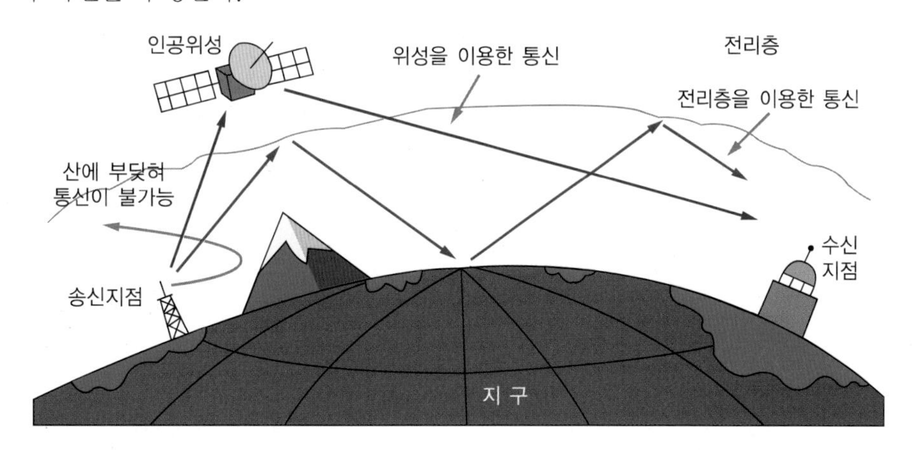

무선통신의 방법 14)

무선통신은 전리층의 상태에 따라 민감하게 반응할 수밖에 없고, 이러한 전리층에 영향을 주는 태양의 활동으로 인해 무선통신의 장애가 생길 수 있다. 과거 특전사나 특공부대에서 첩보 수집 및 보고를 동일한 지역에서 동일한 시간대에 일자별로 실시하였는데 어떤 경우에는 통신 감도가 '5' 이상이고, 어떤 보고 일자에는 통신 감도가 '1~2'인 경우가 많아 원활한 첩보 보고를 위해 '다이폴 안테나'의 각도와 위치를 변경했는데, 이러한 현상들 또한 대부분 태양의 활동 변화와 전리층의 상태 변화에 기인한 것이다.

• 델린저현상

어느 날 갑자기 무선통신에 문제가 생겼다면 그 이유는 태양면의 폭발로 많은 양의 전자기파가 방출되어 지구 전리층의 이온과 충돌하면서 전자밀도를 크게 증가시켜 이로 인해 일시적으로 단파 무선통신이 끊어지는 전파장애가 발생했기

14) 에듀넷

때문이다. 이러한 현상은 짧으면 몇 분, 길면 수 시간 동안 지속되다가 점차 회복된다. 태양 흑점폭발에 의해 1989년 3월 캐나다, 미국 등에서는 우주전파 재난으로 인하여 변압기가 파손되어 정전이 발생하였고, 2014년 2월 미국에서는 항공기 이착륙 감시에 사용하는 GPS 기반의 공항광역감시체계에 수 시간 장애가 발생하는 등 전 세계에 걸쳐 피해 사례가 보고된 적이 있다. 국내에서도 2003년 10월 무궁화위성의 태양전지판이 태양으로부터 온 고에너지 입자에 의해 손상되어 성능이 감소된 사례가 있으며, 최근에는 북극 항로 방사선 피폭을 우려해 항공기가 극항로를 우회하도록 조치한 적도 있다. 또한, 2017년 9월 9일 태양 흑점폭발을 비롯하여 2011년 11월, 2013년 11월, 2017년 9월 흑점폭발 당시에도 단파통신과 휴대폰통신에 장애가 일어난 바 있다.

태양에는 흑점이 관측되는데, 흑점이 폭발할 경우 X선과 고에너지 입자 등이 우주공간으로 방출되고, 이 물질들이 지구 방향으로 방출되어 지구에 도달하면 지구를 둘러싼 전리층과 지구자기권에 교란을 일으켜 전리층과 지구자기장 변화에 영향을 받는 위성통신장애, 극항로 방사선 피폭, GPS 위치 오차 증가, 유도전류로 인한 변압기 파손, 선박 단파통신장애 등이 발생하는 것이다. 즉, 사회 전반에 걸쳐 그 피해가 발생할 수 있다.

1935년 미국의 존 하워드 델린저가 통신전파의 비정상적인 작동과 태양 흑점과의 관계를 밝혀내어 이를 '델린저현상'이라고 한다. 이 현상의 주원인은 태양 표면의 흑점 주위에서 엄청난 에너지를 순간적으로 쏟아내는 '태양 플레어와 코로나 실량 방출활동'이다.

태양 플레어	코로나 질량 방출
태양 대기에서 발생하는 수소 폭탄 수천만 개에 해당하는 격렬한 폭발	대규모의 태양풍 폭발현상으로 플라스마를 포함하여 자기장이 태양 코로나 위로 올라와서 우주 공간으로 뻗어나감

▮ 태양 흑점폭발 통신 · 전자기기 '주의' 경보

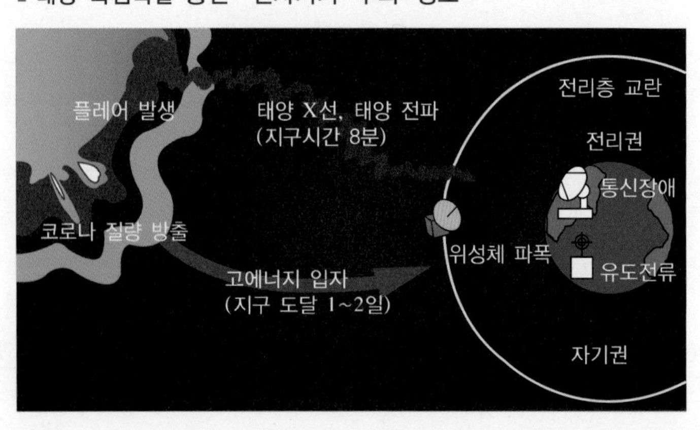

⑥ 외기권(Exosphere) : 열권의 위쪽으로 고도 약 500km로부터 시작된다. 공기의 농도가 매우 엷은 층으로, 공기분자가 서로 충돌할 확률이 매우 적어 분자들이 궤적을 그리며 운동을 하는데 이 중에는 속도가 빨라 지구 중력을 벗어나는 경우도 있다.

(3) 국제표준대기(ISA ; International Standard Atmosphere)

① 공기 속을 비행하는 항공기의 비행 성능은 대기의 물리적인 상태인 기온, 압력, 밀도 등에 따라 많은 영향을 받는데 이러한 물리량은 시간, 장소, 고도에 따라 변화한다.

② 국제민간항공기구(ICAO)에서는 국제적으로 합의된 특정 기압, 온도, 밀도에 대한 기준이 되는 국제표준대기(ISA)를 규정하고 있다.

③ ISA는 평균 중위도(Mid-latitude)의 해면고도(Sea Level)에서 성층권 하부와 대류권의 대기를 기준으로 측정한 결과이다.

④ 지구 중위도 지방의 대류권계면 높이 17km까지는 고도가 1km 올라갈 때마다 기온이 약 6.5℃(1,000ft당 2℃)씩 낮아진다. 이와 같이 고도가 높아짐에 따라 기온이 감소하는 비율을 기온감률(Lapse Rate)이라고 한다. 그 이상의 성층권에서는 −56.5℃로 일정한 기온을 유지하고, 성층권 중반부터는 다시 기온이 상승한다.

⑤ 표준 대기압에 의한 압력고도가 0이 되는 기준고도를 해면고도(해수면)라고 하며, 이 지점의 표준 대기압을 1기압(1atm)이라고 한다.

⑥ 표준대기(Standard Atmosphere)

㉠ 해면기압 : 1,013.25hPa = 760mmHg = 29.92inHg

㉡ 해면기온 : 15℃(59°F)

㉢ 해면 공기밀도 : 0.001225g/cm^3

㉣ 기온감률

- 해면에서의 기압은 1기압이지만 상공으로 올라갈수록 기압은 떨어지며, 대류권에서는 일반적으로 고도가 높아질수록 기온이 낮아진다. 이러한 온도의 변화율을 체감률이라고 한다. 고도에 따른 실제 온도 변화를 실제 체감률, 주변 체감률(Ambient Lapse Rate) 또는 환경 체감률(Environmental Lapse Rate)이라고 한다.
- 대기의 평균 기온감률 : 6.5℃/km
- 표준 온도 체감률에 의한 온도 : 1,000ft당 2℃

㉤ 음속 : 340m/sec(1,116ft/sec)

㉥ ICAO에서 정한 ISA

기온 및 기압 등을 실제 대기의 평균 상태와 비슷하게 가상적으로 나타낸 대기로서, 국제민간항공기구(ICAO)가 채택한 국제표준대기(ISA)가 현재 통용되고 있는데, 그 조건은 다음과 같다. 15)

- ICAO에서 정한 ISA 조건 1

  공기는 건조공기(질소 78%, 산소 21%, 아르곤 1%의 부피비)로서 이상기체 상태방정식을 고도, 온도, 장소, 시간에 관계없이 만족해야 한다.

- ICAO에서 정한 ISA 조건 2

  해면고도상에서

  - 온도 : 15°C = 288K = 59°F
  - 압력 : 760mmHg = 29.92inHg = 1,013.25hPa = 10,333kgf/m^2 = 2,116lb/ft^2
  - 밀도 : 0.125kgf · s^2/m^4 = 1.225kg/m^3 = 0.002378slug/ft^3
  - 음속 : 340m/sec = 1,116ft/sec
  - 중력가속도 : 9.8066m/sec^2 = 32.174slug/ft^2

- ICAO에서 정한 ISA 조건 3

  고도 11km까지는 기온이 일정한 비율로 감소하고 그 이상의 고도에서는 −56.5°C로 일정한 기온을 유지한다.

㉦ 국제표준대기표 16)

고도(m)	기온(°C)	기압(Pa)	밀도(kg/m^3)	음속(m/sec)
0	15.00	101,325	1.225	340.42
1,000	8.50	89,874	1.112	336.56
2,000	2.00	79,494	1.006	332.66
3,000	−4.50	70,108	0.909	328.70
4,000	−11.00	61,351	0.819	324.70
5,000	−17.50	54,020	0.736	320.65
6,000	−24.00	47,181	0.656	318.55
7,000	−30.50	41,060	0.589	312.39
8,000	−37.00	37,561	0.525	308.18
9,000	−43.50	30,742	0.466	304.91
10,000	−50.00	26,453	0.413	299.58
11,000	−56.50	22,632	0.364	295.18
12,000	−56.50	19,331	0.311	295.18

15) http://blog.naver.com/PostView.nhn?blogId=gloriajob&logNo=220178794836&beginTime=0&jumpingVid =&from=search&redirect=Log&widgetTypeCall=true

16) http://heliblog.tistory.com/163

⑦ 대기 상태는 변화가 심해 표준대기를 정의하는 것이 편리하고 유용하다. 동일 대기 조건에서 타 항공기의 성능을 인지함으로써, 항공기 성능을 객관적으로 비교할 수 있는데, 다음 그림은 ISA 중 기온에 대한 모델링 값을 보여 주는 것이다.[17]

▮ ISA – Temperature Modeling

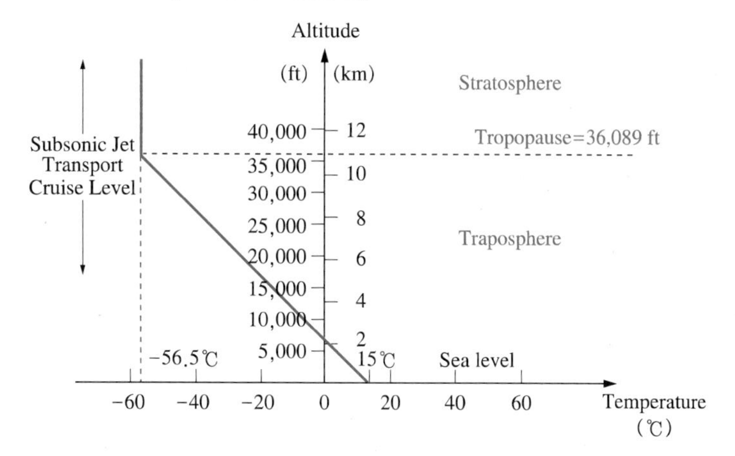

⑧ 해면고도(Sea Level)에서 외기온도는 15℃이고, 36,089ft(11,000m)까지의 대류권에서는 1,000ft 상승당 약 2℃ 감소하고, 대류권계면 이후의 성층권에서는 외기온도가 −56.5℃로 일정하게 유지된다(해면고도 대비, 75.19% ; 절대온도 대비).

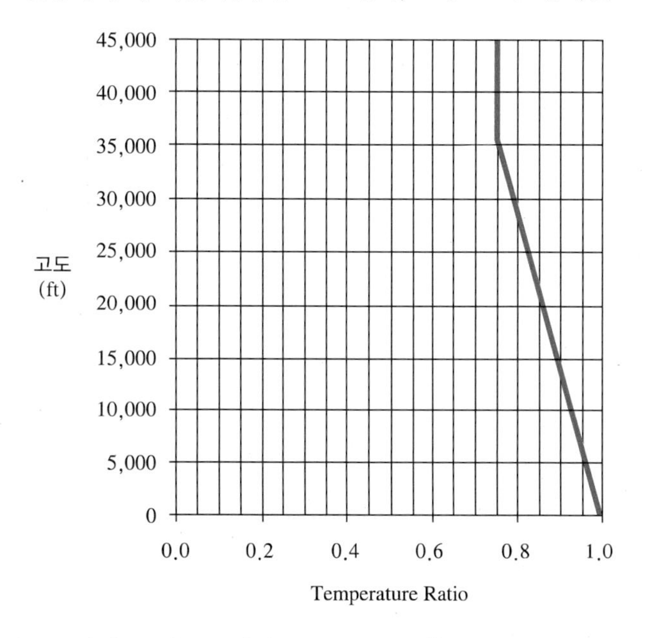

참고로 40,000ft에서 국제표준대기온도는 −56.5℃인데, 실제 외기온도가 −46.5℃라면, 이때의 온도는 ISA+10℃이다.

17) http://blog.naver.com/fltops/114706341

⑨ 해면고도에서 기압은 1,013.25hPa고, 고도가 올라갈수록 기압은 저하되는데, 다음은 국제표준대기로 고도별 기압을 측정한 값이다.

▮ ISA – Pressure Modeling

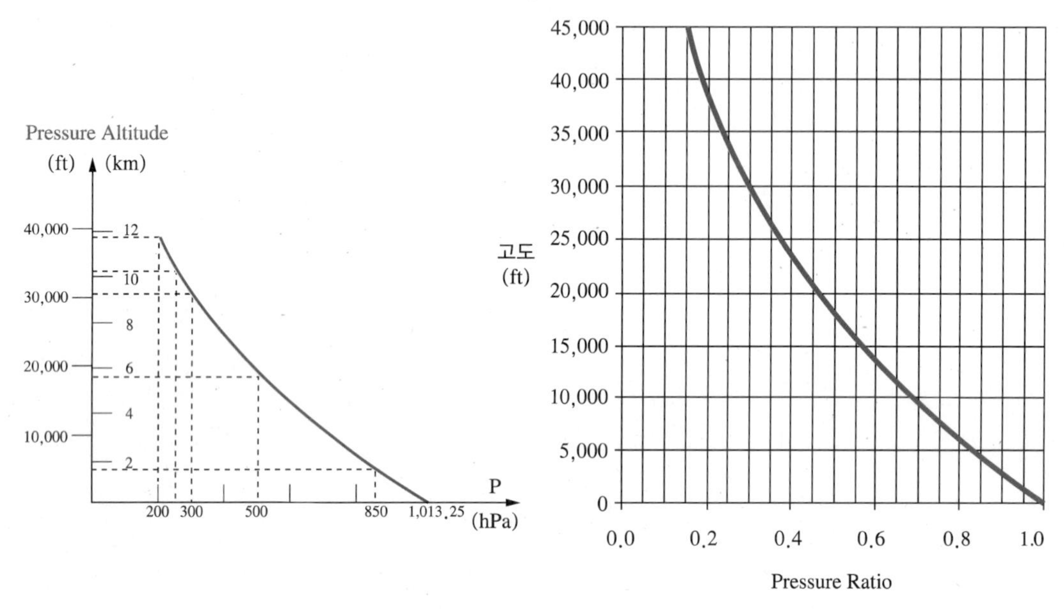

⑩ 해면고도에서 대기밀도는 1m 체적($1m^3$)당 1.225kg이고, 고도가 올라갈수록 밀도는 감소한다. 다음은 고도별 밀도 감소를 실험한 값이다.

▮ ISA – Density Modeling

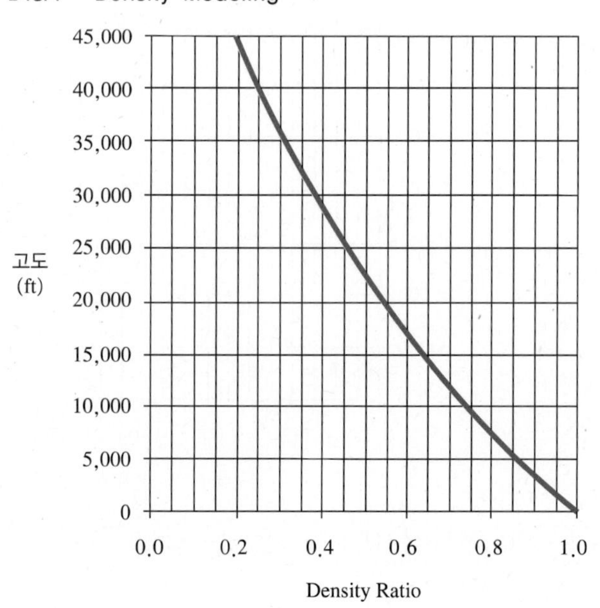

⑪ 국제표준기압표(Standard Atmosphere Table)는 다음과 같다.

Standard Atmosphere Table									
Geopo-tential Altitude	Temperature		θ	a/a_0	Pressure			δ	σ
	OAT°F	OAT℃			in. Hg	lb/ft²	mb		
0	59.0	15.0	1.0000	1.0000	29.920	2,116.3	1,013.2	1.0000	1.0000
1,000	55.4	13.0	0.9931	0.9966	28.854	2,040.9	977.1	0.9644	0.9711
2,000	51.9	11.0	0.9862	0.9931	27.820	1,967.7	942.1	0.9298	0.9428
3,000	48.3	9.1	0.9794	0.9896	26.816	1,896.7	908.1	0.8962	0.9151
4,000	44.7	7.1	0.9725	0.9862	25.841	1,827.7	875.1	0.8637	0.8881
5,000	41.2	5.1	0.9656	0.9827	24.895	1,760.8	843.0	0.8320	0.8617
6,000	37.6	3.1	0.9587	0.9792	23.977	1,695.9	812.0	0.8014	0.8359
7,000	34.0	1.1	0.9519	0.9756	23.087	1,633.0	781.8	0.7716	0.8106
8,000	30.5	−0.8	0.9450	0.9721	22.224	1,571.9	752.6	0.7428	0.7860
9,000	26.9	−2.8	0.9381	0.9686	21.387	1,512.7	724.2	0.7148	0.7620
10,000	23.3	−4.8	0.9312	0.9650	20.576	1,455.4	696.8	0.6877	0.7385
11,000	19.8	−6.8	0.9244	0.9614	19.790	1,399.8	670.2	0.6614	0.7156
12,000	16.2	−8.8	0.9175	0.9579	19.029	1,345.9	644.4	0.6360	0.6932
13,000	12.6	−10.8	0.9106	0.9543	18.291	1,293.7	619.4	0.6113	0.6713
14,000	9.1	−12.7	0.9037	0.9507	17.577	1,243.2	595.2	0.5875	0.6500
15,000	5.5	−14.7	0.8969	0.9470	16.885	1,194.3	571.8	0.5643	0.6292
16,000	1.9	−16.7	0.8900	0.9434	16.216	1,147.0	549.1	0.5420	0.6090
17,000	−1.6	−18.7	0.8831	0.9397	15.568	1,101.1	527.2	0.5203	0.5892
18,000	−5.2	−20.7	0.8762	0.9361	14.941	1,056.8	506.0	0.4994	0.5699
19,000	−8.8	−22.6	0.8694	0.9324	14.335	1,014.0	485.5	0.4791	0.5511
20,000	−12.3	−24.6	0.8625	0.9287	13.750	972.5	465.6	0.4595	0.5328
21,000	−15.9	−26.6	0.8556	0.9250	13.183	932.5	446.4	0.4406	0.5150
22,000	−19.5	−28.6	0.8487	0.9213	12.636	893.7	427.9	0.4223	0.4976
23,000	−23.0	−30.6	0.8419	0.9175	12.107	856.3	410.0	0.4046	0.4807
24,000	−26.6	−32.5	0.8350	0.9138	11.596	820.2	392.7	0.3876	0.4642
25,000	−30.2	−34.5	0.8281	0.9100	11.103	785.3	376.0	0.3711	0.4481
26,000	−33.7	−36.5	0.8212	0.9062	10.627	751.7	359.9	0.3552	0.4325
27,000	−37.3	−38.5	0.8144	0.9024	10.168	719.2	344.3	0.3398	0.4173
28,000	−40.9	−40.5	0.8075	0.8986	9.725	687.8	329.3	0.3250	0.4025
29,000	−44.4	−42.5	0.8006	0.8948	9.297	657.6	314.8	0.3107	0.3881
30,000	−48.0	−44.4	0.7937	0.8909	8.885	628.4	300.9	0.2970	0.3741

Standard Atmosphere Table									
Geopo-tential Altitude	Temperature		θ	a/a0	Pressure			δ	σ
	OAT°F	OAT℃			in. Hg	lb/ft²	mb		
31,000	−51.6	−46.4	0.7869	0.8870	8.488	600.4	287.4	0.2837	0.3605
32,000	−55.1	−48.4	0.7800	0.8832	8.105	573.3	274.5	0.2709	0.3473
33,000	−58.7	−50.4	0.7731	0.8793	7.737	547.2	262.0	0.2586	0.3345
34,000	−62.2	−52.4	0.7662	0.8753	7.382	522.1	250.0	0.2467	0.3220
35,000	−65.8	−54.3	0.7594	0.8714	7.040	498.0	238.4	0.2353	0.3099
36,000	−69.4	−56.3	0.7525	0.8675	6.712	474.7	227.3	0.2243	0.2981
36,089	−69.7	−56.5	0.7519	0.8671	6.683	472.7	226.3	0.2234	0.2971
37,000	−69.7	−56.5	0.7519	0.8671	6.397	452.4	216.6	0.2138	0.2844
38,000	−69.7	−56.5	0.7519	0.8671	6.097	431.2	206.5	0.2038	0.2710
39,000	−69.7	−56.5	0.7519	0.8671	5.810	411.0	196.8	0.1942	0.2583
40,000	−69.7	−56.5	0.7519	0.8671	5.538	391.7	187.5	0.1851	0.2462
41,000	−69.7	−56.5	0.7519	0.8671	5.278	373.3	178.7	0.1764	0.2346
42,000	−69.7	−56.5	0.7519	0.8671	5.030	355.8	170.3	0.1681	0.2236
43,000	−69.7	−56.5	0.7519	0.8671	4.794	339.1	162.3	0.1602	0.2131
44,000	−69.7	−56.5	0.7519	0.8671	4.569	323.2	154.7	0.1527	0.2031
45,000	−69.7	−56.5	0.7519	0.8671	4.355	308.0	147.5	0.1455	0.1936

$\delta = \frac{p}{p_0}$ is the 'pressure ratio'. p_0 is the sea level ISA air pressure.

(units : absolute temperature)

$\sigma = \frac{\rho}{\rho_0}$ is the 'density ratio'. ρ_0 is the sea level ISA air density.

$\theta = \frac{T}{T_0}$ is the 'temperature ratio'. T_0 is the sea level ISA temperature.

(4) 대기의 열운동

① 전도(Conduction)

가열한 쪽의 분자들이 바쁘게 움직여 에너지를 전달하는 방법이다. 물질의 이동 없이 열이 물체의 고온부에서 저온부로 이동하는 현상으로, 물체의 직접 접촉에 의해 발생한다. 추운 겨울 외부에 노출된 쇠로 만들어진 문고리를 만졌을 때와 나무로 만들어진 방문을 만졌을 때의 쇠고리와 나무의 온도는 같지만 쇠고리를 만지면 차갑고, 나무는 덜 차갑게 느껴진다. 이것은 열이 이동하는 빠르기가 달라 쇠에서는 열이 빨리 이동하기 때문에 손의 열을 빨리 뺏어가 차갑게 느껴지는 것이며, 나무에서는 열이 천천히 이동하기 때문에 덜 차갑게 느껴지는 것이다. 열의 전도율은 다음과 같다.

금 속	열이 빨리 이동	은 > 구리 > 알루미늄 > 쇠
비금속	열이 비교적 느리게 이동	유리 > 나무 > 옷감

② 대류(Convection)

대류는 유체가 부력에 의한 상하운동으로 열을 전달하는 것으로 아랫부분이 가열되면 대류에 의해 유체 전체가 가열된다(액체나 기체가 부분적으로 가열될 때 데워진 것이 위로 올라가고 차가운 것이 아래로 내려오면서 전체적으로 데워지는 현상). 예를 들어, 촛불 주위에 손을 가까이하였을 때 같은 거리임에도 촛불 옆면보다 윗면에 손을 가까이 할 때 더 따뜻하거나 뜨거운 것을 느낄 수 있다. 이는 촛불 위쪽의 공기가 촛불로 인해 가열되어 팽창하고 주변 공기보다 가벼워져서 위쪽으로 올라가 손에 닿았기 때문이다. 이처럼 가열로 인해 발생한 밀도 차이에 의해 유체의 이동이 자연스럽게 이루어져 열이 전달되는 것을 자유대류라고 한다. 반면에 온풍기 등에 의해 강제적으로 유체를 이동시켜 열을 전달하는 것을 강제대류라고 한다.

㉠ 자유대류 : 유체의 부력에 의해 발생되는 대류로 우리 주변에서 흔히 관찰되는데, 주전자에 물을 넣고 가열하면서 톱밥을 넣으면 톱밥이 밑부분에서부터 위아래로 순환하는 것을 볼 수 있다. 가열된 아랫부분의 물은 팽창하여 밀도가 작아지고 부력에 의해 위쪽으로 밀려 올라가게 되면 위에 있던 물은 아래로 내려오게 되는 과정을 통해 주전자 안에 있는 물은 고르게 가열된다.

㉡ 강제대류 : 유체에 기계적인 힘이 작용하여 발생하는 대류이다. 차가운 방이 난로나 온풍기에 의해 따뜻해질 때도 같은 현상이 나타난다. 난로나 온풍기는 방 아랫부분의 공기를 따뜻하게 하며, 이러한 따뜻한 공기는 팽창하여 밀도가 낮아지고 부력에 의해 천장으로 올라가서 원래 있던 차가운 공기를 아래로 밀어낸다. 이와 같은 공기의 순환이 계속 발생하여 방 전체가 데워지는데 이렇게 특정한 다른 요인에 의해 부력이 생기는 것을 강제대류라고 한다.

자유대류는 공기의 자연적 현상에 의해, 즉 태양열에 의해 지구에 복사열이 전달되어 공기가 따뜻해지면서 위로 올라가는 것이며, 강제대류는 외적 요인(온풍기나 난방기 등)에 의해 강제적으로 공기를 위로 올리는 현상이다. 이러한 대류현상을 적용해 냉장고의 얼음과 냉방기(에어컨)는 높은 데에 두고, 난방기구는 낮은 데에 둔다. 난류(暖流)·육풍(陸風)·해풍(海風) 등 대기의 대류현상은 기상 상태를 결정하는 중요한 요인의 하나로, 가열되는 구역이 유체의 윗부분에 있으면 대류는 일어나지 않는다.

다음 그림은 강제대류의 원리를 나타낸 것이다. 차가운 공기는 내려가고 따뜻한 공기는 올라간다는 대류의 원리를 이용하여 냉풍기는 천장형이 다수이고 스탠드형도 바람이

나오는 곳은 위에 있다. 온풍기나 라디에이터를 지상에 설치하는 것도 강제대류의 원리를 이용한 것이다.

▮ 강제대류의 원리 18)

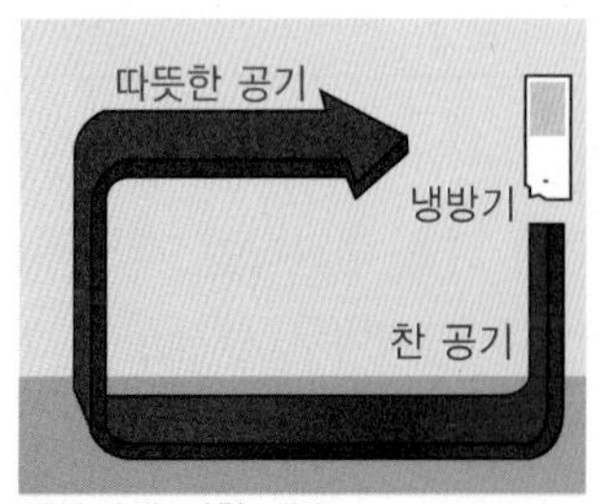

냉방기에 의한 대류

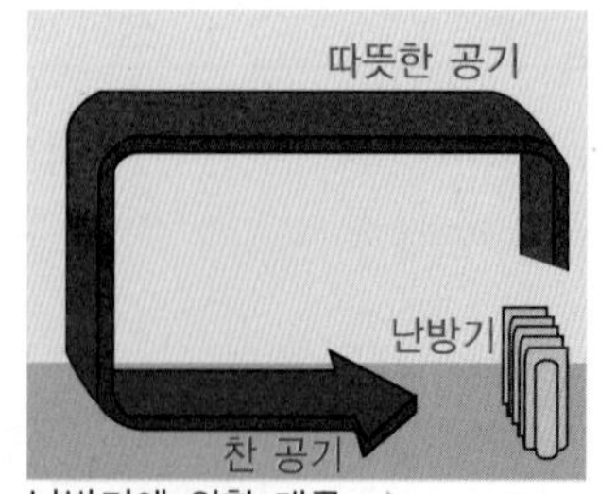

난방기에 의한 대류

③ 이류(Advection) : 수평 방향으로의 유체운동에 의한 기단의 성질이 변화하는 과정이다. 매우 큰 공기덩어리가 수평으로 이동하여 위치를 바꾸면서 수증기와 열에너지를 운반한다. 수평기류라고도 하는데 이는 일반적으로 수평 방향의 변이에 관해서만 말하는 것으로 가장 흔히 볼 수 있는 이류현상은 해무(海霧)의 발생이다. 19)

④ 복사(Radiation)

㉠ 물체로부터 방출되는 전자파를 총칭하여 복사라고 한다.

㉡ 전자기파에 의한 에너지 전달방법으로써 전도, 대류 및 이류와는 달리 에너지가 이동하는데 매체를 필요로 하지 않는다.

㉢ 우주 공간을 지나오는 태양에너지의 이동은 주로 복사 형태로 이루어진다.

▮ 열의 이동

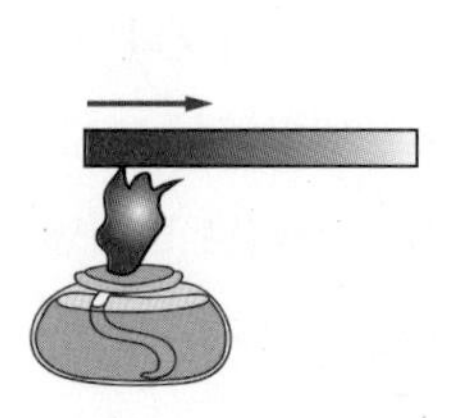
전도(Conduction)

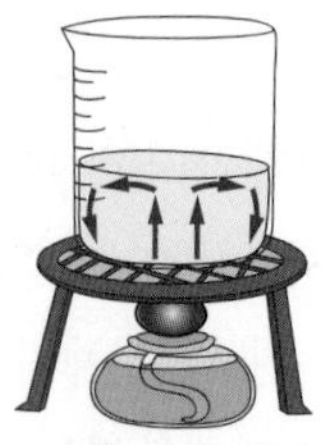
대류(Convection)

복사(Radiation)

18) https://terms.naver.com/entry.nhn?docId=1080790&cid=40942&categoryId=32298
19) https://terms.naver.com/entry.nhn?docId=1134471&cid=40942&categoryId=32299

(5) 지 구

① 지축 경사는 23.5°이며, 약 70.8%가 물로 구성된 타원체이다.

② 지구의 자전현상으로 낮과 밤이 형성된다.

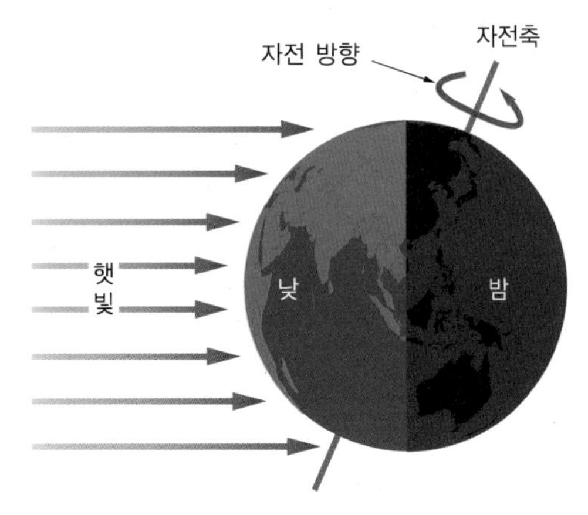

③ 지구의 공전현상으로 사계절이 형성된다.

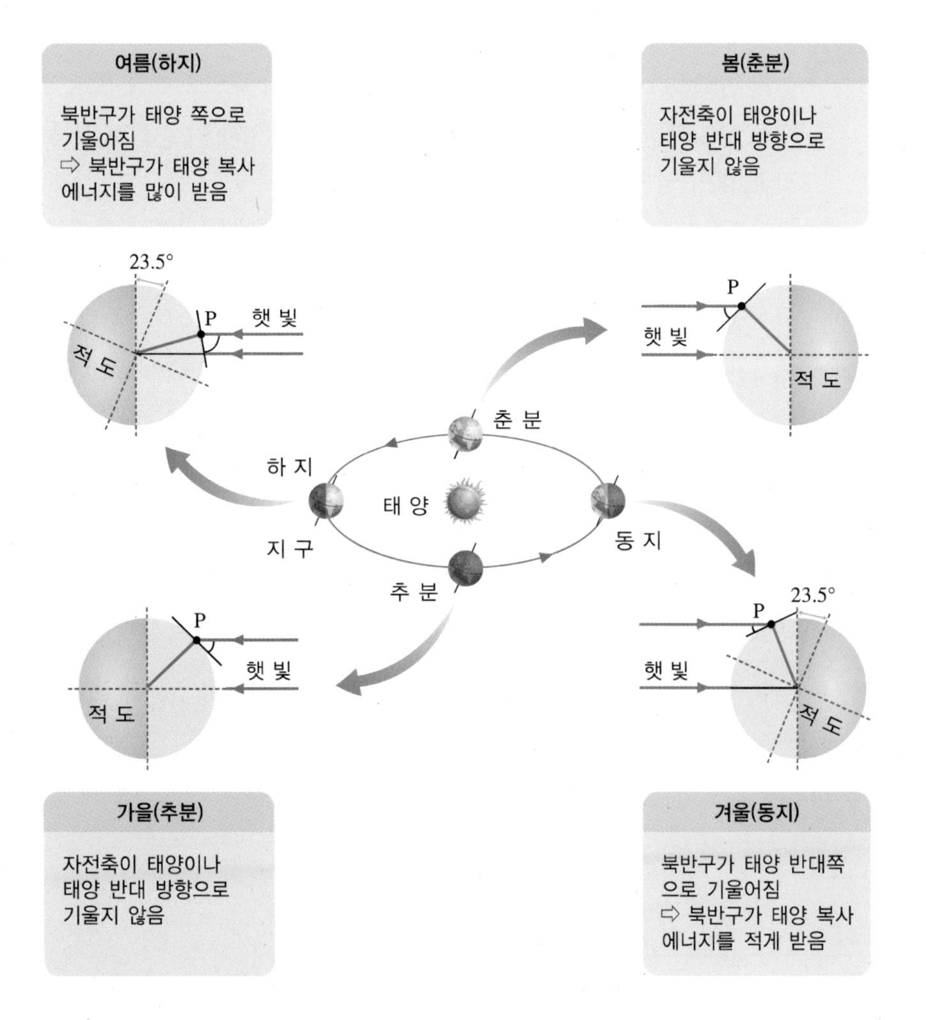

④ 지구의 계절 변화[20)]

㉠ 황도상에서 태양의 위치 : 춘분점 → 하지점 → 추분점 → 동지점

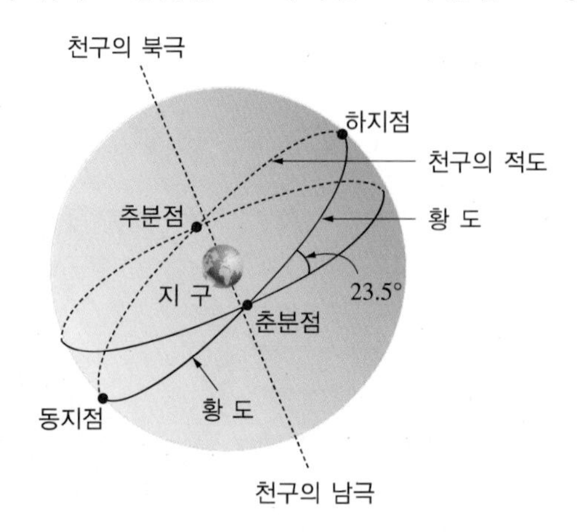

- 춘분점(3월 21일경) : 태양이 천구의 적도를 남쪽에서 북쪽으로 지날 때 만나는 점으로, 태양의 남중고도가 하지와 동지 때의 중간이고, 밤과 낮의 길이가 같아서 기온도 여름과 겨울의 중간 정도이다.
- 하지점(6월 22일경) : 태양이 천구의 적도에서 북쪽으로 가장 멀리 떨어져 있을 때로, 1년 중 태양의 남중고도가 가장 높고 낮의 길이가 가장 길기 때문에 태양에너지를 많이 받아 날씨가 덥다.
- 추분점(9월 23일경) : 태양이 천구의 적도를 북쪽에서 남쪽으로 지날 때 만나는 점으로, 태양의 남중고도가 하지와 동지의 중간이고, 밤과 낮의 길이가 같아서 기온도 여름과 겨울의 중간 정도이다.
- 동지점(12월 22일경) : 태양이 천구의 적도에서 남쪽으로 가장 멀리 떨어져 있을 때로, 1년 중 태양의 남중고도가 가장 낮고 낮의 길이가 가장 짧기 때문에 태양에너지를 적게 받아 날씨가 춥다.

㉡ 계절의 변화

계절 변화의 원인은 지구의 자전축이 기울어진 채로 자전과 공전을 하기 때문이다.

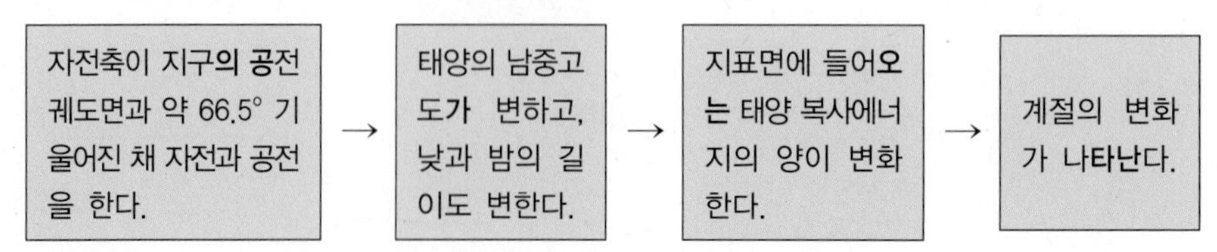

20) http://yjh-phys.tistory.com/111

⑤ 태양의 남중고도

㉠ 태양의 고도는 고도와 시간에 따라 다르게 나타나는데, 태양의 고도는 항상 정오 때의 남중고도를 기준으로 나타낸다.

㉡ 위도가 α인 지방에서 태양의 남중고도(H)는 다음과 같이 정의할 수 있다.

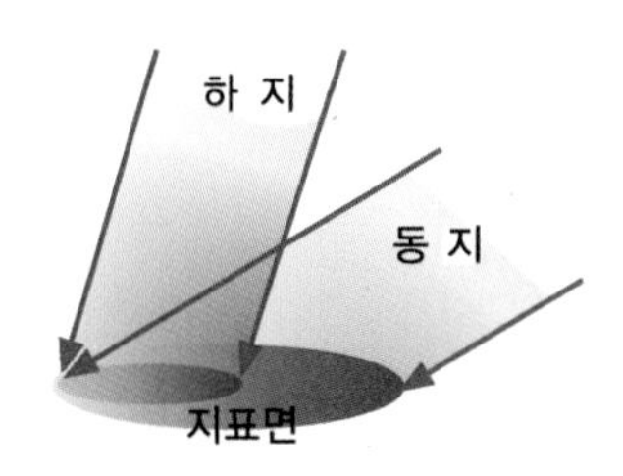

- 하지 : $H = 90° - (\alpha - 23.5°) = 90° - \alpha + 23.5°$
- 춘분, 추분 : $H = 90° - \alpha$
- 동지 : $H = 90° - (\alpha + 23.5°) = 90° - \alpha - 23.5°$

㉢ 태양의 남중고도 변화

지구의 자전축이 공전 궤도면에 대하여 66.5° 기울어져 있으므로, 공전 궤도상의 위치에 따라 태양의 남중고도는 약 1년을 주기로 변한다.

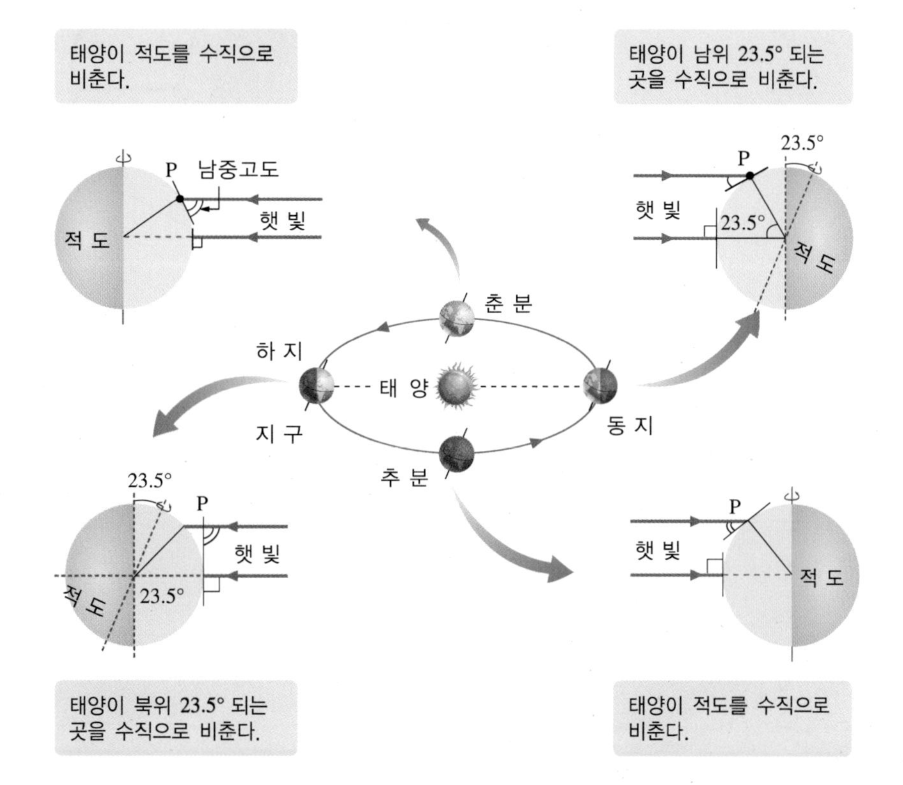

⑥ 대기 대순환

㉠ 지구 전체 규모의 대기 순환으로 위도에 따라 태양 복사에너지의 흡수량과 지구 복사 에너지의 방출량이 다른 에너지 불균형으로 생기는 현상이다.

㉡ 지구 자전의 영향으로 적도와 극 사이에 커다란 3개의 순환세포[21]가 형성된다. 즉, 남반구와 북반구에 대칭적으로 나타난다.

※ 3개의 커다란 순환세포

- 적도와 위도 30° 사이 : 극지방에서 냉각되어 하강한 공기는 위도 60° 부근으로 이동했다가 상승하여 다시 극지방으로 되돌아온다.
- 위도 30°와 60° 사이 : 하강한 공기의 일부는 위도 30° 부근에서 고위도로 이동하고 위도 60° 부근에서는 극지방에서 이동해 온 공기와 만나서 상승한다.
- 위도 60°와 극 사이 : 적도지방에서 가열되어 상승한 공기는 위도 30° 부근에서 하강하여 적도지방으로 되돌아온다.

▮ 대기의 순환

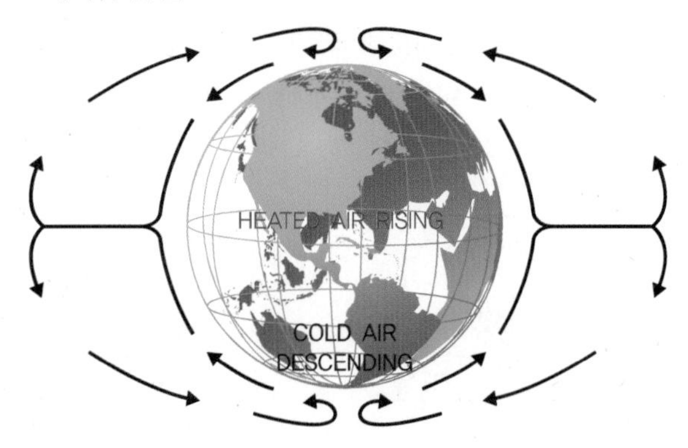

〈적도지방과 극지방 순환〉

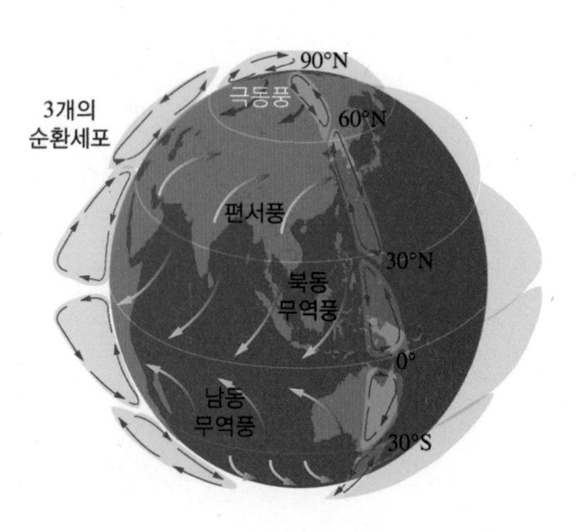

〈실제의 대기 대순환〉

21) 3개의 순환세포 : 적도와 위도 30° 사이, 위도 30°와 60° 사이, 위도 60°와 극 사이에 형성

㉢ 지구가 자전하지 않을 때 대기 대순환은 북반구와 남반구에 각각 하나의 거대한 순환으로 나타나며, 북반구에서는 북풍이 불어가고 남반구에서는 남풍이 불어온다.

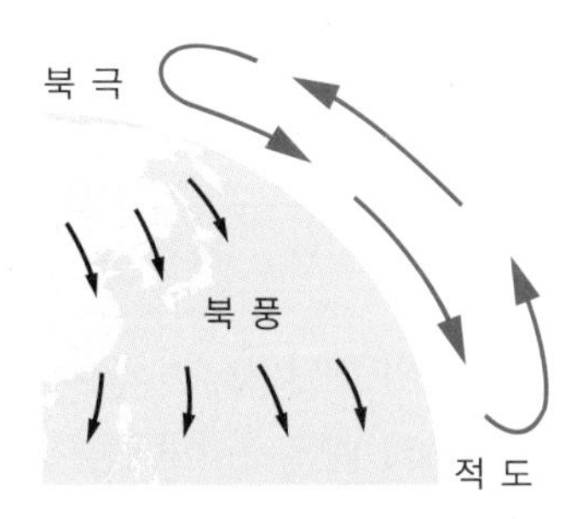

〈지구가 자전하지 않을 때〉

(6) 기상요소와 해수면

① 기상을 나타내는 데 필요한 7대 요소 : 기온, 기압, 바람, 습도, 구름, 강수, 시정

② 해수면과 수준원점[22)]

㉠ 표고와 고도는 평균 해수면을 기준으로 하지만, 바닷물의 높이는 동해, 서해, 남해 등에 따라 다르고, 밀물과 썰물에 따라 다르다.

㉡ 바닷물의 높이는 항상 변화하고, 0.00m는 실제로 존재하지 않기 때문에 수위측정소에서 얻은 값을 육지로 옮겨와 고정점을 정하는데 이를 수준원점이라고 한다.

㉢ 우리나라는 1916년 인천만의 평균 해수면을 기준으로 수준원점(水準原點, 인하대 수준원점 표고 ; 26.6871m)을 정하였다.

㉣ 대한민국의 높이 기준은 인천으로, 백두산은 물론 전국 산하의 높이가 인천에서부터 시작된다. 산의 높이를 '해발 ○○m'라고 하는데, 이는 기준 해수면으로부터의 높이를 뜻한다. 인천은 그 기준 해수면을 육지로 끌어 놓은 곳이기 때문에 우리나라의 높이 기준이 된다.

---

22) 대단한 바다여행, 윤경철, 푸른길. 2009. 12. 1
https://terms.naver.com/entry.nhn?docId=1525903&cid=47340&categoryId=47340

ⓜ 수시로 변화하는 밀물과 썰물, 파도 등으로 인하여 그때그때 높이가 다른 바다에서 기준 해수면을 정하는 것은 어렵다. 그래서 1913~1916년에 청진, 원산, 목포, 진남포, 인천 등 5개소의 검조장(檢潮場, 또는 험조장 ; 해수면의 높낮이를 관측하던 기관)에서 4년간 해수면 높이를 꾸준히 측정하여 평균치를 얻었으며, 이 평균 해수면으로부터 일정한 높이의 지점을 골라 수준원점으로 삼고, 이곳을 국토 높이 측정의 기준으로 정한 것이다.

ⓑ 현재 인천에 있는 수준원점의 해발고도는 26.6871m이다. 바다 수면은 항상 출렁이고 오르내리며 수시로 변하기 때문에, 이때 취득한 0m는 불확실하다. 따라서 육지로 옮겨 놓아야 하며, 그것을 기준으로 각종 측지학 및 지구물리학에 이용한다.

▮ 해발고도와 기준 해수면

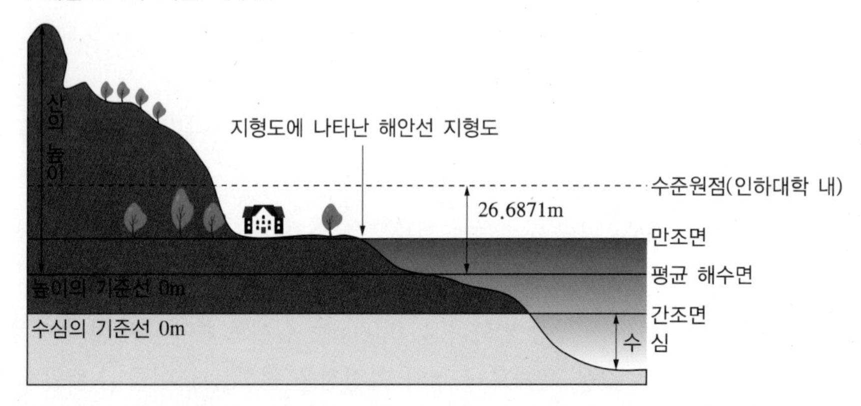

ⓢ 오늘날에는 국제적으로 GPS를 이용하여 높이를 정한다. 즉, 지오이드(Geoid)를 기준으로 높이를 측정하는 것으로 중력이 미치는 힘이 같은 지점을 연결한 선이다.

ⓞ 바다에서는 지오이드 선을 평균 해수면(MSL ; Mean Sea Level)으로, 육지에서는 땅 밑에 터널을 뚫었다고 가정하고 평균 해수면으로부터 연장한 선과 교차하는 지점을 0m로 잡는다.

ⓙ 또한, 해저 수심은 평균 최저 간조면(MLLWL ; Mean Lowest Low Water Level)을, 해안선은 평균 최고 만조면(MHHWL ; Mean Highest High Water Level)을 기준으로 한다.

2 기상의 중요성

기상이란 일반적으로 대류권에서 일어나는 바람, 비, 구름, 눈 등 대기 중에서 일어나는 현상으로, 때로는 대기의 상태도 포함시킨 일기 또는 날씨의 뜻을 나타내기도 한다. 세계기상기구(WMO ; World Meteorological Organization)에서는 기상관측에 따른 대기현상을 4가지로 구분하였다.

① 대기수상(大氣水象, Hydrometeors) : 비, 눈, 우박, 안개, 서리 등과 같이 물이 액체 또는 고체 상태로 대기 중에서 떨어지거나, 떠 있거나, 지상의 물체에 붙어 있는 현상이다.

② 대기진상(大氣塵象, Lithometeors) : 먼지, 연기 등과 같이 수분을 거의 함유하지 않은 미세한 고체입자가 무수히 많이 떠 있거나, 지상에 있던 것이 바람에 의해 날려 올라가 있는 현상이다.

③ 대기광상(大氣光象, Photometeors) : 무지개, 햇무리, 신기루, 아침놀, 저녁놀 등과 같이 해나 달의 빛의 반사・굴절・회절・간섭에 의하여 생기는 광학적 현상이다.

④ 대기전상(大氣電象, Electrometeors) : 번개, 세인트 엘모의 불(Saint Elmo's Fire), 오로라 등과 같이 사람의 눈 또는 귀로 관측되는 대기 중의 전기현상이다.

지구 대기는 1,000km 이상 되는 곳에도 극히 희박하지만 존재하며, 오로라는 90~130km 높이에 잘 나타나고 드문 현상이지만 1,000km 가까운 높이에서 나타나기도 한다. 그러나 비나 눈을 내리게 하는 구름 등 실제로 일기 변화를 나타내는 기상현상의 대부분은 대기의 최하층부에 해당하는 대류권 내에 나타난다. 인공위성이나 우주탐색선의 관측 자료에 의하여 지구 대기는 물론이고 지구 이외의 태양계 행성의 대기에 대해서도 연구가 급속히 진보되고 있는 추세이다. 특히, 지구에 가까운 행성인 화성과 금성에 관한 관측 자료는 많기 때문에 대기 상태를 자세히 알 수 있다. 예를 들면, 화성의 대기는 CO_2가 주성분(60% 이상)으로 질소와 아르곤 등이 있으며, 표면기압은 10hPa 정도로 지구의 약 30km 상공의 기압과 같다. 적은 양이지만 수증기도 있고 구름도 관측된다. 기온이 낮기 때문에 대부분 얼음이나 서리의 상태로 되어 있으며, 기온이 높아질 때는 수증기로 되어 대기 내에 포함되기도 한다. 구름의 변화 등도 탐색선에 의하여 관측되었다. 23)

일반적으로 드론(초경량비행장치 무인비행장치 중 무인멀티콥터)은 센서에 의해 이착륙 및 비행이 쉽고 자동비행(AP ; Auto Pilot) 모드로 설정 시 원하는 지역에서 임무를 잘 수행하고 돌아올 수 있다고 생각할 뿐 기상요소의 영향에 대해서는 생각하지 않는다.

---

23) 지구과학산책. 반기성 케이웨더 기후산업연구소장
https://terms.naver.com/entry.nhn?docId=1071042&cid=40942&categoryId=32299

항공기 산업의 시초이자 엔진을 장착한 최초의 비행기가 하늘을 비행했던 1903년 12월 17일 '라이트 형제'의 비행기도 당시 돌풍에 의해 손상을 입었다. 우리나라 제주공항도 한라산의 영향으로 윈드시어(Wind Shear, 바람의 풍향·풍속이 급격하게 변하는 현상)가 종종 발생하고 있으며, 이로 인해 타 공항에 비해 돌풍으로 결항되는 경우가 빈번한 것도 기상(특히, 바람)의 중요성에 대해 반증하는 사례이다.

드론(특히, 무인항공기/무인비행기)의 안전에 가장 큰 영향을 주는 것은 하층 윈드시어이다. 이 중에 하층운에서 제일 쉽게 발생하는 적란운 구름 등 뇌우구름에서 발생하는 윈드시어를 살펴보면, 뇌우 주변의 바람은 매우 복잡하다. 뇌우구름의 하부에 존재하는 하강기류는 지표면에서 사방으로 퍼져나가 뇌우 주변의 돌풍을 형성한다. 이러한 돌풍역의 가장 외곽을 '돌풍전선(Gust Front)'이라고 한다. 돌풍전선은 뇌우로부터 10~15mile 정도 떨어진 부근에서 주로 발생하며, 돌풍전선 바로 후방에서는 순간적으로 고도 1,000ft당 10kts의 윈드시어가 관측된다. 또 돌풍전선을 가로질러 1mile당 40kts의 수평 윈드시어가 발생하기도 한다. 심한 뇌우의 경우 90~180° 정도까지의 심한 풍향 변화도 나타난다.[24]

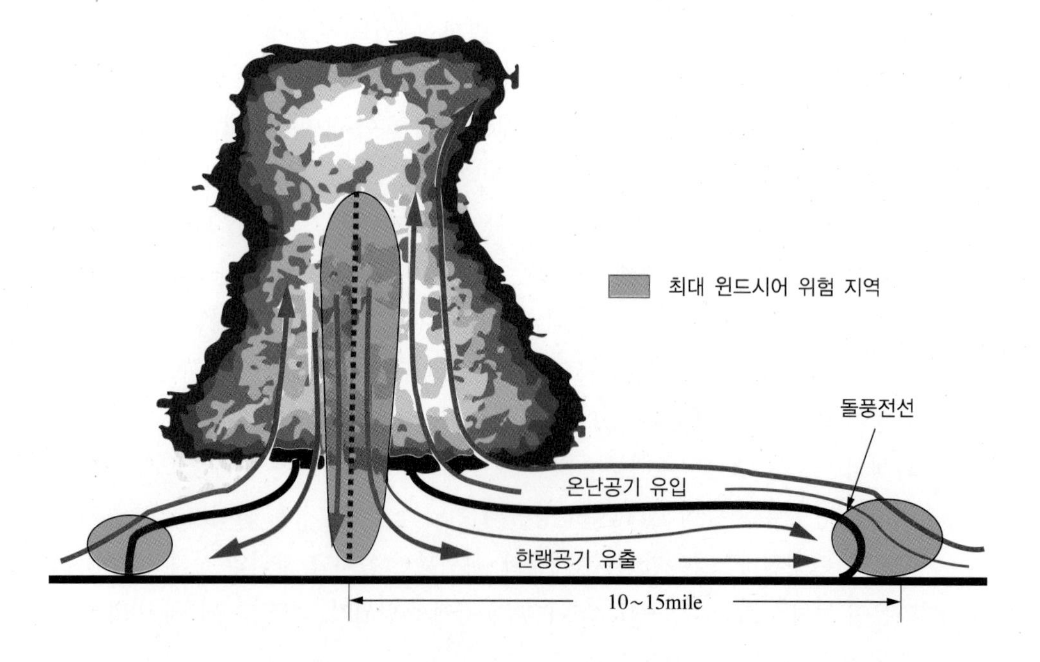

24) https://terms.naver.com/entry.nhn?docId=3580592&cid=58947&categoryId=58981

3 항공기상

항공기상이란 드론(무인항공기/무인비행기 포함)의 비행에 관련되는 기상을 연구하는 학문과 기상업무를 말한다. 현재 우리나라 하늘에는 국민 드론이라고 불릴 만큼 많이 판매된 Syma 시리즈부터 군용 무인항공기까지 수많은 드론이 저공에서부터 대류권 중 하층운(고도 2km 미만)과 중층운(고도 2~7km) 사이의 영역을 비행하고 있다. 특히, 유인항공기를 포함하면 더 넓다.

드론(무인항공기/무인비행기 포함)은 비행 전 점검단계부터 이륙, 상승・하강, 비행, 임무공역이나 통로공역의 진입・착륙 및 착륙 후, 비행 후 점검 등 모든 단계에서 기상과 밀접하게 관련 있다.

예를 들어, 이착륙단계에서는 시정(視程)・운고(雲高)・풍향・풍속・강수・기온 등이 비행에 미치는 영향면에서 중요한 기상요소이므로, 비행장(이착륙장)과 주변의 모든 기상요소를 정확하게 관측하고 신속하게 전파해야 함은 물론, 기상요소의 예보도 면밀히 관찰해야 한다. 드론(무인비행장치) 실기평가에서도 비행장 안전점검 시 사람, 장애물, GPS 이상무, 풍향・풍속 북동풍 초속 2m/sec를 점검하는 것도 이러한 이유이다.

비행단계에서는 비행경로상의 바람과 강수와 기온이 비행시간에 절대적인 영향을 주므로, 원거리 비행(비가시권 비행)을 할 경우에는 광범위한 지역(기체의 운용 반경에 따라 다름)의 바람과 기온, 강수의 예보가 반드시 필요하다. 특히, 바람의 예보에 관련해서 돌풍(Gust)의 관측과 예보는 매우 중요한 부분을 차지한다. 또한, 드론(무인항공기/무인비행기 포함)은 이륙에서 착륙까지의 비행 중에 뇌우・돌풍・착빙(着氷) 등에 의하여 비행에 장애를 받을 뿐 아니라 최악의 경우에는 추락하기도 한다. 드론(무인항공기 포함) 운항에 심각한 장애가 되는 악천후를 탐지하고 예보하여 항공종사자에게 통보하는 것은 비행의 안전을 위해 중요한 일이기 때문에 NOTAM(항공고시보)과 METAR(항공정기기상보고) 및 TAF(터미널 공항예보)를 발령하기도 한다.

지금까지 일반 기상업무를 수행하며 비행에 필수적으로 포함되는 사항에 대해 살펴보았듯이 기상이 드론(무인항공기/무인비행기 포함)에 미치는 영향이 크므로, 항공기상의 관점에서는 연구 대상으로 대두된다. 예를 들면, 악시정이나 대류권 하층 바람의 연직시어(Vertical Wind Shear)는 드론(특히, 무인항공기/무인비행기) 운항에 영향이 커서 그 통보가 절실히 요망되고 있으나 관측방법부터 연구해야 하는 문제 중의 하나이다. 또한, 난류(대류에 의한 난류, 기계적 난류, 항적에 의한 난류 포함)처럼 소규모 현상은 일반 기상관측망으로는 탐지되지 않으므로 조종사의 협력 없이는 그 실태의 파악이 곤란하다.

현재 하늘에는 저성능의 소형 무인항공기부터 고성능의 대형 무인항공기 및 초경량비행장치 중 무인비행장치(무인비행기, 무인헬리콥터, 무인멀티콥터, 무인비행선)에 이르기까지 각양각

색의 드론이 저공에서부터 대류권 중 중층운(고도 2~7km) 이하 또는 하층운(고도 2km 미만)의 영역을 비행하고 있으므로 항공기상의 분야나 업무도 광범위하다.[25] 현재 드론산업은 도심 배송, 국토조사, 시설물 안전진단, 조난자 구조, 통신망 개설, 항공방제, 드론 아트쇼에 이르기까지 광범위하게 빠른 속도로 급성장 중이다. 전국 각지의 시범공역에서는 각종 드론 시범 실증사업(규제 샌드박스 등)이 정부 부처의 주관하에 진행되고 있는데, 이러한 모든 산업현장에서 비즈니스화되고 있는 드론 비행에 있어 가장 중요한 요소가 기상이다. 따라서 모든 실증사업의 기본 평가요소에도 100여개 이상의 기상요소에 대해 평가를 진행하고 있다.

초경량비행장치(무인비행장치) 자격시험에도 기상문제가 25% 이상 출제되고 있는 이유도 그만큼 기상이 중요하기 때문이다. 가장 기본적인 지문이 기상 7대 요소(기온, 기압, 습도, 바람, 습도, 구름, 강수, 시정)를 묻는 문제이다.

모든 기상은 지형적 요소에 의해 기상 변화가 실시간으로 달라진다. 한반도는 동고서저의 형태를 유지하고 있으며, 남한지역에도 주요 산맥(태백산맥, 차령산맥, 소백산맥, 노령산맥 등)이 형성되어 있고, 이의 영향으로 기상이 급변하기 때문에 우리나라의 기상조건은 전 세계적으로 보더라도 나쁜 편에 속한다. 하지만 한반도의 기상조건을 극복할 수 있는 드론을 개발하고 산업화한다면 전 세계시장의 석권도 가능할 것이다.

---

25) https://terms.naver.com/entry.nhn?docId=1161749&cid=40942&categoryId=32299

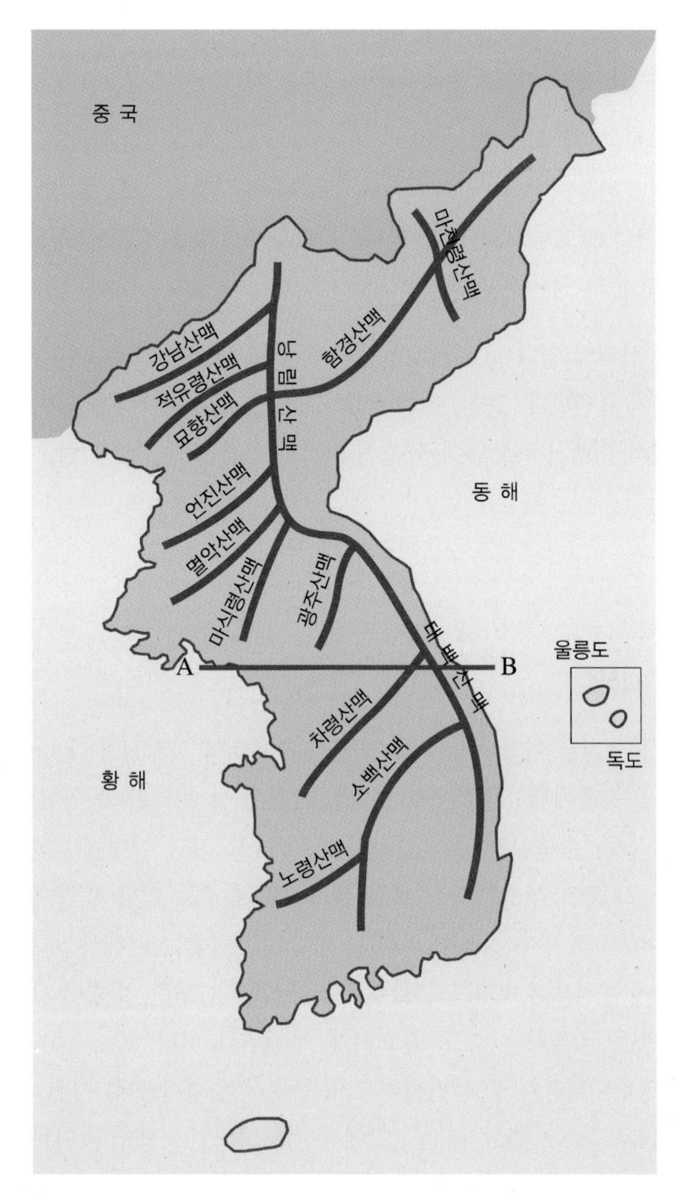

① **낭림산맥** : 북부지방을 서쪽(왼쪽)과 동쪽(오른쪽)으로 나누는 산맥으로, 관서지방(서쪽)과 관북지방(동쪽)으로 나누는 경계가 된다.

② **멸악산맥** : 북부지방과 중부지방의 경계가 되는 산맥이다. 예전에는 멸악산맥의 위쪽을 북부지방이라 불렀지만 지금은 휴전선이 경계가 된다.

③ **태백산맥** : 우리나라의 등줄기가 되는 산맥으로, 강원도를 동쪽과 서쪽으로 구분하는데 동쪽을 영동지방, 서쪽을 영서지방이라고 한다.

④ **차령산맥** : 중부지방을 동쪽과 서쪽으로 나누는 산맥으로 동쪽은 충청북도, 서쪽은 경기도 남부(평택평야)와 충청남도(태안반도)라고 한다. 즉, 차령산맥을 경계로 충청

남북도 지방이 나뉘고 교통의 장애가 된다.

⑤ **노령산맥** : 소백산맥에서 짧게 뻗어져 나온 산맥으로, 노령산맥을 경계로 전라남도와 전라북도가 나뉜다.

⑥ **소백산맥** : 남부지방을 동쪽과 서쪽으로 나누는 산맥으로, 동쪽은 경상도(영남지방), 서쪽은 전라도(호남지방)라고 한다. 즉, 소백산맥을 경계로 영남지방과 호남지방이 나뉘고 교통의 장애가 된다.

이러한 주요 산맥의 영향으로 주로 산풍과 곡풍이 발생하고 있으며, 고지의 높이에 따라서 풍향과 풍속이 급변한다. 특히, 태백산맥의 영향으로 우리나라는 주로 늦은 봄부터 초여름에 동해안에서 태백산맥을 넘어 서쪽 사면으로 부는 북동계열 바람, 푄(높새바람) 현상이 주로 발생한다.

4 이착륙 기상

항공기상의 기본요건은 이착륙장 또는 공항 관측자료의 신뢰성과 대표성이다. 따라서 공항에서는 TAF(터미널 공항예보 : 공항에서 일정한 기간(통상 24시간) 동안에 항공기 운항에 영향을 줄 수 있는 지상풍, 수평시정, 일기, 구름 등의 중요 기상 상태에 대한 예보로 1일 4차례 실시)를 실시한다. 그중 바람에 대한 자료는 활주로와 활주로 방향 선택에 주로 이용된다. 즉, 무인항공기/무인비행기의 경우 정풍(맞바람)을 안고 이착륙을 실시해야 하기 때문에 1일 관측기준으로 주로 정풍이 불어오는 방향으로 활주로를 개설한다. 또한, 바람에 대한 자료는 이착륙할 수 있는 최대 하중을 결정하는 데도 중요하게 이용되고 있다.

예를 들어, 초경량비행장치 중 무인비행장치(특히, 무인멀티콥터) 시험 시 최초 시험 코스가 이륙비행이다. 이착륙장(2×2m 사각형) 안에서 기준고도인 3~5m 높이로 수직으로 상승해야 하는데 초속 10m/sec의 바람이나 돌풍(17knot, 8.7m/sec)이 불어온다면, 기체의 내풍성(강한 바람에 견디어 쓰러지지 않는 성질의 정도)에 따라 다르지만 10m/sec 이하의 내풍성을 가진 기체는 전후, 좌우 어느 방향으로든 밀리게 된다. 이에 따라 자격증 시험의 평가기준은 다음과 같다.

- 원활하게 이륙 후 수직으로 지정된 고도까지 상승할 것
- 현재 풍향에 따른 자세 수정으로 수직 상승이 되도록 할 것
- 이륙을 위하여 유연하게 출력을 증가시킬 것
- 이륙과 상승을 하는 동안 측풍 수정과 방향을 유지할 것

이착륙에서 중요하게 작용하는 점은 다음과 같다.

첫째, 기상이다. 이륙비행 평가에서 이륙과 상승을 하는 동안 측풍 수정과 방향 유지를 실시하는 가운데 유연하게 출력을 증가시켜 지정된 고도까지 수직으로 상승되도록 해야 하는 것이 중요하다. 과학기술의 진보 속도가 빠르게 진행되어 수년 이내에 돌풍(17knot, 8.7m/sec)을 견디어 낼 수 있는 내풍성을 가진 드론들이 보급(선진국은 지속풍속 22m/sec을 견딜 수 있는 기체 시판 중)되겠지만 그 이전에는 기체의 내풍성이 요구수준에 도달하지 못하기 때문에 이착륙 단계부터 기상(특히, 바람)의 영향을 많이 받을 수밖에 없다. 여기서 기상의 중요성이 대두된다. 실제로 자격시험 연습비행을 하던 중 '자세모드'로 착륙을 시도할 때 교육생이 타각이 큰 조종키 값을 주고 있는 상황에서 돌풍이 불어와 착륙 간 기체가 전복되는 일이 발생하기도 하였다.

둘째, 기온이다. 기온이 높으면 대기밀도가 작아져서 적재능력이 감소하고 이륙을 위해서는 더 빠른 속도가 필요하기 때문에 드론(무인항공기/무인비행기)의 경우 활주로의 길이가 상대적으로 더 길어야 한다. 적도지방의 비행장이 활주로가 상대적으로 긴 것도 기온이 높기 때문이다. 초경량비행장치 무인멀티콥터의 경우에도 배터리를 사용하는 기체는 온도에 매우 민감하다. 특정제품의 경우에는 일정 온도 이하에서는 시동이 걸리지 않도록 설정되어 있어 이착륙과 비행 시에 기온의 영향을 많이 받는다. 따라서 겨울철에 멀티콥터 비행시간은 기존보다 2/3 시점에서 착륙을 시키는 것이 안전하다.

셋째, 비(강수)의 영향이다. 흔한 일은 아니지만 어는 비(Freezing Rain)가 내리면 드론(무인항공기/무인비행기)의 경우 이착륙은 고사하고, 비행장 내에서 비행기의 이동도 많이 제한된다. 초겨울 공항 주변에서 5~6시간 이륙 지연이 발생하는 경우도 이 때문이다. 멀티콥터의 경우에도 초겨울 어는 비 또는 안개에 의해 프로펠러에 착빙현상이 발생하게 되는데, 비행 전에 제거하지 않으면 추락할 수도 있다.

넷째, 황사 등 모래폭풍(Sand Storm)이다. 시정요소 중 황사 등 모래폭풍이 비행장 주변에서 발생하면 공항 운영이 일시적으로 폐쇄되기도 하며, 시정장애요소로 작용하여 드론의 이착륙이 제한되기도 한다. 이륙이 허용되는 최소 시정은 드론(무인항공기/무인비행기)의 항법장비와 비행장 내에 있는 활주로의 규모, 활주로 조명, 항법 보조시설 등 비행장의 시설장비에 의해서 결정된다. 시정이 아주 짧고 실링(Ceiling)이 낮을 때는 드론(무인항공기/무인비행기)의 이착륙이 불가하다고 해도 과언이 아니다. 비행장에서의 시정과 실링은 드론(무인항공기/무인비행기)의 이착륙을 관제하는 데 상당한 영향을 미친다. 날씨가 좋으면 나쁠 때보다 동일한 시간에 더 많은 드론을 이착륙시킬 수 있지만 날씨가 나빠지면 드론(무인항공기/무인비행기)의 이착륙이 제한될 수밖에 없다.

CHAPTER

1 적중예상문제

01 다음 대기권 중 기상 변화가 일어나는 층으로 고도가 증가함에 따라 온도의 감소가 일어나는 층은?

① 성층권 ② 열 권
③ 외기권 ④ 대류권

해설

대부분의 구름이 대류권에 존재하며, 기상 변화는 대류권에서만 일어난다. 이러한 현상은 지표에서 복사되는 열로 인하여 고도가 높아짐에 따라 기온이 감소되는 음(-)의 온도 구배(온도 기울기)가 형성되기 때문이다.

02 다음 중 대기권을 고도에 따라 높은 곳부터 낮은 곳까지 순서대로 바르게 나열한 것은?

① 대류권 - 성층권 - 열권 - 중간권 - 외기권
② 외기권 - 열권 - 중간권 - 성층권 - 대류권
③ 외기권 - 대류권 - 중간권 - 성층권 - 열권
④ 대류권 - 외기권 - 성층권 - 중간권 - 열권

해설

대기권은 대체로 몇 개의 권역으로 구분되며 대기권의 순서는 지표면으로부터 고도가 낮은 곳에서 높아지는 방향으로 나열하면 대류권, 성층권, 중간권, 열권, 외기권으로 구분한다.

03 다음 대기권 중 지구 표면으로부터 형성된 공기의 층으로 끊임없이 공기 부력에 의한 대류 현상이 나타나는 층은?

① 성층권 ② 대류권
③ 중간권 ④ 열 권

1 ④ 2 ② 3 ② 정답

해설

대류권은 지구 표면으로부터 형성된 공기의 층으로 고도가 증가함에 따라 온도의 감소가 발생하며, 공기 부력에 의한 대류 현상이 나타난다. 대류권의 공기는 수증기를 포함하며, 지구상의 지역에 따라서 0~5%까지 분포한다. 대기 중의 수증기는 응축되어 안개, 비, 구름, 얼음, 우박 등의 상태로 존재할 수 있으며 작은 비중을 차지하더라도 기상 현상에 매우 중요한 요소이다.

04 다음 중 태양이 방출하는 자외선에 의해 대기가 전리되어 밀도가 커지는 층은?

① 대류권계면
② 성층권
③ 전리층
④ 외기권

해설

전리층(Ionosphere)은 열권 중 태양이 방출하는 자외선에 의해 대기가 전리되어 밀도가 커지는 층이다. 또한 전파를 흡수하거나 반사하는 작용을 함으로써 무선통신에 많은 영향을 미친다.

05 대류권 내에서 1,000ft마다 평균 감소하는 온도는?

① 1℃
② 2℃
③ 3℃
④ 4℃

해설

대류권에서는 일반적으로 고도가 상승함에 따라 일정비율로 기온이 감소한다. 표준기온(15℃, 59°F)에서 기온의 감소율은 1,000ft당 평균 2℃이다.

06 다음 날씨를 구성하는 요소 중 기상의 7대 요소에 속하는 것은?

① 기온 · 기압 · 바람 · 습도 · 구름 · 강수 · 시정
② 일조시간 · 기온 · 기압 · 습도 · 강수 · 대기
③ 윤량 · 기온 · 기압 · 바람 · 습도 · 일조량 · 난기류
④ 대기 · 기온 · 기압 · 습도 · 강수 · 일조시간 · 전선

해설

기상을 나타내는 데 필요한 7대 요소는 기온 · 기압 · 바람 · 습도 · 구름 · 강수 · 시정이다.

정답 4 ③ 5 ② 6 ①

07 다음 중 우리나라에서 평균 해수면을 기준으로 수준원점을 정하는 기준이 되는 지역은?

① 인천만
② 진해만
③ 광양만
④ 천수만

해설

표고와 고도는 평균 해수면을 기준으로 삼는다. 그러나 바닷물의 높이는 동해, 서해, 남해 등에 따라 다르고, 밀물과 썰물에 따라 다르다. 바닷물의 높이는 항상 변화하고, 0.00m는 실제로 존재하지 않으므로 수위 측정소에서 얻은 값을 육지로 옮겨와 고정점을 정하게 된다. 이를 수준원점이라 한다. 우리나라는 1916년 인천만의 평균 해수면을 기준으로 인하대학교 교내에 수준원점을 정하였다.

08 해수면 고도에서의 표준기온 및 기압이 바르게 나열된 것은?

① 15℃, 29.92inHg
② −56.5℃, 1,013.25hPa
③ 15°F, 1,013.25hPa
④ −56.5℃, 29.92inHg

해설

해수면 고도에서의 표준기온 및 기압

- 해면기압 : 1,013.25hPa = 760mmHg = 29.92inHg
- 해면기온 : 15℃ = 59°F

09 다음 중 표준대기를 구성하고 있는 기체성분으로 옳은 것은?

① 산소 78% − 질소 21% − 기타 1%
② 산소 49% − 질소 50% − 기타 1%
③ 산소 21% − 질소 1% − 기타 78%
④ 산소 21% − 질소 78% − 기타 1%

해설

대기는 지구를 중심으로 둘러싸고 있는 각종 가스의 혼합물로 구성되어 있다. 표준대기의 혼합기체 비율은 78%의 질소, 21%의 산소, 1%의 기타 성분(0.93%의 아르곤, 0.04%의 이산화탄소 및 0.03%의 소량의 탄산가스와 수소)으로 구성되어 있다.

7 ① 8 ① 9 ④ 정답

10 다음 중 표준대기(Standard Atmosphere)에 해당되지 않는 것은?

① 온도 15℃

② 압력 760mmHg

③ 압력 1,053.2mb

④ 온도 59°F

해설

해수면 고도에서의 표준기온 및 기압

- 해면기압 : 1,013.25hPa = 760mmHg = 29.92inHg
- 해면기온 : 15℃ = 59°F

11 다음 중 기상의 모든 물리적 현상을 일으키는 원인으로 옳은 것은?

① 운량과 운형

② 기압의 변화

③ 열 교환

④ 풍속과 풍향

해설

지구를 둘러싸고 있는 대기의 기류(Current)는 일정 지역에 정체되어 있기보다는 특정한 형태(Patterns)를 갖추고 지구 주위를 끊임없이 순환하고 있다. 대기의 순환원인은 태양으로부터 받아들이는 태양 에너지(Sun Energy)에 의한 지표면의 불규칙한 가열(Uneven Heating) 때문이다.

12 대기의 열운동 중 물체로부터 방출되는 전자파를 총칭한 것은?

① 전도(Conduction)

② 대류(Convection)

③ 이류(Advection)

④ 복사(Radiation)

해설

물체로부터 방출되는 전자파를 총칭하여 복사라고 한다. 전자기파에 의한 에너지 전달방법으로써, 전도, 대류 및 이류와는 달리 에너지가 이동하는 데 매체를 필요로 하지 않는다.

정답 10 ③ 11 ③ 12 ④

13 다음 중 대기의 구성에 대한 설명으로 틀린 것을 고르면?

① 대기는 지표면으로부터 고도가 높아지는 방향으로 대류권, 성층권, 중간권, 열권, 외기권으로 구분한다.

② 대류권과 성층권 사이를 열권이라 하며, 이곳에는 제트기류가 흐른다.

③ 표준 대기압에 의한 압력고도가 0이 되는 기준 고도를 해면고도라고 한다.

④ 공기의 기본 성질로는 압력, 밀도, 비체적, 비중량, 비중을 들 수 있다.

해설

대류권과 성층권 사이를 대류권계면(17km 내외)이라 하며, 이곳에는 제트기류가 흐른다. 공기의 기본 성질로는 압력, 밀도, 비체적, 비중량, 비중을 들 수 있으며, 공기의 유동 특성으로는 점성과 압축성을 들 수 있다.

14 지구에 대한 설명으로 적합한 것은?

① 지축의 경사는 23.5°이다.

② 지구 표면은 약 80%가 물이다.

③ 지구의 형태는 완전한 원형이다.

④ 지구 표면은 약 80%가 육지이다.

해설

지구는 약 70.8%가 물로 구성되어 있으며, 원형이 아닌 타원체이다.

15 기온체감률이 2℃/km 이하되는 층이 적어도 2km 이상되는 층의 최저고도를 나타내는 것은?

① 대류권

② 대류권계면

③ 성층권계면

④ 성층권

해설

대류권계면은 대류권의 상부한계로서 성층권과의 경계면으로 그 높이는 계절과 위도 그리고 대기온란에 따라 변한다. 기온체감률이 2℃/km로 거의 없다.

13 ② 14 ① 15 ② 정답

16 사계절의 변화에 영향을 주는 지구의 회전운동은 무엇인가?

① 자 전
② 공 전
③ 전향력
④ 원심력

해설
지구의 자전은 낮과 밤을, 공전은 사계절을 형성한다.

17 다음 지역 중 우리나라 평균 해수면 높이를 인천 앞바다의 평균 해수면을 0m로 선정하여 수준원점이 정해져 있는 곳은?

① 부산대학교 교내
② 순천대학교 교내
③ 인하대학교 교내
④ 광양만 원광대학교 교내

해설
수준원점은 인하대학교 교내에 위치하며 그 높이는 26.6871m이다.

18 천체의 남북을 잇는 고정된 회전축 주위를 1일 주기로 회전하는 것은?

① 자 전
② 공 전
③ 원심력
④ 전향력

정답 16 ② 17 ③ 18 ①

19 **공기부력에 의한 대류현상이 나타나며 이 때문에 주요 기상 변화 현상이 발생하는 대기의 층은?**

① 대류권
② 열 권
③ 성층권
④ 중간권

해설
지구의 기상 변화 현상은 대부분 대류권에서 발생한다.

20 **기상관측에 따른 대기현상 중 바르지 않은 것은?**

① 대기수상
② 대기진상
③ 대기광상
④ 대기후상

해설
기상관측에 따른 대기현상은 4가지로 구분하는데, 대기수상, 대기진상, 대기광상, 대기전상으로 구분한다.

21 **기상관측에 따른 대기현상 중 대기수상의 설명으로 바른 것은?**

① 비, 눈, 우박, 안개, 서리 등과 같이 액체나 고체 상태로 대기 중에 떨어지는 현상
② 먼지, 연기 등 수분을 거의 함유하지 않은 미세한 고체입자가 떠 있는 현상
③ 무지개, 햇무리, 신기루, 아침·저녁놀과 같이 해나 달의 반사, 굴절, 회절, 간섭에 의해 생기는 현상
④ 번개, 세인트엘모의 불, 오로라 등과 같이 사람의 눈 또는 귀로 관측되는 대기 중 전기현상

해설
대기수상은 비, 눈, 우박, 안개, 서리 등과 같이 액체나 고체 상태로 대기 중에 떨어지거나, 떠 있거나, 지상의 물체에 붙어 있는 현상이다.

19 ① 20 ④ 21 ① 정답

22 기상관측에 따른 대기현상 중 대기광상의 설명으로 바른 것은?

① 먼지, 연기 등 수분을 거의 함유하지 않은 미세한 고체입자가 떠있는 현상
② 비, 눈, 우박, 안개, 서리 등과 같이 액체나 고체 상태로 대기 중에 떨어지는 현상
③ 무지개, 햇무리, 신기루, 아침·저녁놀과 같이 해나 달의 반사, 굴절, 회절, 간섭에 의해 생기는 현상
④ 번개, 세인트엘모의 불, 오로라 등과 같이 사람의 눈 또는 귀로 관측되는 대기 중 전기현상

해설

대기광상은 무지개, 햇무리, 신기루, 아침·저녁놀과 같이 해나 달의 반사, 굴절, 회절, 간섭에 의해 생기는 광학적 현상이다.

23 일기도의 종류로 바르지 않은 것은?

① 지상 일기도
② 고층 일기도
③ 등압면 일기도
④ 저층 일기도

해설

일기도에는 지상 일기도가 있다. 지역에서는 극동과 북반구, 시간에서는 정시(定時), 5일 평균, 30일 평균 등이 있다. 지상 일기도는 등압선을 그리고 고기압과 저기압의 위치, 강도 등 기압 분포의 형태를 강조하는 것으로, 기압 분포를 그릴 때에는 고도를 0으로, 즉 해수면을 기준으로 그린다. 고층 대기의 상태를 해석하기 위한 일기도로서, 고층 일기도가 있는데 일반적으로는 등압면 일기도(等壓面日氣圖)가 사용된다. 등압면이란 기압이 같은 면으로 그 면의 고도를 등압면 고도라고 한다.

정답 22 ③ 23 ④

24 등압선에 대한 설명으로 바른 것은?

① 등압선이 넓은 지역은 기압차가 작고, 등압선이 좁은 지역은 기압차가 커 바람의 세기가 강하다.
② 이러한 기압차에 의해 풍속만이 발생한다.
③ 등압선이 넓은 지역은 기압차가 크고, 등압선이 좁은 지역은 기압차가 작아서 바람의 세기가 약하다.
④ 등압선은 해발고도가 같은 지역을 선으로 연결한 것이다.

해설

등압선이 넓은 지역은 기압차가 작고, 좁은 간격으로 선이 그려진 지역, 즉 등압선이 좁은 지역은 기압차가 커 바람의 세기가 강하다. 이러한 기압차에 의해 바람(풍향·풍속)이 발생하고, 기압이 같은 지역을 선으로 연결한 것을 등압선이라고 한다.

25 대기의 역할 중 바르지 않은 것은?

① 동식물의 호흡에 필요한 산소를 공급한다.
② 태양으로부터 방출되는 자외선을 차단한다.
③ 우주 공간에서 지구로 들어오는 운석을 차단한다.
④ 고위도의 남는 열을 저위도로 운반하여 온도차를 줄인다.

해설

대기는 동식물의 호흡에 필요한 산소를 공급하며, 태양으로부터 방출되는 자외선을 차단하고, 우주 공간에서 지구로 들어오는 운석을 차단하며, 저위도의 남는 열을 고위도로 운반하여 온도차를 줄인다.

26 대류권의 설명으로 바르지 않은 것은?

① 대류권(Troposphere) : 지구 표면으로부터 형성된 공기의 층으로 통상 10~15km이며, 평균 12km이다.
② 중위도지방 : 지표면으로부터 약 11km(약 36,000ft)까지의 고도이다.
③ 적도지방 : 지표면으로부터 16~18km 정도
④ 극지방 : 지표면으로부터 16~20km 정도

24 ① 25 ④ 26 ④ 정답

해설

대류권(Troposphere)은 지구 표면으로부터 형성된 공기의 층으로 통상 10~15km이며, 평균 12km이나, 중위도지방은 지표면으로부터 약 11km(약 36,000ft)까지이고, 적도지방은 지표면으로부터 16~18km 정도이며, 극지방은 지표면으로부터 6~10km 정도이다.

27 대류권의 설명으로 바르지 않은 것은?

① 대류권계면(Tropopause) : 대류권의 상층부로 적도를 기준으로 대류권과 성층권 사이이다.

② 대류권 계면은 17km 내외이다.

③ 제트기류, 청천난류 또는 뇌우를 일으키는 기상현상이 발생한다.

④ 성층권의 상층부로 제트기류, 청천난류가 발생하여 조종사에게 매우 중요하다.

해설

대류권계면(Tropopause)은 대류권의 상층부로 적도를 기준으로 대류권과 성층권 사이이며, 17km 내외이다. 이 지역은 제트기류, 청천난류 또는 뇌우를 일으키는 기상현상이 발생하여 조종자에게 매우 중요하며. 성층권의 하부이다.

28 난류의 강도 중 연결이 바르지 않은 것은?

① 약(Weak) : 약~중 정도의 난류 가능성

② 보통(Moderate) : 중~강 정도의 난류 있음

③ 강(Strong) : 심한 난류 가능성

④ 매우 강(Very Strong) : 심한 난류 있음

해설

약(Weak)은 약~중 정도의 난류 가능성이 있으며, 보통(Moderate)은 약~중 정도의 난류가 있으며, 강(Strong)은 심한 난류 가능성이 있고, 매우 강(Very Strong)은 심한 난류가 있다. 또한, 격렬(Intense)단계는 조직화된 지상 돌풍을 동반한 심한 난류가 있으며, 매우 격렬(Extreme)은 대규모의 지상 돌풍을 동반한 심한 난류가 발생한다.

정답 27 ④ 28 ②

29 제트기류의 설명으로 바르지 않은 것은?

① 대류권 상부(권계면) 부근에 존재하는 폭이 좁은 편서풍대
② WMO(세계기상기구)의 정의 : 풍속 30m/s 이상
③ 길이 : 수백km
④ 폭 : 수백km, 두께 : 수km

해설
제트기류는 대류권 상부(권계면) 부근에 존재하는 폭이 좁은 편서풍대로 WMO(세계기상기구)의 정의를 보면 풍속 30m/s 이상이고 길이는 수천km 이며, 폭은 수백km, 두께는 수km이다.

30 적도에서 북위 또는 남위 30°부근에서 일어나는 대기 순환의 설명으로 바른 것은?

① 해들리 순환　② 페렐 순환
③ 워커 순환　④ 패들리 순환

해설
해들리 순환은 적도에서 북위 또는 남위 30° 부근에서 일어나는 대기 순환이며, 페렐 순환은 중위도 고압대에서 하강한 공기 일부가 위도 60° 부근에서 전향력에 의해 오른쪽으로 편향되어 편서풍이 부는 것이며, 워커 순환은 적도태평양에서 차가운 동태평양과 따뜻한 서태평양 사이의 해수면 온도 차이로 시계 회전 방향으로 생기는 대기 순환이다.

31 성층권(Stratosphere)의 설명으로 바르지 못한 것은?

① 대류권 바로 위에 있는 층으로, 고도는 약 50km로 성층권 25km의 고도까지는 기온이 하강하고 그 이상의 고도에서는 기온이 중간권에 이를 때까지 증가한다.
② 기온이 증가하는 이유는 고도 약 20~30km에 있는 오존층(Ozonosphere)이 자외선을 흡수하기 때문이다.
③ 지표면 상공 약 13km에서 시작되어 약 50km까지 형성되며, 시작되는 높이는 위도마다 조금씩 다르다. 북극과 남극에서는 좀 더 낮은 약 8km 상공부터 성층권이 시작되며, 반대로 적도 근처에서는 상공 약 18km부터 시작되기도 한다.
④ 대류권계면을 17km로 보는 이유는 적도를 기준으로 성층권을 구분하기 때문이다. 통상적으로 비행기가 다니는 최고 높이의 구간이기도 하다.

29 ③ 30 ① 31 ① 정답

해설

대류권 바로 위에 있는 층으로, 고도는 약 50km로 성층권 25km의 고도까지는 -56.5℃로 일정한 기온을 유지하고, 그 이상의 고도에서는 기온이 중간권에 이를 때까지 증가한다.

32 중간권(Mesosphere)의 설명으로 바르지 못한 것은?

① 성층권 위를 중간권이라고 하는데, 이 권역은 고도에 따라 기온이 감소하며, 그 고도는 약 50~80km에 이른다.

② 성층권계면에서 중간권계면까지의 영역으로 고도가 상승할수록 기온이 계속 감소하며, 대기권 내에서 가장 추운 곳으로 대류권과 마찬가지로 대류의 불안정이 존재하여 날씨 변화현상, 즉 기상현상이 발생한다.

③ 유성(Meteor, Shooting Star)은 50~100km 고도, 즉 중간권에서 관측이 가능한데 대기권 내로 진입하던 우주의 물체들이 이 근방에서 고밀도 공기층과 마찰을 일으키면서 최대 6,000℃에 이르는 고온으로 가열, 플라스마화되기 때문이다.

④ 사실상 지구의 보호막이라고 할 수 있는 권역이다.

해설

성층권계면에서 중간권계면까지의 영역으로 고도가 상승할수록 기온이 계속 감소하며, 대기권 내에서 가장 추운 곳으로 대류권과 마찬가지로 대류의 불안정은 존재하나 수증기가 없어 중간권에서는 날씨 변화현상, 즉 기상현상이 발생하지 않는다.

33 열권(Thermosphere)의 설명으로 바르지 못한 것은?

① 중간권 위쪽의 영역으로 지표면으로부터 고도 80~500km 사이에 존재한다.

② 전리층(Ionosphere) : 열권 하부 중 태양이 방출하는 자외선에 의해 대기가 전리되어 밀도가 커지는 층이다.

③ 전파를 흡수하거나 반사하는 작용이 없어서 무선통신에 영향을 미치지 않는다.

④ 극지방에서 발생하는 극광(Aurora)이나 유성이 밝은 빛의 꼬리를 남기는 것도 주로 이 열권에서 발생한다.

해설

전파를 흡수하거나 반사하는 작용을 함으로써 무선통신에 영향을 미친다.

정답 32 ② 33 ③

34 물질의 이동 없이 열이 물체의 고온부에서 저온부로 이동하는 현상으로, 물체의 직접 접촉에 의해 발생하는 것은?

① 전도(Conduction)
② 대류(Convection)
③ 이류(Advection)
④ 복사(Radiation)

해설

가열한 쪽의 분자들이 바쁘게 움직여서 에너지를 전달하는 방법이다. 물질의 이동 없이 열이 물체의 고온부에서 저온부로 이동하는 현상으로, 물체의 직접 접촉에 의해 발생한다. 추운 겨울 쇠로 만들어진 문고리를 만졌을 때와 나무로 만들어진 방문을 만졌을 때 쇠고리와 나무의 온도는 같지만 쇠고리를 만지면 차갑고, 나무는 덜 차갑게 느껴진다. 이것은 열이 이동하는 빠르기가 달라 쇠에서는 열이 빨리 이동하기 때문에 손의 열을 빨리 뺏어 가 차갑게 느껴지는 것이며, 나무에서는 열이 천천히 이동하기 때문에 덜 차갑게 느껴지는 것이다.

35 유체가 부력에 의한 상하운동으로 열을 전달하는 것은?

① 전도(Conduction)
② 대류(Convection)
③ 이류(Advection)
④ 복사(Radiation)

해설

대류는 유체가 부력에 의한 상하운동으로 열을 전달하는 것으로 아랫부분이 가열되면 대류에 의해 유체 전체가 가열된다(액체나 기체가 부분적으로 가열될 때 데워진 것이 위로 올라가고 차가운 것이 아래로 내려오면서 전체적으로 데워지는 현상). 예를 들어, 촛불 주위에 손을 가까이하였을 때 같은 거리임에도 촛불 옆면보다 윗면에 손을 가까이 할 때 더 따뜻하거나 뜨거운 것을 느낄 수 있다.

36 수평 방향으로의 유체운동에 의해 기단의 성질이 변화하는 것은?

① 전도(Conduction)
② 대류(Convection)
③ 이류(Advection)
④ 복사(Radiation)

해설

이류는 수평 방향으로의 유체운동에 의해 기단의 성질이 변화하는 과정으로 매우 큰 공기덩어리가 수평으로 이동하여 위치를 바꾸면서 수증기와 열에너지를 운반한다. 수평기류라고도 하는데 이는 일반적으로 수평 방향의 변이에 관해서만 말하는 것으로, 가장 흔히 볼 수 있는 이류현상은 해무(海霧)의 발생이다.

34 ① 35 ② 36 ③ **정답**

37 복사에 대한 설명으로 바르지 않은 것은?

① 물체로부터 방출되는 전자파를 총칭하여 복사라고 한다.
② 전자기파에 의한 에너지 전달방법으로서 전도, 대류 및 이류와는 달리 에너지가 이동하는 데 매체를 필요로 하지 않는다.
③ 우주 공간을 지나오는 태양에너지의 이동은 주로 복사 형태로 이루어진다.
④ 에너지 전달방법의 하나로 에너지가 이동하는 데 매체 간 직접 접촉에 의해 발생한다.

해설
물체로부터 방출되는 전자파를 총칭하여 복사라고 하는데, 전자기파에 의한 에너지 전달방법으로서 전도, 대류 및 이류와는 달리 에너지가 이동하는 데 매체를 필요로 하지 않는다.

38 다음 중 태양의 고도를 나타내는 기준은?

① 북중고도 ② 남중고도
③ 동중고도 ④ 서중고도

해설
태양의 고도는 고도와 시간에 따라 다르게 나타나는데, 태양의 고도는 항상 정오 때의 남중고도를 기준으로 나타낸다. 지구의 자전축이 공전 궤도면에 대하여 66.5° 기울어져 있으므로, 공전 궤도상의 위치에 따라 태양의 남중고도는 약 1년을 주기로 변한다.

39 다음 중 대기 대순환에 대한 설명으로 바르지 못한 것은?

① 지구 전체 규모의 대기 순환으로 위도에 따른 에너지 불균형으로 인해 생기는 현상이다.
② 지구 자전의 영향으로 적도와 극 사이에 커다란 3개의 순환이 형성되며, 남반구와 북반구에 대칭적으로 나타난다.
③ 지구가 자전하지 않을 때 대기 대순환은 북반구와 남반구에 각각 하나의 거대한 순환으로 나타난다.
④ 북반구에서는 남풍이 불어가고 남반구에서는 북풍이 불어온다.

해설
북반구에서는 북풍이 불어가고 남반구에서는 남풍이 불어온다.

정답 37 ④ 38 ② 39 ④

CHAPTER 2

착 빙

1 착빙 및 안전

(1) 착빙의 정의 및 특징과 종류

빙결온도 이하의 상태에서 대기에 노출된 물체에 과냉각 물방울(과냉각 수적) 또는 구름입자가 충돌하여 얼음 피막을 형성하는 것을 착빙현상(Icing)이라고 한다. 항공기에 발생하는 착빙은 비행안전에 있어서 중요한 장애요소 중의 하나이다.

26)

① 착빙 형성의 조건

㉠ 대기 중에 과냉각 물방울이 존재해야 한다.

㉡ 항공기 표면의 자유대기온도가 0℃ 이하이어야 한다.

② 착빙의 특징

㉠ 착빙의 85%는 전선면에서 발생한다.

㉡ 전선면에서 온난공기가 상승 후 빙결고도 이하의 온도에서 냉각 시 과냉각 물방울에 의해 착빙된다.

㉢ 구름이 없는 전선면 아래에서의 착빙은 어는 비, 안개비에 의한 것이다.

㉣ 강한 비가 내리는 전선의 적운층 속이나 산악에서는 심한 착빙현상이 발생할 가능성이 높다.

㉤ 얼음비 : 액체 상태의 물방울이 빙결점 이하로 기온이 떨어졌는데도 액체 상태로 유지(과냉각)되어 항공기와 충돌 시 착빙되는 현상으로, 우빙(Glored Frost)이라고

---

26) https://blog.naver.com/fly_bx/220323770996
http://blog.naver.com/fly2971/40189989377

도 한다. 활주로상에 우빙이 있다면 비행기의 이착륙에 치명적이다.

ⓑ 밤에 지표면이나 물체가 이슬점 이하로 냉각된 경우, 공기 중의 액화된 수증기와 접촉하면 이슬이 서서히 서리로 변한다.

④ 착빙의 구분[27]

착빙은 구름 속의 수적 크기, 개수 및 온도에 따라 맑은 착빙, 혼합 착빙, 거친 착빙으로 분류된다.

㉠ 맑은 착빙(Clear Icing)은 수적이 크고 주위 기온이 -10~0℃ 사이에서 항공기 표면을 따라 고르게 흩어지면서 천천히 결빙된다. 투명하고 단단하며 떨어질 때 덩어리가 크다.

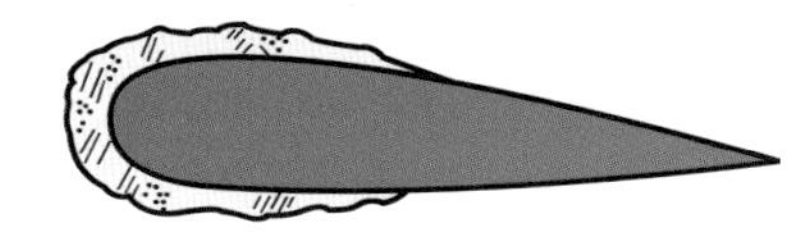

㉡ 혼합 착빙(Mixed Icing)은 -15~-10℃ 사이인 적운형 구름 속에서 자주 발생하며, 맑은 착빙과 거친 착빙이 혼합되어 나타나는 착빙이다.

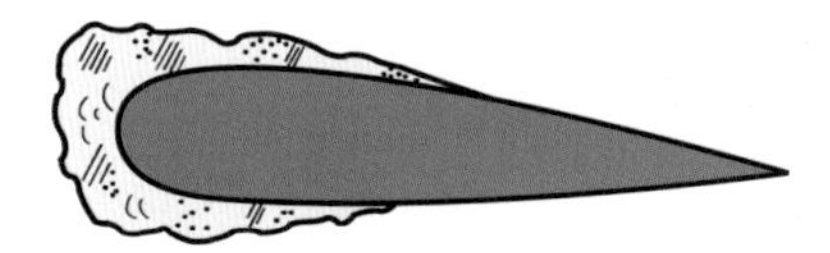

㉢ 거친 착빙(Rime Icing)은 수적이 작고 주위 기온이 -20~-10℃인 경우에 작은 수적이 공기를 포함한 상태로 신속히 결빙하여 부서지기 쉬운 거친 착빙이 형성된다.

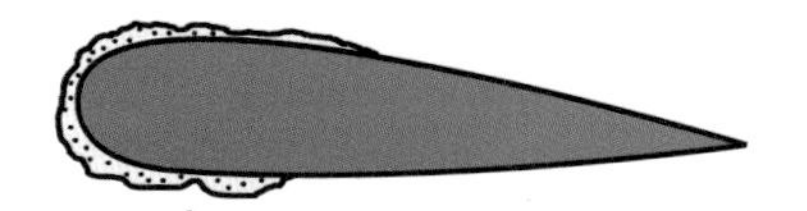

⑤ 착빙의 예[28]

▮ 맑은 착빙

▮ 혼합 착빙

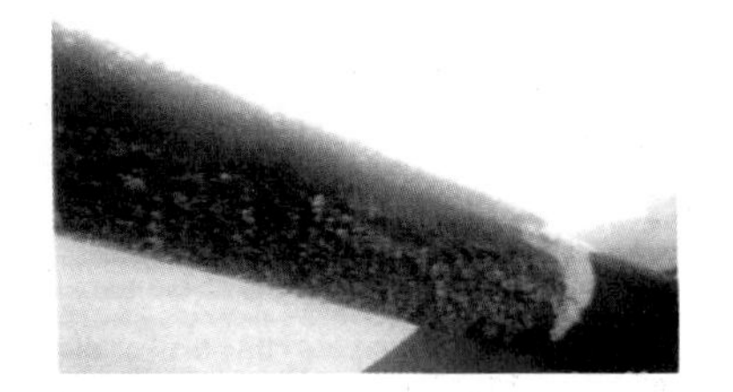

27) http://gomdoripoob.tistory.com/3
28) https://m.blog.naver.com/rbtnddl123/220372892080

▮ 거친 착빙

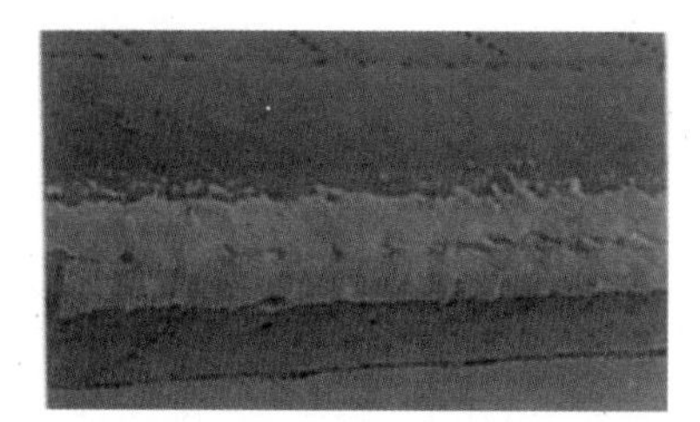

▮ 비 착빙

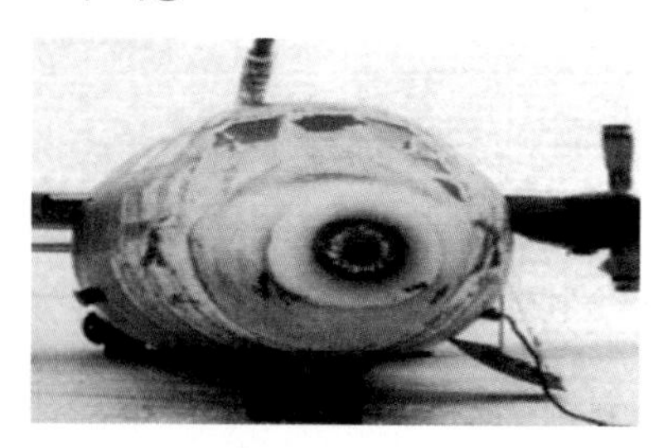

(2) 착빙과 항공안전

① 착빙이 생겼을 때의 영향

㉠ 날개면 착빙 : 공기 흐름을 변화시켜 양력을 감소시키고, 항력을 증가시켜서 실속(Stall)의 원인이 된다.

▮ 항공기 날개면 착빙 29)

㉡ 프로펠러 착빙 : 프로펠러의 효율을 감소시키고, 속도를 감소시켜 연료가 낭비되고, 프로펠러의 진동을 유발하기 때문에 파손될 위험성이 크다.

▮ 무인멀티콥터 프로펠러 착빙

㉢ 연료 보조탱크(날개 밑) 착빙 : 항력이 증가한다.

㉣ 피토관, 정압구 착빙 : 조종석의 계기와 밀접한 관련이 있으며, 대기속도나 고도계의 값이 부정확해지면서 안전운항에 큰 위협이 된다.

29) https://blog.naver.com/e-kasa/221123294974

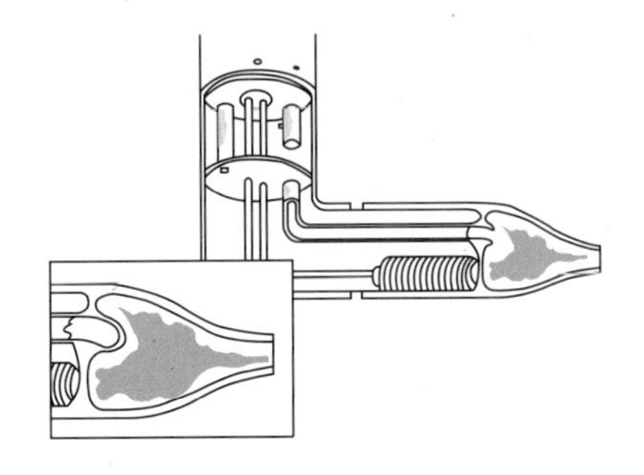

ⓜ 안테나 착빙 : 통신 두절의 위험이 있다.

▮ GPS 안테나 착빙[30]

ⓑ 조종석 유리 착빙 : 추운 지역을 비행할 시 발생할 수 있으며, 시계장애를 발생시킨다.

ⓢ 기화기 착빙 : 기화기 내부에서 착빙 발생 가능성이 있으며, 다음 그림과 같이 연료 분사 시 빙결을 일으켜 기화기 흡입구가 막힐 수 있다.

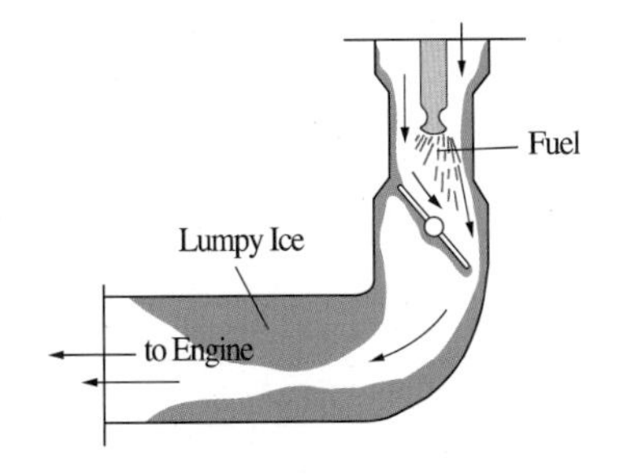

ⓞ 유인항공기에 착빙이 생기면 항공사는 다음과 같은 장치를 사용한다.

- 제빙장치(De-icing System) : 주로 항공기 출발 직전에 제빙작업을 진행하는 경우가 많으며, 눈을 쓸어내리고 방빙액 등의 약품을 뿌려 눈 또는 결빙을 제거하는 작업을 제빙작업이라고 한다.

---

30) https://spotlight.unavco.org/station-pages/p698/p698.html

• 방빙장치(Anti-icing System)

이륙 후에 결빙을 억제할 수 있는 방법은 다음과 같다.

- 엔진에서 나오는 고온공기를 이용해 표면을 가열한다.
- 전기적인 열을 이용한다.
- 부츠(Boots)를 불어넣어 팽창, 수축을 통해 얼음이 깨지도록 한다.
- 조종실 전면을 방풍 유리창(Windshield Glass)으로 한다.

• 과거에는 다음 그림과 같이 날개에 있는 결빙, 착빙을 빗자루로 쓸어서 눈을 제거하고 날개 각 부분이 정상적으로 작동하는지 확인하고 비행기를 띄웠다.

② 착빙의 유형[31]

㉠ 우빙형(雨氷型) 또는 투명빙(透明氷) : 우빙이 부착해서 동결되어 발생한다. 착빙 중 가장 위험하다.

㉡ 수빙(樹氷) 또는 조빙형(粗氷型) : 유백색의 불투명한 얼음으로 미세한 과냉각운립(過冷却雲粒)이 급속히 동결될 때 발생한다.

㉢ 수상형(樹霜型) : 수증기가 직접 승화한 것으로 비행에 별로 영향을 주지 않는다.

㉣ 흡입 착빙(Induction Icing) : 항공기 엔진으로 공기가 들어오는 흡기구와 기화기에 생기는 것으로 엔진 정지, 동력 정지 등이 발생하여 치명적이다. 흡입 착빙은 기구 착빙과 기화기 착빙으로 구분된다.

- 기구 착빙 : 엔진으로 들어가는 공기를 차단시켜 동력을 감소시킨다(흡기구에 얼음이 누적되어 발생).
- 기화기 착빙 : 기화기 안으로 들어온 공기가 단열팽창하여 영하의 온도로 냉각되어 발생한다. 공기가 연료의 혼합을 차단하여 엔진을 정지시킬 수 있다.

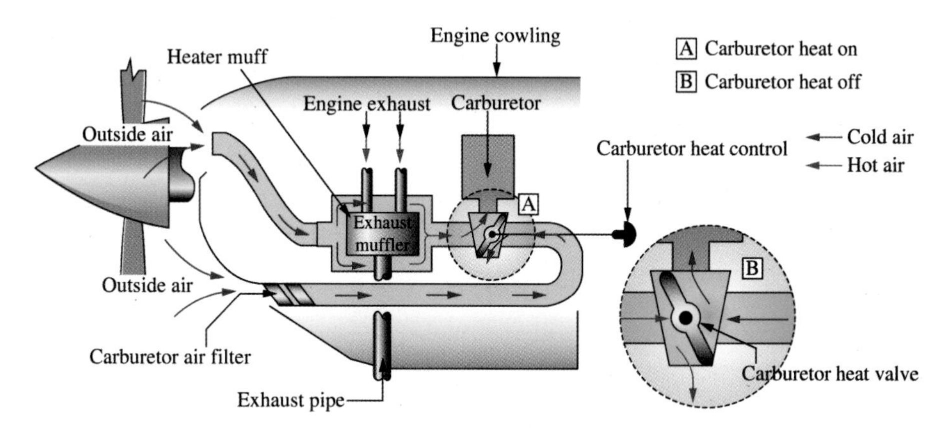

③ 서리의 위험요인

㉠ 서리 자체는 날개의 공기역학적 모양을 변화시키지 않으며 유연한 공기 흐름을 방해하여 공기 속도를 감소시킨다.

㉡ 낮아진 공기 속도는 정상보다 빨리 공기 흐름을 분리시키는 원인이 되어 양력을 감소시키므로 미량의 서리라도 비행 전에는 반드시 제거해야 한다.

31) https://terms.naver.com/entry.nhn?docId=1145482&cid=40942&categoryId=32363

CHAPTER

2 적중예상문제

01 다음 중 착빙의 종류가 아닌 것은?

① 지형성 착빙
② 혼합 착빙
③ 거친 착빙
④ 맑은 착빙

해설

착빙은 구름 속의 수적 크기, 개수 및 온도에 따라 맑은 착빙(Clear Icing), 거친 착빙(Rime Icing), 혼합 착빙(Mixed Icing)으로 분류된다. 맑은 착빙은 수적이 크고 주위 기온이 -10~0℃인 경우에 항공기 표면을 따라 고르게 흩어지면서 천천히 결빙된다. 혼합 착빙은 -15~-10℃ 사이인 적운형 구름 속에서 자주 발생하며 맑은 착빙과 거친 착빙이 혼합되어 나타나는 착빙이다. 거친 착빙은 수적이 작고 기온이 -20~-10℃인 경우에 작은 수적이 공기를 포함한 상태로 신속히 결빙하여 부서지기 쉽다.

02 다음 중 착빙에 대한 설명 중 틀린 것은?

① 과냉각수를 포함한 적운층을 비행할 때 수적운이 기체에 얼어붙는 현상이다.
② 공기역학 특성이 저하되어 양력이 감소하고 항력은 증가한다.
③ 층운형 구름 속에서 강한 착빙이 일어난다.
④ 착빙의 85%는 전선면에서 발생한다.

해설

과냉각수를 포함한 적운층을 비행할 때 수적운이 기체에 얼어붙는 현상을 착빙이라고 한다.

03 착빙(Icing)에 관한 설명으로 옳지 않은 것은?

① 항력은 증가한다.
② 항공기 표면의 자유대기 온도가 0℃ 미만이어야 한다.
③ 전선면에서 온난공기가 상승 후 빙결고도 이하의 온도에서 냉각 시 과냉각된 물방울에 의해 착빙된다.
④ Icing(착빙 현상)은 지표면의 기온이 낮은 겨울철에만 조심하면 된다.

1 ① 2 ③ 3 ④ 정답

해설

착빙은 0℃ 이하의 대기에서 발생하며 추운 겨울철에만 발생하는 것은 아니다. 기온의 일교차가 심한 경우에 주로 발생할 수 있다. 또한 날개 끝이나 항공기 표면의 착빙은 이륙 전 항공기 조작에 영향을 주게 되고 안정판이나 방향타 등에 착빙이 생기면 조작 방해를 받게 되므로 항상 조심해야 한다.

04 서리가 비행에 위험 요소로 고려되는 이유는 어느 것인가?

① 항공기가 빙점 이하의 낮은 기온 층으로부터 급속히 고온다습한 층으로 비행하여 갈 때 발생한다.

② 서리는 풍판의 기초 항공 역학적 형태를 변화시켜 양력을 감소시킨다.

③ 서리는 유연한 공기 흐름을 방해하여 공기 속도를 감소시킨다.

④ 서리는 풍판 상부의 공기 흐름을 느리게 하여 항력을 감소시킨다.

해설

서리(Frost)는 겨울철 아침에 지표면에서 볼 수 있는 것과 같으며 이것은 항공기가 빙점 이하의 낮은 기온 층으로부터 급속히 고온다습한 층으로 비행하여 갈 때 발생한다. 서리는 날개의 공기역학적 모양을 변화시키지는 않지만, 유연한 공기흐름을 방해하여 공기 속도를 감소시킨다.

05 섭씨 0℃ 이하의 온도에서 응축되거나 액체 상태로 지속되어 남아 있는 물방울로 항공기의 착빙(Icing) 현상을 초래하는 원인은?

① 이슬(Dew)

② 응축핵

③ 과냉각수(Supercooled Water)

④ 서리(Frost)

해설

과냉각수(Supercooled Water)는 0℃ 이하의 온도에서 응축되거나 액체 상태로 지속되어 남아 있는 물방울이다. 과냉각수가 노출된 표면에 부딪힐 때 충격으로 인하여 결빙될 수 있는데 이는 항공기의 착빙(Icing) 현상을 초래하는 원인이다.

정답 4 ③ 5 ③

06 착빙의 특징에 대한 설명 중 바르지 못한 것은?

① 착빙의 75%는 전선면에서 발생한다.
② 전선면에서 온난공기가 상승 후 빙결고도 이하의 온도에서 냉각 시 과냉각 물방울에 의해 착빙된다.
③ 구름이 없는 전선면 아래에서의 착빙은 어는 비, 안개비에 의한 것이다.
④ 강한 비가 내리는 전선의 적운층 속이나 산악에서는 심한 착빙현상이 발생할 가능성이 높다.

해설
착빙의 85%는 전선면에서 발생한다.

07 착빙이 생겼을 때의 영향으로 틀린 것은?

① 날개면 착빙은 공기 흐름을 변화시켜 양력을 감소시키고, 항력을 증가시켜서 실속(Stall)의 원인이 된다.
② 프로펠러의 효율을 감소시키고, 속도를 감소시켜 연료가 낭비되고, 프로펠러의 진동을 유발하기 때문에 파손될 위험성이 크다.
③ 연료 보조탱크(날개 밑) 착빙은 항력이 증가한다.
④ 피토관, 정압구 착빙은 조종석의 계기와 밀접한 관련이 있으며, 대기속도나 고도계의 값이 부정확해지지만 안전운항에 위험요소는 아니다.

해설
피토관, 정압구 착빙은 조종석의 계기와 밀접한 관련이 있으며, 대기속도나 고도계의 값이 부정확해지면서 안전운항에 큰 위협이 된다.

08 항공기 방빙장치에 대한 설명 중 이륙 후의 결빙 억제 방법으로 바르지 못한 것은?

① 엔진에서 나오는 고온공기를 이용해 표면을 가열한다.
② 항공기 자체의 온도로 결빙이 억제되기 때문에 기타 전기적인 열을 이용할 필요는 없다.
③ 부츠(Boots)를 불어넣어 팽창, 수축을 통해 얼음이 깨지도록 한다.
④ 조종실 전면을 방풍 유리창(Windshield Glass)으로 한다.

6 ① 7 ④ 8 ② **정답**

해설

엔진에서 나오는 고온공기를 이용해 표면을 가열하거나, 전기적인 열을 이용하며, 부츠(Boots)를 불어넣어 팽창, 수축을 통해 얼음이 깨지도록 하고 조종실 전면을 방풍 유리창(Windshield Glass)으로 한다.

09 착빙의 유형이 아닌 것은?

① 우빙형 또는 투명빙
② 수빙 또는 조빙형
③ 방빙형
④ 흡입 착빙

해설

우빙형(雨氷型) 또는 투명빙(透明氷)은 우빙이 부착해서 동결되어 발생하며 착빙 중 가장 위험하다. 수빙(樹氷) 또는 조빙형(粗氷型)은 유백색의 불투명한 얼음으로 미세한 과냉각운립(過冷却雲粒)이 급속히 동결될 때 발생한다. 수상형(樹霜型)은 수증기가 직접 승화한 것으로 비행에 별로 영향을 주지 않는다. 흡입 착빙(Induction Icing)은 항공기 엔진으로 공기가 들어오는 흡기구와 기화기에 생기는 것으로 엔진 정지, 동력 정지 등이 발생하여 치명적이다. 흡입 착빙은 기구 착빙과 기화기 착빙으로 구분된다. 방빙형은 해당되지 않는다.

10 서리의 위험요인에 대한 설명 중 바르지 못한 것은?

① 서리 자체는 날개의 공기역학적 모양을 변화시키지 않으며 유연한 공기 흐름을 방해하여 공기 속도를 감소시킨다.
② 낮아진 공기 속도는 정상보다 빨리 공기 흐름을 분리시키는 원인이 되어 양력을 증가시킨다.
③ 미량의 서리라도 비행 전에는 반드시 제거해야 한다.
④ 낮아진 공기 속도는 정상보다 빨리 공기 흐름을 분리시키는 원인이 되어 양력을 감소시킨다.

해설

낮아진 공기 속도는 정상보다 빨리 공기 흐름을 분리시키는 원인이 되어 양력을 감소시킨다.

정답 9 ③ 10 ②

기온과 기압

1 습도와 기온

(1) 습 도

① 습도와 수증기

㉠ 습도 : 공기 중에 수증기(물이 증발하여 생긴 기체 또는 기체 상태로 되어 있는 물)가 포함되어 있는 정도 또는 그 양을 나타낸다. 주로 상대습도(Relative Humidity)와 노점(Dew Point)을 사용한다.

※ 이슬점(노점)기온 : 공기가 냉각되어 상대습도가 100% 포화 상태가 되는 기온

㉡ 수증기 : 산소나 다른 가스와 같이 보이지 않으나 공기 중의 습기량을 나타내는 척도이다.

② 절대습도와 상대습도

㉠ 절대습도(Absolute Humidity) : 대기 중에 포함된 수증기의 양을 표시하는 방법으로 단위 부피당 수증기의 질량이다. 공기 $1m^3$ 중에 포함된 수증기의 양을 g으로 나타낸다.

㉡ 상대습도(Relative Humidity)

- 현재 포함된 수증기량과 공기가 최대로 포함할 수 있는 수증기량(포화 수증기량)의 비율을 퍼센트(%)로 나타낸 것이다.
- 일반적으로 습도라고 하면 상대습도를 가리키며, 상대습도는 건습구습도계나 모발습도계 등으로 측정한다.

▮ 모발습도계

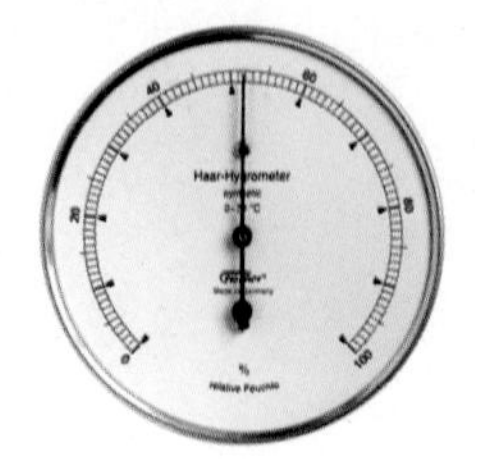

▮ 건습구습도계

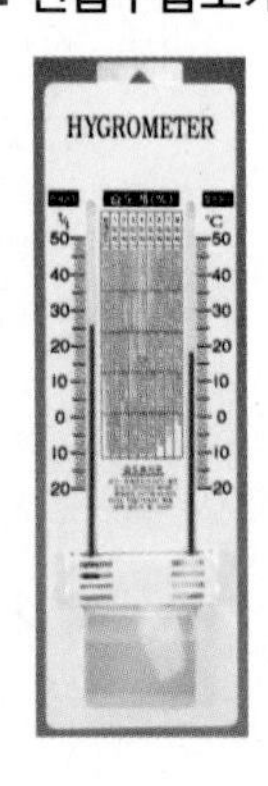

㉢ 공기 중의 수증기량

- 포화 상태(Saturated) : 상대습도가 100% 되었을 때의 상태
- 불포화 상태(Unsaturated) : 상대습도가 100% 이하의 상태

㉣ 상대습도는 수증기의 양 외에도 온도의 영향을 받는다. 상대습도의 일변화는 기온의 일변화에 따라 달라지며, 일반적으로 기온이 높으면 습도가 낮고 기온이 낮으면 습도가 높다.

㉤ 수증기를 포함한 공기의 부피를 Am^3이라 하고, 공기 중 수증기의 양이 Bg일 때 이 공기의 절대습도는 $\frac{A}{B}g/m^3$이 된다. 일정한 분자수의 공기 부피는 온도와 압력의 함수이므로, 절대습도는 공기의 온도와 압력에 따라 달라진다. 일정한 양의 공기가 포함할 수 있는 최대 수증기의 양을 포화 수증기량이라고 하며, 이 공기가 실제 포함하고 있는 수증기량을 C, 포화 수증기량을 D라고 할 때 (C/D × 100)을 상대습도라고 하며 단위는 %이다. 공기가 포함할 수 있는 수증기량에 제한이 있는 이유는 그것보다 많아지면 수증기가 물로 변하기 때문이다. 다음 그림은 물과 수증기 분자의 움직임을 도식적으로 나타낸 것이다.

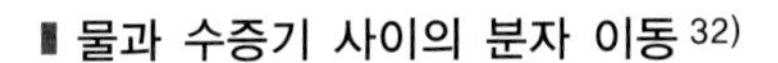
■ 물과 수증기 사이의 분자 이동 32)

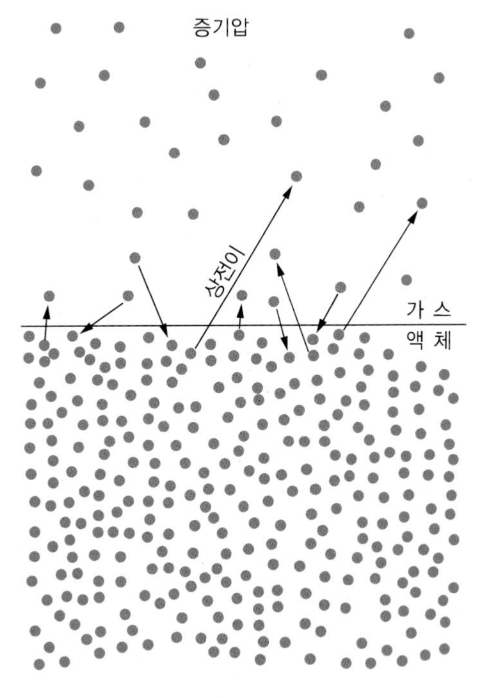

수증기가 물과 평형을 이루고 있을 때, 즉 수증기가 물로 변하는 변화율과 물이 수증기로 변하는 변화율이 같을 때 수증기의 부분압력(Partial Pressure)을 평형 증기압(Equilibrium Vapor Pressure) 또는 포화 증기압이라고 한다.

32) https://commons.wikimedia.org/wiki/File:Vapor_pressure.svg

수증기의 부분압력은 수증기 분자의 수에 비례하므로, 공기 중 실제 수증기의 부분 압력을 P, 평형 증기압을 P_1이라고 하면, 상대습도는 $(P/P_1 \times 100)$%로 쓸 수도 있다. 33)

ⓗ 상대습도와 절대습도 34)

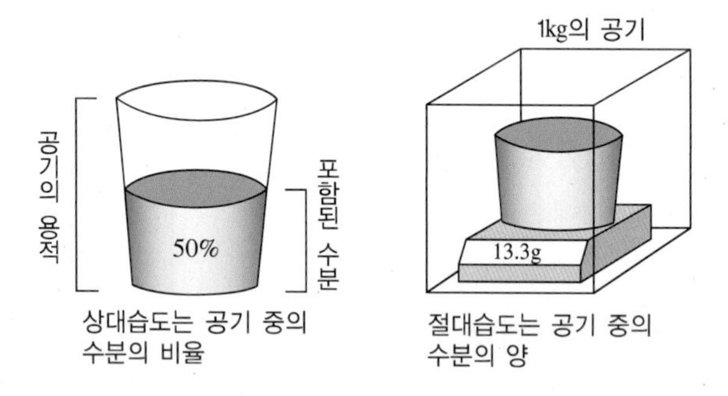

- 상대습도
  - 공기의 습한 정도를 상대습도 또는 습도라고 하는데, 현재 공기에 포함되어 있는 수증기량이 현재 기온에서의 포화 수증기량의 몇 %가 되는가를 나타낸 것이다.

    ※ 습도(%) $= \dfrac{\text{현재 공기에 포함되어 있는 수증기량}(g/m^3)}{\text{현재 기온에서의 포화 수증기량}(g/m^3)} \times 100$

- 절대습도
  - 공기 $1m^3$ 속에 포함되어 있는 수증기의 양(g/m^3)을 절대습도라고 한다.
  - 절대습도가 같아도 상대습도는 기온에 따라 다르게 나타낸다.

ⓢ 공기의 모형과 습도

어떤 공기 $1m^3$ 속에 수증기 입자가 18개 들어갈 수 있는데, 현재 이 공기 $1m^3$ 속에 수증기 입자가 8개 들어 있다면, 이 공기의 습도는 다음과 같다.

$$\frac{\text{현재 수증기량}}{\text{포화 수증기량}} \times 100 = \frac{8}{18}\text{개} \times 100 \fallingdotseq 44.4\%$$

▮ 공기의 모형

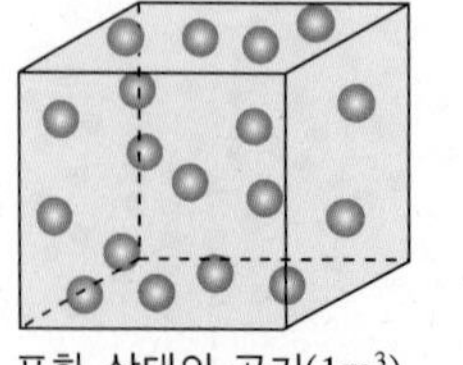
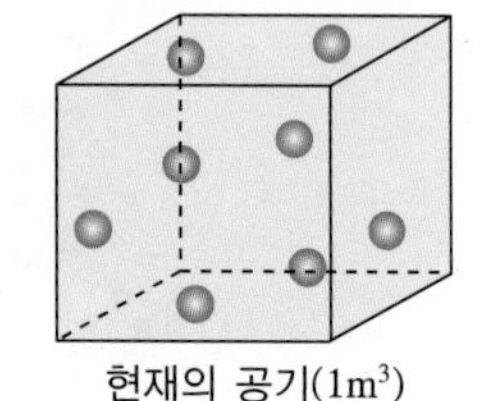
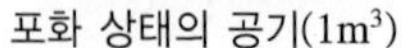

포화 상태의 공기($1m^3$) 현재의 공기($1m^3$)

33) https://terms.naver.com/entry.nhn?docId=4389589&cid=60217&categoryId=60217
34) https://www.scienceall.com/%EC%A0%88%EB%8C%80-%EC%8A%B5%EB%8F%84absolute-humidity-2/

③ 수증기 상태 변화

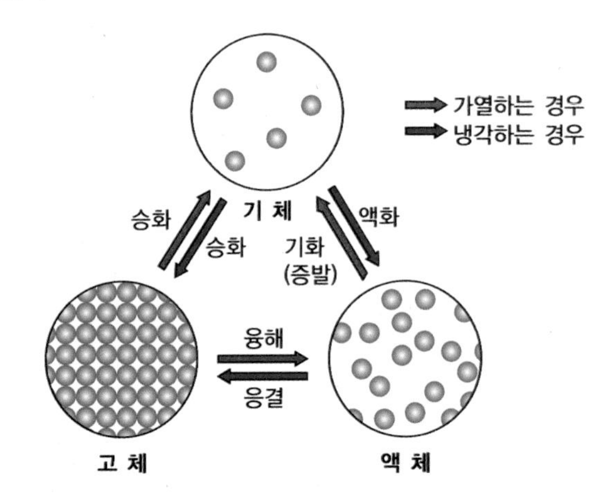

㉠ 대기 중의 수증기는 에너지의 흡수·방출(온도의 변화)에 따라 고체(Solid), 액체(Liquid), 기체(Gas)의 상태로 변한다.

㉡ 수증기의 상태 변화과정

- 액체의 증발(Evaporation) : 액체 상태에서 기체 상태로 변하는 현상
- 액체의 응결(Freezing) : 액체 상태에서 고체 상태로 변하는 현상
- 융해(Melting) : 고체 상태에서 액체 상태로 변하는 현상
- 승화(Sublimation) : 고체나 기체 상태가 중간 과정인 액체 상태를 거치지 않고 직접 기체나 고체 상태로 변하는 과정

④ 응결핵(Condensation Nuclei)

㉠ 응결핵은 대기 중의 가스 혼합물과 함께 소금, 먼지, 연소 부산물과 같은 미세한 고체 및 액체 부유입자들이다.

㉡ 일부 응결핵은 물과 친화력을 가지고 있어 공기가 포화되어도 응결 또는 승화를 유도할 수 있다.

㉢ 수증기가 응결 또는 승화할 때 액체 또는 얼음입자의 크기가 커지기 시작하는데 이때 입자는 액체 또는 얼음에 관계없이 전적으로 온도에 달려 있다.

㉣ 일반적으로 산업이 발달된 지역에서 안개가 잘 발달하는 것은 그 지역에 안개를 형성할 수 있는 풍부한 응결핵이 존재하기 때문이다.

⑤ 과냉각수(Supercooled Water)

㉠ 0℃ 이하의 온도에서 응결되지 않고 액체 상태로 지속되어 남아 있는 물방울이다.

㉡ 과냉각수가 노출된 표면에 부딪힐 때 충격으로 인하여 결빙될 수 있는데 항공기 착빙현상을 초래하는 원인 중의 하나이다.

㉢ 과냉각수는 -10℃와 0℃ 사이의 온도에서 구름 속에 풍부하게 존재할 수 있다.

㉣ 일반적으로 -20~-10℃ 이하의 온도에서는 승화현상이 우세하다. 구름과 안개는 대부분 과냉각수를 포함한 빙정의 상태로 존재하며, -20℃ 이하에서는 거의 빙정으로 있다.

⑥ 이슬과 서리

㉠ 이슬(Dew)

바람이 없거나 미풍이 존재하는 맑은 야간에 복사냉각에 의하여 기온이 이슬점온도 이하로 내려갔을 때 지표면 가까이에 있는 풀이나 지물(地物)에 공기 중의 수증기가 응결하여 붙어 있는 현상이다.

※ 이슬점온도 : 공기가 포화되었을 때의 온도로, 이 온도에 도달하면 공기가 포화되고 이슬이 맺히기 시작한다.

㉡ 서리(Frost)

수증기가 침착하여 지표나 물체의 표면에 얼어붙은 것으로, 늦가을 이슬점이 0℃ 이하일 때 생성된다. 항공기 표면에 형성된 서리는 비행의 위험요인으로 간주되기 때문에 반드시 비행 전에 제거해야 한다. 서리는 날개의 형태를 변형시키지는 않지만 표면을 거칠게 하여 날개 위의 유연한 공기 흐름을 조기에 분산시켜 날개의 양력 발생능력을 감소시킨다.

(2) 기 온

① 온도와 기온

지구는 태양으로부터 태양 복사 형태의 에너지를 받는데 흡수된 복사열에 의한 대기의 열은 중요한 기상 변화의 요인이다.

㉠ 온도(Temperature) : 물체의 차고 따뜻한 정도를 수치로 표시한 것

㉡ 기 온

- 공기의 차고 더운 정도를 수치로 나타낸 것이다.
- 태양열을 받아 가열된 대기의 온도로 지상에서 1.5m 정도 높이의 대기온도이다.

② 기온의 단위

㉠ 섭씨온도(Celsius, ℃)

- 1기압에서 물의 어는점을 0℃, 끓는점을 100℃로 하여 그 사이를 100등분한 온도이다. 단위 기호는 ℃이다.
- 물의 빙점 : 0℃, 비등점 : 100℃, 절대영도 : −273℃(아시아권)

㉡ 화씨온도(Fahrenheit, °F)

- 표준 대기압하에서 물의 어는점을 32°F, 끓는점을 212°F로 하여 그 사이를 180등분한 온도이다.
- 물의 빙점 : 32°F, 비등점 : 212°F, 절대영도 : −460°F(미국 등)

㉢ 절대온도(Kelvin, K)

- 열역학 제2법칙에 따라 정해진 온도로서, 이론상 생각할 수 있는 최저 온도를 기준으로 하는 온도 단위이다. 즉, 그 기준점인 0K는 이상기체의 부피가 0이 되는 극한온도 −273.15℃와 일치한다.
- 물의 빙점 : 273K, 비등점 : 373K, 절대영도 : 0K(과학자)

㉣ 환산법

- 섭씨 → 화씨 : °F= 9/5℃+32
- 화씨 → 섭씨 : ℃= 5/9(°F−32)
- 0℃= 32°F, 100℃= 212°F

③ 기온 측정

㉠ 지표면 공기온도(Surface Air Temperature)는 지상으로부터 약 1.5m(5ft) 높이에 설치된 표준온도 측정대인 백엽상에서 측정한다. 백엽상은 직사광선을 피하고 통풍이 잘될 수 있도록 설계되어야 한다(사방의 벽은 '겹비늘' 창살로 제작).

㉡ 주로 항공에서 활용되고 있는 상층 공기온도(Upper Air Temperature)는 기상관측기구(Sounding Balloon)를 띄워 직접 측정하거나 기상 관측기구에서 라디오미터(Radio-meter)를 설치하여 원격 조정에 의해서 상층부의 온도를 측정한다. 최근에는 다음 사진과 같은 3S TECH에서 기상/미세먼지 관측용 드론을 띄워 운용하고 있다.

㉢ 항공기에서는 외부에 탐침온도계(Temperature Probe)를 설치하여 지시하는 온도를 지시대기온도(IAT ; Indicated Air Temperature)라 하고, 이는 마찰과 압축에 의한 온도 변화를 반영하지 않은 것으로 이를 수정한 온도를 외기온도(OAT ; Outside Air Temperature)라고 한다.

35)

④ 온도와 열

㉠ 열량(Heat Quantity) : 열을 양적으로 표시한 것으로, 물질온도가 상승함에 따라 열에너지를 흡수할 수 있는 양이다. 열은 온도가 다른 두 물체의 접촉 시에 온도가 높은 곳에서 낮은 곳으로 이동하며, 화학반응 시에는 흡수되거나 방출된다.

㉡ 비열(Specific Heat) : 어떤 물질 1g의 온도를 1℃만큼 올리는 데 필요한 열량으로, 일반적으로 질량이 m(g)인 물질이 Q(cal)만큼 열량을 공급받을 때 T(℃)만큼 온도가 발생한다.

35) http://korean.manometerthermometer.com/sale-2600935-indoor-mini-round-shape-bimetal-temperature-measurement-sensor-thermometer-hygrometer.html

㉢ 현열(Sensible Heat) : 물질이 온도 변화를 일으키는 데 필요한 열량으로, 온도계(섭씨, 화씨, 켈빈 등)로 측정할 수 있다.

㉣ 잠열(Latent Heat)

- 온도 상승의 효과를 나타내지 않고 단순히 물질의 상태를 바꾸는 데 쓰는 열에너지로 매우 중요한 요소이다(고체 → 액체 → 기체 : 열에너지가 흡수되며 반대는 열에너지를 방출한다).
- 수증기가 지니고 있는 에너지 자체는 생성되거나 소멸되지 않고 단지 보이지 않는 수증기 속에 잠재되어 있는데, 수증기가 응축되어 액체로 변하거나 승화에 의해서 직접 고체 상태로 변할 때 원래의 에너지가 다시 열로 나타나고 대기 중에 방출된다.
- 물질의 상태 변화

구 분	고 체(s)	액 체(l)	기 체(g)
특 징	• 단단한 성질 • 담는 그릇이 바뀌어도 모양과 부피는 변하지 않음 • 규칙적인 분자 배열 • 분자 사이의 거리가 매우 가까움	• 흐르는 성질 • 담는 그릇에 따라 모양은 변하지만 부피는 변하지 않음 • 불규칙적인 분자 배열 • 고체에 비해 분자 사이의 거리가 멈	• 사방으로 퍼져 나가는 성질 • 담는 그릇에 따라 모양과 부피가 모두 변함 • 매우 불규칙한 분자 배열 • 분자 사이의 거리가 매우 멈
형 태	얼 음	물	수증기 물

㉤ 비등점(Boiling Point) : 액체의 표면과 내부에서 기포가 발생하면서 끓기 시작하는 온도로 1기압의 순수물은 100℃이다.

㉥ 빙점(Freezing Point) : 물이 얼기 시작하거나 얼음이 녹기 시작할 때의 온도이다(0℃).

㉦ 열평형 상태 : 두 개의 물리적 시스템이 열투과 경로에 의해 연결된 경우, 열이 그 두 개 사이에 흐름이 없을 경우 두 개의 물리적 시스템은 열평형에 있다고 한다. 즉, 온도가 다른 두 물체를 연결시켰을 때 두 물체의 온도가 동일해져 더 이상 열의 이동이 일어나지 않는 상태를 말한다.

- 열평형(예)
  - 김치냉장고에 김치를 넣어 두면 김치냉장고 속 공기와 김치의 온도가 같아진다.

- 된장국에 숟가락을 담가 놓으면 숟가락은 따뜻해지고 된장국은 식어 국과 숟가락의 온도가 같아진다.
- 열의 이동(예)
  - 겨울철 손이 철문에 닿으면 차갑게 느껴진다[손(고온) → 열 → 철문(저온)].
  - 여름철 차가운 계곡물에 넣어 둔 수박이 차가워진다[수박(고온) → 열 → 계곡물(저온)].
  - 따뜻한 밥공기를 손으로 감싸면 손이 따뜻해진다[밥공기(고온) → 열 → 손(저온)].
- 열평형과 분자운동

  물질의 상태가 같고 온도가 다른 두 물체가 열평형에 도달하면 두 물체의 분자운동 상태가 같아진다는 것으로, 시간이 경과함에 따라 전달되는 열의 양이 점점 줄어들다가 열평형에 도달하면 열의 이동은 일어나지 않는다는 것이다.

⑤ 온도 변화의 요인

㉠ 일일 변화

- 밤낮의 온도차를 의미한다.
- 주원인은 지구의 자전(Daily Rotation)현상으로, 낮에는 태양열을 많이 받아 온도가 상승하고 밤이 되면 태양열을 받지 못하므로 온도가 떨어진다.
- 주간에 지구는 태양 방사(Solar Radiation)로부터 열을 받지만, 한편으로는 지형복사(Terrestrial Radiation)에 의해서 계속 열을 상실한다.
- 주간에는 태양 방사가 지형 복사를 초과하기 때문에 지구는 가열되고, 야간에는 태양 방사가 중지되나 지형 복사는 계속되기 때문에 지구는 냉각된다.

㉡ 계절 변화

- 주원인은 지구의 공전(Revolution)현상으로, 지구가 1년 주기로 태양 주위를 돌면서 태양으로부터 받아들이는 태양 방사열의 변화에 따라 온도가 변화한다.
- 지구의 축은 궤도판에 23.5°로 기울어져 있기 때문에 태양 방사를 받아들이는 각이 계절에 따라 변한다.
- 지구의 표면이 태양에 더 많이 노출될 수 있는 각도에 있을 때 더 많은 태양 방사를 받아들이고 이는 사계절을 형성하는 요인이 된다.

▮ 지구의 자전과 공전

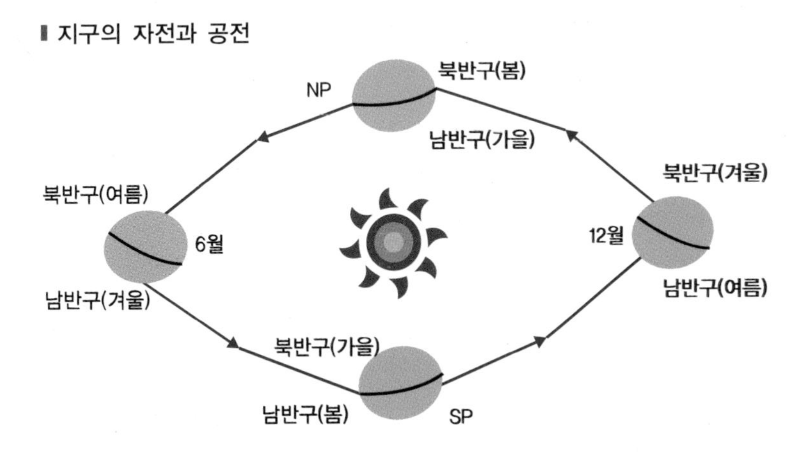

㉢ 위도에 의한 변화

- 지구는 구면체로 되어 있기 때문에 태양 복사열을 받아들이는 각도에 따라 기온의 변화가 많이 일어난다.
- 적도지방은 극지방에 비해 상대적으로 많은 태양 방사에너지가 유입되어 온도 변화의 주요인이 된다.
- 경사져 있는 상태에서 가장 많은 태양 방사를 받는 지역은 적도지역을 중심으로 한 열대지역이 된다. 6~8월 사이에는 북반구에 비해서 남반구가 좀 더 경사진 각으로 태양 방사를 받아들이고 있을 때 태양과 멀어지게 되어 계절적으로 겨울이 되고 북반구는 태양과 가까워져 여름이 된다. 반대로 12~2월에는 북반구가 태양과 멀어져 겨울이 되고 남반구는 태양과 가까워져 여름이 된다.

▮ 태양 표고각

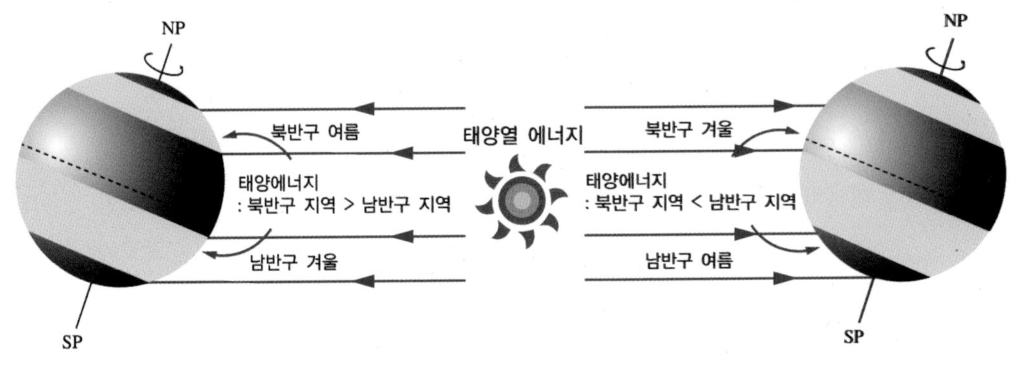

㉣ 지형에 따른 변화

- 지형의 형태에 따라 태양 방사를 반사 및 흡수하는 데 차이가 있기 때문에 온도 변화의 요인이 된다.

• 온도 변화가 작은 곳
  – 물은 육지보다 작은 온도 변화로 에너지를 흡수하거나 방사하기 때문에 깊고 넓은 수면은 육지에 비해 온도 변화가 크지 않다.
  – 늪지와 같이 습한 지역이나 나무와 같이 식물로 우거진 지역은 수분을 함유하고 있기 때문에 비교적 온도 변화가 작다.

• 온도 변화가 큰 곳
  – 불모지나 사막지역에서는 온도를 조절해 줄 수 있는 최소한의 수분이 부족하기 때문에 상당한 온도 차이가 발생한다.
  – 지형적 영향으로 인하여 거대한 호수지역이나 해안지역에서 급격한 온도 변화가 발생할 수 있다.
  – 지형적 영향으로 인한 온도 변화는 기압 변화의 요인이 되고, 이는 곧 국지풍(Local Wind)을 발생시킨다.

ⓜ 고도 차이에 따른 변화
• 무더운 여름, 산에 오르면 시원함을 느낄 수 있듯이 고도가 상승함에 따라 일정한 비율로 온도는 감소한다.
• 산은 기온차가 심하다. 해발이 높아짐에 따라 기온도 내려가는데 100m 높아질 때마다 대략 0.6~0.7℃가 낮아진다. 평지에서는 반팔로 지낼 정도로 따뜻해도 산 정상은 추운 경우가 있는데, 이러한 현상이 지형 변화에 의한 것이다. 또한, 지형의 변화에 따라 여름의 시작이나 끝에 진눈깨비가 내리는 경우도 있다.[36]
• 표준온도 15℃(59°F)에서 감소율은 1,000ft당 평균 2℃(35.6°F)이고, 이를 기온감률(온도 감소율)이라고 하는데 이것은 평균치를 의미하는 것이고 정확한 온도 감소율은 아니다.
  ※ 환경기온감률 : 대류권 내의 평균 기온감률(약 6.5℃/km)

⑥ 기온역전(온도의 역전)
㉠ 대기의 기온은 고도가 증가함에 따라 1,000ft당 평균 2℃(35.6°F) 감소한다. 그러나 어느 지역이나 일정하게 기온이 감소되는 것은 아니며 때로는 고도가 증가함에 따라 기온이 상승하는 기온역전현상이 발생한다.
㉡ 이와 같이 고도의 증가에 따라 기온이 증가하는 현상을 기온역전(온도의 역전)이라고 한다.
㉢ 이러한 기온역전현상은 지표면 근처에서 미풍(Light Wind)이 있는 맑고 서늘한(Cool) 밤에 주로 형성된다.

36) http://www.koreasanha.net/infor/climbing_infor_32.htm

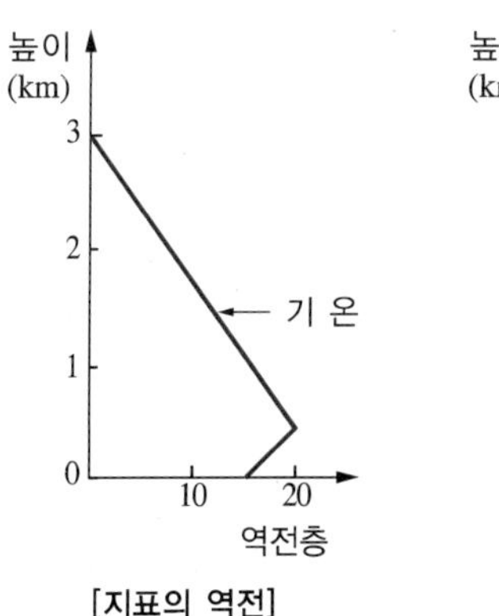

[지표의 역전]

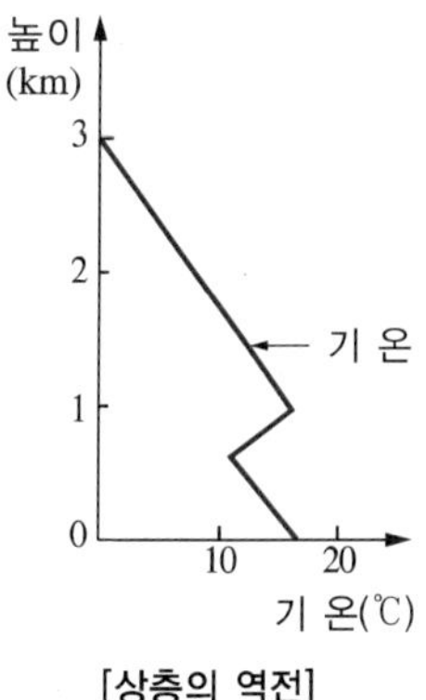

[상층의 역전]

⑦ 기온과 공기

㉠ 온도의 증가에 따라 공기는 팽창하고 공기입자가 넓게 흩어진다.

㉡ 이로서 압력(기체가 누르는 힘)이 작아진다.

㉢ 물과 양초 실험 시 양초를 각각 3개, 2개, 1개씩 넣고 비커를 덮으면 양초 개수가 많은 비커의 '물'이 높이 상승한다. 양초가 연소하기 위해서는 산소가 필요한데, 유리관 안에 있는 양초가 연소하면서 유리관 안의 산소는 서서히 사라지고 유리관 안쪽의 압력이 바깥보다 낮아지므로 물의 높이가 올라간다.

2 기 압

(1) 기압의 정의

① 대기의 압력을 기압이라고 한다.

② 유체 내 어떤 점의 압력은 모든 방향으로 균일하게 작용하지만, 어떤 점의 기압이란 그 점을 중심으로 한 단위 면적 위에서 수직으로 취한 공기 기둥 안의 공기 무게이다. 쉬운 예로 우리가 샤워실에서 사용하는 칫솔 선반대를 지지하는 고무흡착기를 들 수 있는데 거울에 붙어서 떨어지지 않는 이유는 사방에서 기압이 작용하기 때문이다.

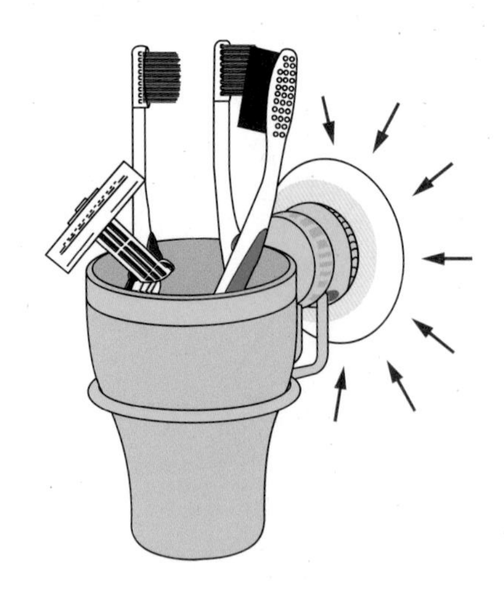

㉠ 기압의 증거
- 높은 곳으로 올라가면 귀가 먹먹해진다.
- 유리창에 흡착고리를 붙이면 떨어지지 않는다.
- 빈 음료수 팩 속의 공기를 빨대로 빨면 팩이 찌그러진다.

㉡ 기압을 느끼지 못하는 이유는 기압과 같은 크기의 압력이 몸의 안쪽에서 바깥쪽으로 작용하기 때문이다.

(2) 기압의 특성

① 고도가 증가하면 기압은 감소한다.

② 기온이 낮은 곳에서는 공기가 수축되므로 평균 기온보다 기압고도는 낮아진다. 반대로 기온이 높은 지역에서는 공기의 팽창으로 기압고도는 평균 기온보다 높아진다. 따라서 더운 날씨에는 공기가 희박하여 공기밀도가 낮아진다.

③ 대기의 기압은 고도, 밀도, 온도, 습도 등 기상조건에 따라 변한다. 이에 따라 일정한 기준기압이 필요하고 평균 해수면을 기준으로 하여 기타 지역의 기압을 측정하는데, 이를 표준 해수면 기압이라고 한다.

④ 따라서 공기밀도는 기압과 습도에 비례하고, 온도에 반비례한다.

(3) 기압의 측정 단위

① 공식적인 기압의 단위는 hPa이며, 소수 첫째 자리까지 측정한다.

② 수은주 760mm의 높이에 해당하는 기압을 표준기압이라 하고, 이것이 1기압(atm)이며 큰 압력을 측정하는 단위로 사용한다.

③ **환산** : 국제단위계(SI)의 압력단위 1파스칼(Pa)은 $1m^2$당 1N의 힘으로 정의한다. 1mb=1hPa, 1표준기압(atm)=760mmHg=1,013.25hPa의 정의식으로 환산한다.

▮ 수은주 높이에 의한 기압의 측정

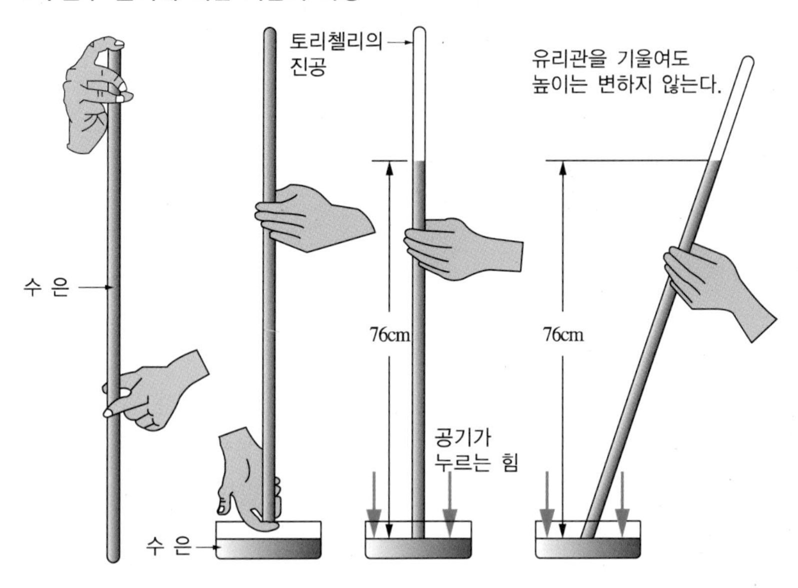

(4) 기압계의 종류

① **아네로이드 기압계** : 액체를 사용하지 않는 기압계로서, 기압의 변화에 따른 수축과 팽창으로 공합(空盒, 금속용기)의 두께가 변하는 것을 이용하여 기압을 측정한다. 고기압에서는 아네로이드가 수축하며 저기압에서는 아네로이드가 팽창한다.

▮ 아네로이드 기압계[37] **▮ 아네로이드 기압계의 원리**

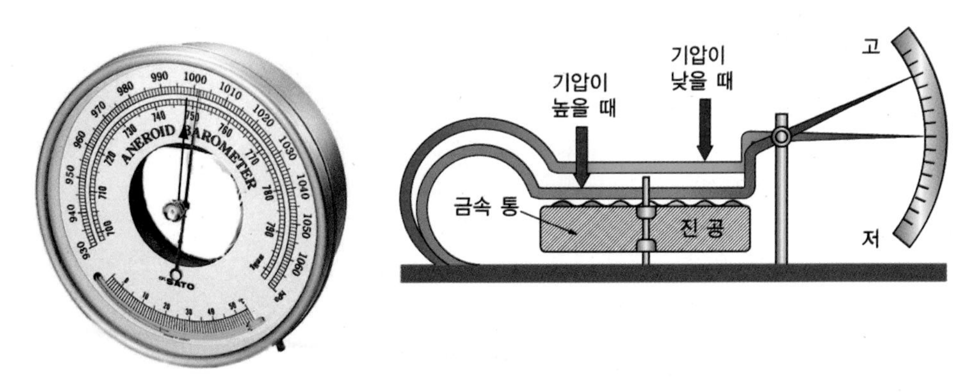

37) http://www.yuyuinst.co.kr/shop/list.php?ca_id=10h040

② **수은기압계** : 상부를 진공으로 한 유리관의 일부를 막아서 수은 조 내에 세운 후 관 내의 수은주 높이를 재어서 그와 평행하는 대기압력을 구하는 기압계이다.

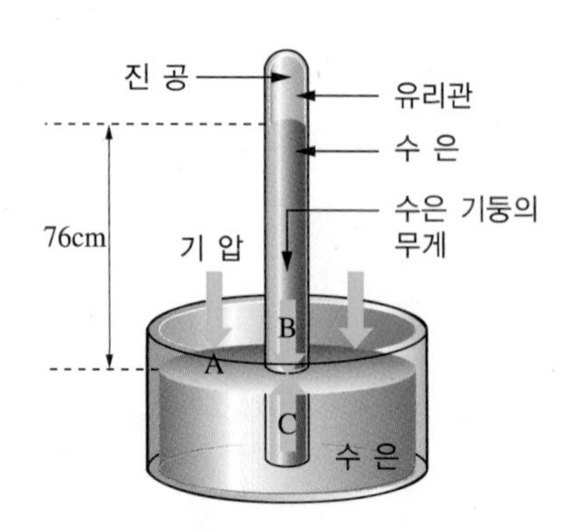

위의 그림에서 유리관의 길이는 1m이다. 우선 이 유리관에 수은을 꽉 채우고 수은이 들어 있는 수조에 거꾸로 세운다. 단, 거꾸로 세운 유리관의 입구는 수은이 이동할 수 있도록 수조 바닥에 닿지 않게 한다. 유리관의 수은은 자체 무게 때문에 밖으로 나오려고 하고(B), 이때 수조의 수은은 대기압을 받아 눌리게 되어(A) 수조의 수은도 유리관으로 들어가려고 한다(C). 이처럼 B는 아래로, C는 위로 이동하려고 하면서 B와 C가 같아지면 수은 기둥은 더 이상 내려오지 않는다. 이때 C에 발생하는 힘은 A에 의해 생기게 되므로, A = C가 된다. 따라서 A = C이고 B = C이므로 A = B = C가 된다. [38]

③ **자기기압계** : 시간에 따른 기압의 변화가 자동으로 기록되는 기계로서 정해진 위치에 고정시켜서 사용한다.

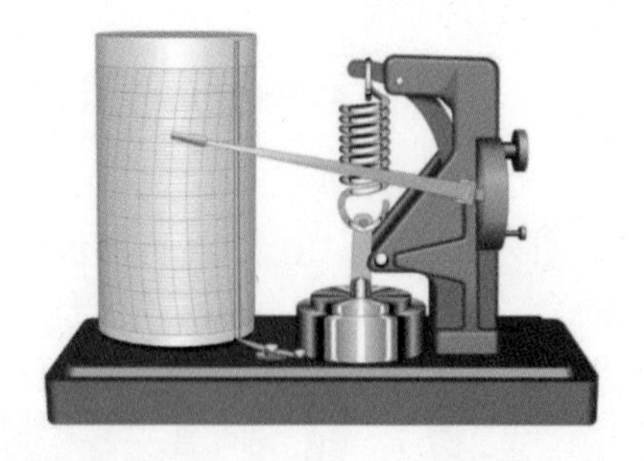

㉠ 기압은 공기 기둥에 의하여 일정한 표면에 생기는 힘으로 밀리바(mb)로 표시한다. 자기기압계는 일정한 간격으로 기압의 변화를 측정하는 기구로서, 아네로이드 기압계와 같은 원리의 장치에 자동기록장치를 추가해 만든 것이다. 아네로이드 기압계의 바늘 끝에 펜을 달아 놓고 이 펜이 자동으로 회전하는 기록용지 위에 놓이게 하면 시간에 따른 기압의 변화가 자동으로 용지에 기록된다. [39]

38) https://kin.naver.com/qna/detail.nhn?d1id=11&dirId=1117&docId=179408818

㉡ 자기기압계는 표시기와 그곳에 붙어 있는 펜으로 구성되어 있으며, 시간에 따른 기압의 연속적인 변화를 기록하는 데 이용된다. 이것은 기록지에 연속적인 기압의 변화를 기록하고 기록지는 내장된 시계에 의해 서서히 돌아가는 드럼에 부착되어 있다.

(5) 높이, 고도, 비행고도

① 높이(Height) : 특정한 기준으로부터 측정한 고도로, 한 점 또는 한 점으로 간주되는 물체까지의 수직거리이다. 타원체고(Ellipsoidal Height : WGS84 타원체면 기준), 지오이드고(Geoidal Height : 임의의 점에서 타원체 간 수직거리), 정표고(Orthometric Height : 일반적 표고(해수면 기준과는 구별)와 동의어로 사용)로 구분한다.[40]

② 고도(Altitude) : 평균 해수면을 기준으로 측정한 높이로, 한 점 또는 한 점으로 간주되는 어느 층까지의 수직거리이다.

③ 비행고도(Flight Level) : 특정한 기압 1,013.2hPa을 기준으로 하여 특정한 기압 간격으로 분리된 일정한 기압면으로, 비행 중인 항공기와 지표면과의 수직거리, 즉 항공기가 공중에 떠 있는 높이이다.[41]

▮ 항공기별 비행고도

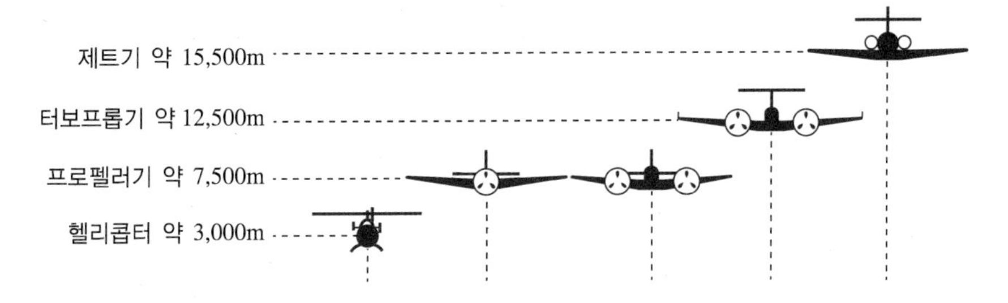

39) https://terms.naver.com/entry.nhn?docId=1636928&cid=49024&categoryId=49024
40) https://terms.naver.com/entry.nhn?docId=3477539&cid=58439&categoryId=58439
41) https://terms.naver.com/entry.nhn?docId=1913794&cid=50323&categoryId=50323

CHAPTER

3 적중예상문제

01 공기가 냉각되어 상대습도가 100%일 때 포화상태가 되는 기온은?

① 결빙기온
② 상대기온
③ 절대기온
④ 이슬점(노점)기온

해설
• 상대기온 : 매월 평균기온과 최한월 평균기온의 차를 연교차에 대한 백분율로 나타낸 것
• 결빙기온 : 영하에서 어는 기온
• 절대기온 : 켈빈온도라고도 하며 절대온도(K) = 섭씨온도(℃) + 273.15

02 대기 중에 기체로 존재하는 수증기인 습도의 양이 달라지는 가장 큰 원인을 고르면?

① 지표면 물의 양
② 바람의 세기
③ 기압의 상태
④ 온 도

해설
습도란 대기 중에 기체로 존재하는 수증기의 양을 나타내는 말이다. 일정한 온도와 체적 내에 함유되는 수증기량은 한정된다. 수증기량이 이 한계에 달할 때 그 공기는 포화되었다고 한다. 단위 체적의 공기는 온도에 따라 수증기를 최대로 함유할 수 있는 양이 달라지며 고온일수록 함유량은 증가된다.

03 단위 부피당 수증기의 질량을 나타내는 용어는?

① 승 화
② 과냉각수
③ 상대습도
④ 절대습도

해설
절대습도(Absolute Humidity)는 대기 중에 포함된 수증기의 양을 표시하는 방법으로 단위 부피당 수증기의 질량을 말한다. 공기 $1m^3$ 중에 포함된 수증기의 양을 g으로 나타낸다.

1 ④ 2 ④ 3 ④ 정답

04 지표면 가까이에 있는 풀이나 지물(地物)에 공기 중의 수증기가 응결하여 붙어 있는 현상은?

① 이슬(Dew)
② 응축핵
③ 과냉각수(Supercooled Water)
④ 서리(Frost)

해설
이슬(Dew)은 바람이 없거나 미풍이 존재하는 맑은 야간에 복사냉각에 의하여 기온이 이슬점온도 이하로 내려갔을 때 지표면 가까이에 있는 풀이나 지물(地物)에 공기 중의 수증기가 응결하여 붙어 있는 현상이다. 서리는 이슬과 동일하지만, 주변공기의 노점(Dew Point)이 결빙온도보다 낮아야 한다.

05 공기가 포화되고 이슬이 맺히기 시작하는 상태의 온도는?

① 섭씨온도
② 이슬점온도(노점)
③ 상대온도
④ 절대온도

해설
이슬점온도는 공기가 포화되었을 때의 온도로, 이 온도에 도달하면 공기가 포화되고 이슬이 맺히기 시작한다.

06 다음 기상 현상 중 서리(Frost)에 대한 설명으로 틀린 내용을 고르면?

① 수증기가 지표면이나 물체의 표면에 얼어붙은 것이다.
② 항공기 표면에 형성된 서리는 반드시 비행 전에 제거되어야 한다.
③ 날개의 양력 발생 능력을 감소시키며 항력을 증가시킨다.
④ 섭씨 0℃ 이하의 온도에서 응축되거나 액체 상태로 지속되어 남아 있는 물방울이다.

해설
④ 과냉각수에 대한 설명이다.
서리(Frost)는 수증기가 지표면이나 물체의 표면에 얼어붙은 것으로, 늦가을 이슬점이 0℃ 이하일 때 생성된다. 서리는 날개의 형태를 변형시키지는 않지만 표면을 거칠게 하여 날개 위의 공기 흐름을 조기에 분산시켜 날개의 양력 발생 능력을 감소시킨다.

정답 4 ① 5 ② 6 ④

07 기온은 직사광선을 피해서 측정을 하게 되는데 몇 m의 높이에서 측정하는가?

① 4m

② 3m

③ 2m

④ 1.5m

해설

대기의 온도를 기온이라 하는데 직사광선을 피해 1.5m 위치에서 백엽상을 설치하여 측정한다.

08 섭씨(Celsius) 0℃를 화씨(Fahrenheit)온도의 단위로 환산하면?

① 0°F

② 32°F

③ 45°F

④ 64°F

해설

섭씨온도(℃)와 화씨온도(°F)의 환산식

- °F = 9/5℃ + 32
- ℃ = 5/9(°F − 32)

※ 0℃ = 32°F, 100℃ = 212°F

09 다음 중 이론상 생각할 수 있는 최저온도를 기준으로 하는 온도 단위는?

① 섭씨온도　　② 절대온도

③ 상대온도　　④ 화씨온도

해설

절대온도(Kelvin, K)는 열역학 제2법칙에 따라 정해진 온도로서 이론상 생각할 수 있는 최저온도를 기준으로 하는 온도 단위이다. 즉, 그 기준점인 0K는 이상기체의 부피가 0이 되는 극한온도 −273.15℃와 일치한다.

7 ④ 8 ② 9 ② 정답

10 평균 해면에서의 온도가 20℃일 때 10,000m에서의 온도는 얼마인가?

① −30℃ ② −35℃
③ −40℃ ④ −44℃

해설
고도의 증가에 따라 1,000ft당 2℃씩 감소한다. 10,000m는 대략 32,808ft이므로 감소온도는 64℃이다. 따라서 10,000m에서의 온도는 −44℃이다.

11 일반적으로 질량이 m(g)인 물질이 Q(cal) 만큼의 열량을 공급받을 때 T(℃)만큼의 온도가 발생한다. 이 때의 열을 무엇이라 하는가?

① 열량(Heat Quantity)
② 비열(Specific Heat)
③ 현열(Sensible Heat)
④ 잠열(Latent Heat)

해설
열량은 열을 양적으로 표시한 것으로, 현열은 측정온도이고, 잠열은 물질을 상위상태(고체 → 액체 → 기체)로 변화시키는 열에너지이다.

12 어떤 물체가 온도의 변화 없이 상태가 변할 때 방출되거나 흡수되는 열을 지칭하는 용어는?

① 열량(Heat Quantity)
② 비열(Specific Heat)
③ 현열(Sensible Heat)
④ 잠열(Latent Heat)

해설
잠열(Latent Heat)은 기체 상태에서 액체 또는 고체 상태로 변할 때 방출하는 열에너지(Heat Energy)로 고체 → 액체 → 기체로 변화할 때 열에너지를 흡수하고, 기체 → 액체 → 고체로 변화할 때 열에너지를 방출한다.

정답 10 ④ 11 ② 12 ④

13 다음 온도 변화에 대한 설명 중 틀린 것을 고르면?

① 일일 변화의 주원인은 지구의 자전(Daily Rotation) 현상 때문이다.
② 지구의 축은 궤도판에 기울어져 있기 때문에 태양 방사를 받아들이는 각이 계절에 따라 변한다.
③ 적도 지방은 극지방에 비해 상대적으로 많은 방사 에너지가 온도 변화의 요인이 된다.
④ 남반구에 비해서 북반구가 보다 더 경사진 각으로 태양 방사를 받아들일 때 북반구는 여름이 된다.

해설

경사져 있는 상태에서 가장 많은 태양 방사를 받는 지역은 적도 지역을 중심으로 한 열대 지역이 되고, 북반구에 비해서 남반구가 보다 더 경사진 각으로 태양 방사를 받아들이고 있을 때 계절적으로 겨울이 되고 북반구는 여름이 된다.

14 다음 중 기온의 역전에 대한 설명은 어느 것인가?

① 고도가 증가함에 따라 온도가 감소하는 현상이다.
② 고도가 증가함에 따라 1,000ft당 평균 2℃(35.6°F) 감소한다.
③ 지표면 근처에서 미풍이 있는 밤에 자주 형성된다.
④ 어느 지역이나 일정하게 기온이 감소되는 것은 아니다.

해설

기온역전(온도의 역전) 현상은 지표면 근처에서 미풍(Light Wind)이 있는 맑고 서늘한(Cool) 밤에 자주 형성된다. 기온역전현상은 고도증가에 따라 기온은 상승하는 현상이다.

15 공기 중의 수증기 양을 나타내는 척도는?

① 습 도
② 기 온
③ 밀 도
④ 기 압

해설

습도는 공기 중 포함된 수증기 양을 나타내는 척도로 상대습도와 절대습도가 있다.

13 ④ 14 ③ 15 ① 정답

16 늦가을 이슬점이 0℃ 이하일 때 생성되는 것은?

① 서 리
② 이슬비
③ 강 수
④ 안 개

해설
이슬점기온(노점)이 결빙기온보다 낮게 되어 '서리'가 발생할 수 있다.

17 다음 중 공기의 온도가 증가하면 기압이 낮아지는 원인을 고르면?

① 가열된 공기는 가볍기 때문이다.
② 가열된 공기는 무겁기 때문이다.
③ 가열된 공기는 유동성이 없기 때문이다.
④ 가열된 공기는 유동성이 있기 때문이다.

해설
온도의 증가에 따라 공기는 팽창하고 공기입자가 넓게 흩어지게 되어 압력(기체가 누르는 힘)이 작아지는 것이다. 예로 물과 양초 실험 시 3개 → 2개 → 1개의 양초를 넣고 비커를 덮으면 양초 개수가 많은 비커의 물이 많이 올라간다.

18 습도 및 기압 변화에 따른 공기밀도에 대한 설명이 올바른 것은?

① 공기밀도는 온도에 비례하고 기압에 반비례한다.
② 공기밀도는 기압과 습도에 비례하며 온도에 반비례한다.
③ 공기밀도는 기압에 비례하며 습도에 반비례한다.
④ 온도와 기압의 변화는 공기밀도와는 무관하다.

해설
더운 날씨는 공기를 희박하게 만들어 공기밀도를 낮아지게 한다.

정답 16 ① 17 ① 18 ②

19 **다음 기압계의 종류 중 기압의 변화에 따른 수축과 팽창으로 공합(空盒, 금속용기)의 두께가 변하는 것을 이용하여 기압을 측정하는 것은?**

① 아네로이드 기압계
② 수은 기압계
③ 자기 기압계
④ 포르탕 기압계

해설

아네로이드 기압계는 액체를 사용하지 않는 기압계로서, 기압의 변화에 따른 수축과 팽창으로 공합(空盒, 금속용기)의 두께가 변하는 것을 이용하여 기압을 측정한다.

20 **다음 중 기압의 단위에 해당하지 않는 것은?**

① m/s
② mmHg
③ hPa
④ mb

해설

국제단위계(SI)의 압력단위 1파스칼(Pa)은 $1m^2$당 1N의 힘으로 정의되어 있다. 1mb=1hPa, 1표준기압(atm) = 760mmHg = 1,013.25hPa의 정의식으로 환산한다. m/s은 바람 속도의 단위이다.

21 **수증기의 상태 변화과정에 대한 설명으로 바르지 않은 것은?**

① 액체의 증발(Evaporation) : 고체 상태에서 기체 상태로 변하는 현상
② 액체의 응결(Freezing) : 액체 상태에서 고체 상태로 변하는 현상
③ 융해(Melting) : 고체 상태에서 액체 상태로 변하는 현상
④ 승화(Sublimation) : 고체나 기체 상태가 중간 과정인 액체 상태를 거치지 않고 직접 기체나 고체 상태로 변하는 과정

해설

액체의 증발(Evaporation)은 액체 상태에서 기체 상태로 변하는 현상이며, 고체에서 기체로 변화는 과정은 승화이다.

19 ① 20 ① 21 ① 정답

22 응결핵(Condensation Nuclei)에 대한 설명으로 옳지 않은 것은?

① 응결핵은 대기 중의 가스 혼합물과 함께 소금, 먼지, 연소 부산물과 같은 미세한 고체 및 액체 부유입자들이다.

② 일부 응결핵은 물과 친화력이 없어서 공기가 포화되어도 응결 또는 승화를 유도할 수 없다.

③ 수증기가 응결 또는 승화할 때 액체 또는 얼음입자의 크기가 커지는데 이때 입자의 크기는 전적으로 온도에 달려 있다.

④ 산업이 발달된 지역에서 안개가 잘 발달하는 것은 그 지역에 안개를 형성할 수 있는 풍부한 응결핵이 존재하기 때문이다.

해설

일부 응결핵은 물과 친화력을 가지고 있어 공기가 포화되어도 응결 또는 승화를 유도할 수 있다.

23 과냉각수(Supercooled Water)에 대한 설명으로 틀린 것은?

① 0℃ 이하의 온도에서 응결되지 않고 액체 상태로 지속되어 남아 있는 물방울이다.

② 과냉각수가 노출된 표면에 부딪힐 때 충격으로 인하여 결빙될 수 있는데 항공기 착빙현상을 초래하는 원인 중의 하나이다.

③ 과냉각수는 −15℃와 0℃ 사이의 온도에서 구름 속에 풍부하게 존재할 수 있다.

④ 일반적으로 −20~−10℃ 이하의 온도에서는 승화현상이 우세하여 구름과 안개는 대부분 빙정의 상태로 존재한다.

해설

과냉각수는 −10℃와 0℃ 사이의 온도에서 구름 속에 풍부하게 존재할 수 있다.

24 수증기가 침착하여 지표나 물체의 표면에 얼어붙은 것은?

① 이슬(Dew)
② 응축핵
③ 과냉각수(Supercooled Water)
④ 서리(Frost)

해설

서리는 수증기가 침착하여 지표나 물체의 표면에 얼어붙은 것으로, 늦가을 이슬점이 0℃ 이하일 때 생성된다. 항공기 표면에 형성된 서리는 비행의 위험요인으로 간주되기 때문에 반드시 비행 전에 제거해야 한다. 서리는 날개의 형태를 변형시키지는 않지만 표면을 거칠게 하여 날개 위의 유연한 공기 흐름을 조기에 분산시켜 날개의 양력 발생능력을 감소시킨다.

정답 22 ② 23 ③ 24 ④

25 기온의 단위에 해당되지 않은 것은?

① 섭씨온도 ② 상대온도
③ 화씨온도 ④ 절대온도

해설
① 섭씨온도(Celsius, ℃) : 1기압에서 물의 어는점을 0℃, 끓는점을 100℃로 하여 그 사이를 100등분한 온도
③ 화씨온도(Fahrenheit, °F) : 표준 대기압하에서 물의 어는점을 32°F, 끓는점을 212°F로 하여 그 사이를 180등분한 온도
④ 절대온도(Kelvin, K) : 열역학 제2법칙에 따라 정해진 온도로서, 이론상 생각할 수 있는 최저 온도를 기준으로 하는 온도 단위이다. 즉, 그 기준점인 0K는 이상기체의 부피가 0이 되는 극한온도 -273.15℃와 일치한다.

26 열을 양적으로 표시한 것으로, 물질온도가 상승함에 따라 열에너지를 흡수할 수 있는 양을 무엇이라고 하는가?

① 열량(Heat Quantity)
② 비열(Specific Heat)
③ 현열(Sensible Heat)
④ 잠열(Latent Heat)

해설
열량이란 열을 양적으로 표시한 것으로, 물질온도가 상승함에 따라 열에너지를 흡수할 수 있는 양이다. 열은 온도가 다른 두 물체의 접촉 시에 온도가 높은 곳에서 낮은 곳으로 이동하며, 화학반응 시에는 흡수되거나 방출된다.

27 물질이 온도 변화를 일으키는 데 필요한 열량을 무엇이라 하는가?

① 열량(Heat Quantity)
② 비열(Specific Heat)
③ 현열(Sensible Heat)
④ 잠열(Latent Heat)

해설
현열이란 물질이 온도 변화를 일으키는 데 필요한 열량으로, 온도계(섭씨, 화씨, 켈빈 등)로 측정할 수 있다.

25 ② 26 ① 27 ③ **정답**

28 지형에 따른 온도 변화가 큰 곳에 대한 설명으로 틀린 것은?

① 불모지나 사막지역에서는 온도를 조절해 줄 수 있는 최소한의 수분이 부족하기 때문에 상당한 온도 차이가 발생한다.

② 지형적 영향으로 인하여 거대한 호수지역이나 해안지역에서 급격한 온도 변화가 발생할 수 있다.

③ 지형적 영향으로 인한 온도 변화는 기압 변화의 요인이 되고, 이는 곧 국지풍(Local Wind)을 발생시킨다.

④ 늪지와 같이 습한 지역이나 나무와 같이 식물로 우거진 지역은 비교적 온도 변화가 크다.

해설

늪지와 같이 습한 지역이나 나무와 같이 식물로 우거진 지역은 수분을 함유하고 있기 때문에 비교적 온도 변화가 작다. 또한, 물은 육지보다 작은 온도 변화로 에너지를 흡수하거나 방사하기 때문에 깊고 넓은 수면은 육지에 비해 온도 변화가 크지 않다.

29 기압의 증거로 옳지 것을 모두 고르시오.

㉠ 높은 곳으로 올라가면 귀가 먹먹해진다. ㉡ 유리창에 흡착고리를 붙이면 떨어지지 않는다. ㉢ 빈 음료수 팩 속의 공기를 빨대로 빨면 팩이 찌그러진다.

① ㉠

② ㉠, ㉡

③ ㉡, ㉢

④ ㉠, ㉡, ㉢

30 기압의 특성에 해당하지 않는 것은?

① 고도가 증가하면 기압은 감소한다.

② 기온이 낮은 곳에서는 공기가 수축되므로 평균 기온보다 기압고도는 낮아진다. 반대로 기온이 높은 지역에서는 공기의 팽창으로 기압고도는 평균 기온보다 높아진다. 따라서 더운 날씨에는 공기가 희박하여 공기밀도가 낮아진다.

③ 대기의 기압은 기상조건에 따라 변하여, 일정한 기준기압이 필요한데, 평균 지표면을 기준으로 하여 기타 지역의 기압을 측정하며 이를 지표면 기압이라고 한다.

④ 공기밀도는 기압과 습도에 비례하고, 온도에 반비례한다.

정답 28 ④ 29 ④ 30 ③

해설

대기의 기압은 고도, 밀도, 온도, 습도 등 기상조건에 따라 변한다. 이에 따라 일정한 기준기압이 필요하고 평균 해수면을 기준으로 하여 기타 지역의 기압을 측정하는데, 이를 표준 해수면 기압이라고 한다.

31 특정 물체의 수직 위치를 표현하는 방법으로 틀린 것은?

① 높 이

② 지표면 고도

③ 고 도

④ 비행고도

해설

높이(Height)는 특정한 기준으로부터 측정한 고도이며, 고도(Altitude)는 평균 해수면을 기준으로 측정한 높이이며, 비행고도는 특정기압 1,013.2hPa을 기준으로 하여 특정한 기압 간격으로 분리된 일정한 기압면으로 비행 중인 항공기와 지표면과의 수직거리를 말한다. 일반적으로 고도는 해수면 고도이지 지표면 고도가 아니다.

31 ② **정답**

CHAPTER 4 바람과 지형

1 바 람

(1) 개 요[42]

① 태양에너지에 의해 지표면에 불규칙적인 가열이 일어나 온도차가 형성되고 온도차에 따라 기압차가 발생한다. 기압이 높은 곳에서 낮은 곳으로 흘러가는 것을 바람이라고 한다. 이는 공기의 흐름이며, 즉 운동하고 있는 공기의 수평 방향 흐름이다.

㉠ 가열된 곳 : 공기가 주위보다 가벼워져서 상승한다. → 지표면의 기압이 낮아진다.

㉡ 냉각된 곳 : 공기가 주위보다 무거워져서 하강한다. → 지표면의 기압이 높아진다.

② 바람은 대기운동의 수평적 성분만을 측정했을 때의 공기운동이다.

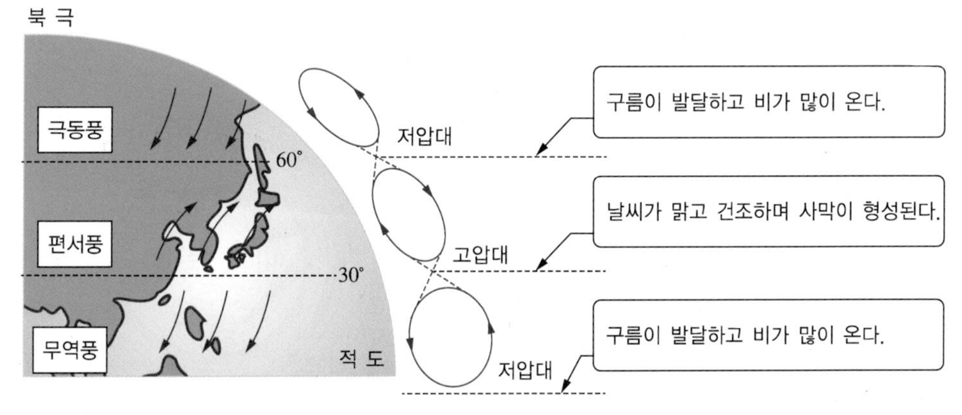

③ 바람은 벡터량이므로 방향과 크기가 있는데, 방향을 풍향, 크기를 풍속이라고 한다.

㉠ 바람은 기압이 높은 곳에서 낮은 곳으로 분다.

㉡ 두 지점의 기압차가 클수록 바람은 강하게 분다.

42) https://terms.naver.com/entry.nhn?docId=3344314&cid=47340&categoryId=47340

▮ 바람이 부는 원리

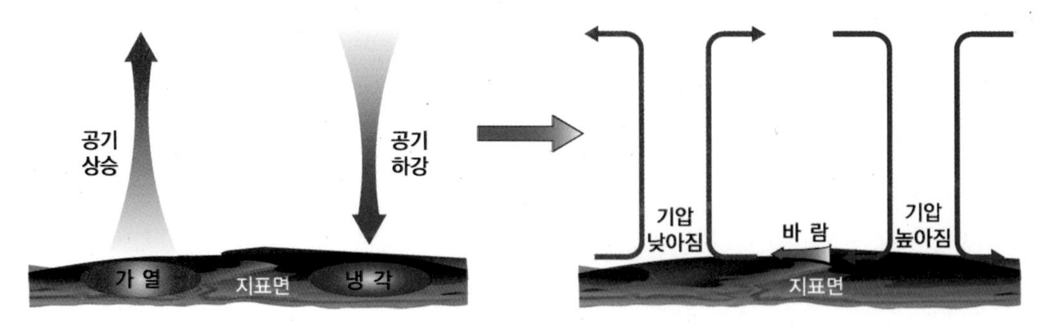

㉠ 풍 향

- 풍향은 바람이 불어오는 방향을 나타내며, 일반적으로 일정 시간 내의 평균 풍향을 의미한다.
- 8방위 또는 16방위, 36방위로 나타내며, 모두 지리학상의 진북을 기준으로 한다.
- 풍속이 0.2m/sec 이하일 때에는 '무풍'이라고 하여 풍향을 취하지 않는다.

▮ 풍향 16방위

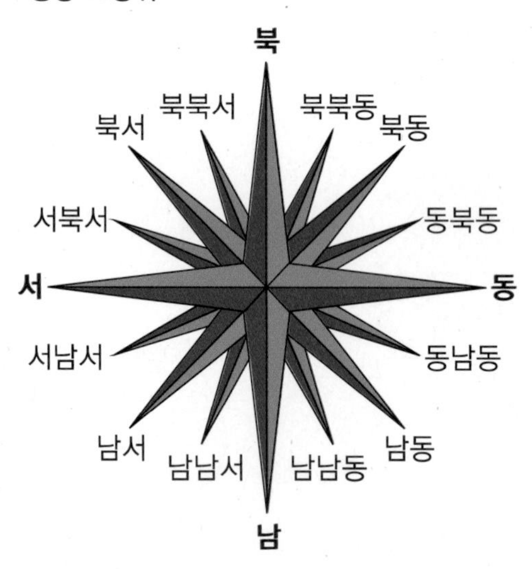

㉡ 풍 속

- 풍속은 공기가 이동한 거리와 이에 소요된 시간의 비로, 일정 시간 동안의 평균 풍속이다.
- 순간적인 값을 순간풍속이라고도 하지만, 단지 풍속이라고 할 때에는 평균 풍속을 의미한다.
- 풍속의 단위는 일반적으로 m/sec를 사용하고 km/h, mile/h, knot를 사용하기도 한다.

④ 바람의 종류 43)

지구상에는 대규모부터 소규모에 이르기까지 여러 가지 풍계(風系)가 겹쳐서 분다.

㉠ 대규모 풍계

대규모 풍계에서는 바람이 지구의 자전에 의한 전향력 때문에 기압이 높은 곳에서 낮은 곳으로 향해 불지 않고 바위스 발롯의 법칙에 따라 분다.

- 무역풍 : 적도의 남북 양쪽으로부터 적도 저압대에 불어 들어오는, 동쪽으로 치우친 바람이다(북반구에서는 북동풍, 남반구에서는 남동풍).
- 편서풍 : 아열대 고기압의 북쪽 북위 30~60°에서 서쪽으로 치우친 탁월한 바람(탁월풍)으로 상층에서 뚜렷하다. 우리나라와 같이 중위도 지방에서 날씨가 서쪽에서 동쪽으로 변해가는 것은 편서풍의 영향 때문이다.
- 편서풍 : 편서풍 안에 있는 넓이 수백 km^2, 두께 수백 m의 특히 바람이 강한 부분으로 한반도 부근에서는 겨울철에 100m/sec 이상되는 경우도 있다.
- 극동풍 : 북위 60° 이북의 극지방(極地方)에서 부는 동쪽으로 치우친 바람으로 높이가 수 km 이하이기 때문에 대류권의 중간층 이상의 높이에서는 거의 나타나지 않는다.

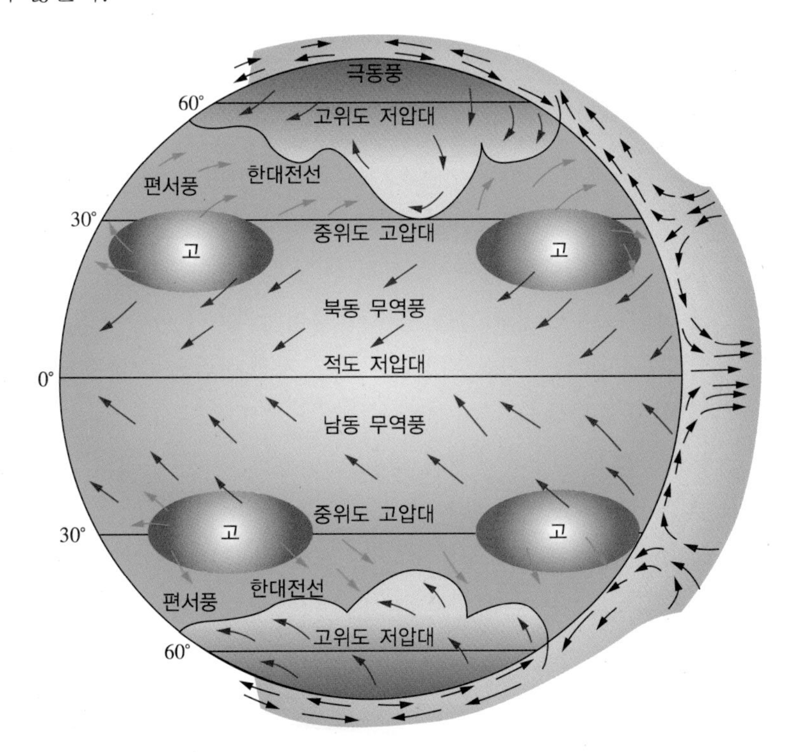

43) http://m.blog.daum.net/xorud1350/747?np_nil_b=-2

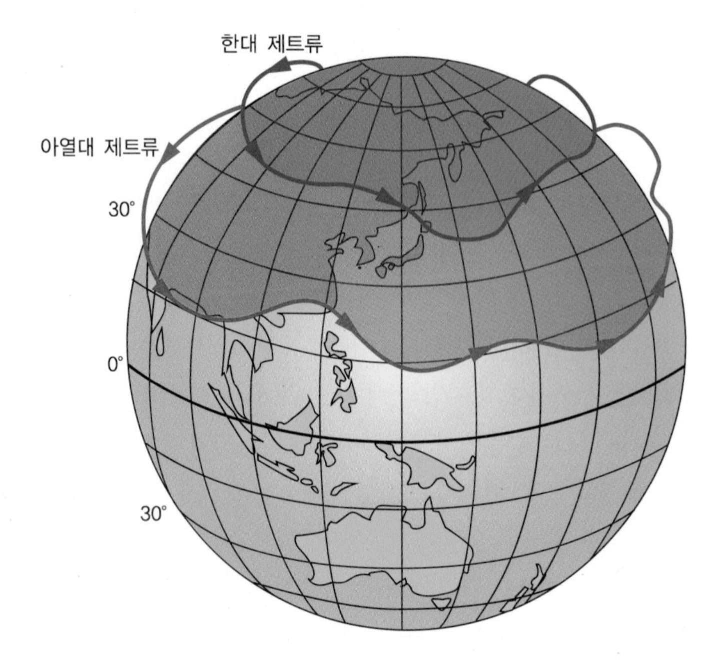

㉡ 중규모 풍계

- 계절풍 : 여름·겨울의 계절에 따라 부는 바람으로 극동 아시아에서 가장 탁월하다.
- 기압계의 바람 : 고기압·저기압·태풍 등 그날의 일기도상 기압 배치에 의해서 부는 바람이다.

㉢ 소규모 풍계

- 해륙풍(海陸風) : 바다와 육지의 기온차에 따라, 낮에는 바다로부터 내륙을 향해서 부는 해풍(海風)과 밤에는 내륙으로부터 바다를 향해서 부는 육풍(陸風)이 있다.
- 산골바람 : 낮에는 골짜기로부터 산꼭대기를 향해서 부는 골짜기바람과 밤에는 산꼭대기로부터 골짜기를 향해서 불어내리는 산바람이 있다.
- 국지풍(局地風) : 어느 지방 고유의 국지적 바람으로서, 우리나라의 높새바람 등이 이에 속한다.
- 용오름 : 뇌운이나 전선의 영향으로 생기는 소규모의 강한 소용돌이바람으로, 토네이도 등이 이에 속한다.

  이 밖에도 풍계에는 실내 미풍과 논밭이나 숲에서 부는 바람 등이 있으나, 이 바람은 미세한 온도차와 지표면과의 마찰에 의해서 각각 특징을 갖는 미소한 풍계이다.

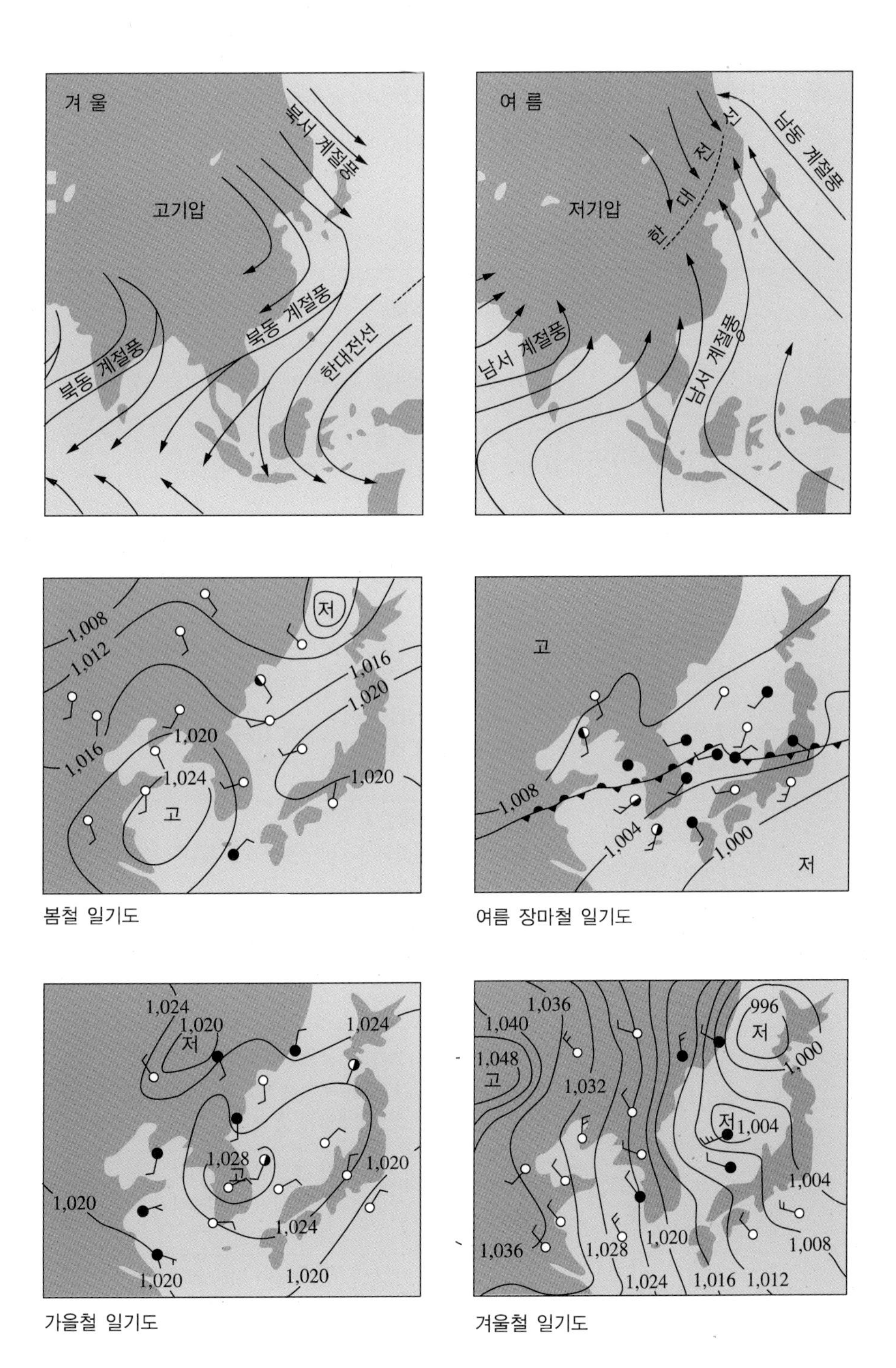

(2) 보퍼트 풍력계급

① 관측되는 사실에서 추정한 풍속에 대한 풍력계급으로, 바람이 강할수록 계급번호가 높아진다.

② 영국의 해군제독인 프랜시스 보퍼트(Francis Beaufort)가 1805년에 제안한 것이다. 처음에는 해상의 풍랑 상태에서 분류하였으나, 이후 육상에서도 사용할 수 있도록 만들어졌다.

③ 보퍼트 풍력계급 12단계

풍력계급	풍력계급명	육지에서의 상태	바다에서의 상태	풍속범위	
				m/sec	kfs
0	고요(평온) Calm	연기가 똑바로 올라감	해면이 거울과 같이 매끈함	0~0.2	<1
1	실바람(지경풍) Light Air	연기의 흐름만으로 풍향을 알고, 풍향계는 움직이지 않음	비늘과 같은 잔물결이 임	0.3~1.5	1~3
2	남실바람(경풍) Light Breeze	• 얼굴에 바람을 느낌 • 나뭇잎이 움직이고 풍속계도 움직임	잔물결이 뚜렷해짐	1.6~3.3	4~6
3	산들바람(연풍) Gentle Breeze	나뭇잎이나 가지가 움직임	물결이 약간 일고 때로는 흰 물결이 많아짐	3.4~5.4	7~10
4	건들바람(화풍) Moderate Breeze	• 작은 가지가 흔들림 • 먼지가 일고 종잇조각이 날려 올라감	물결이 높지는 않으나 흰 물결이 많아짐	5.5~7.9	11~16
5	흔들바람(지풍) Fresh Breeze	• 작은 나무가 흔들림 • 연못이나 늪의 물결이 뚜렷해 짐	바다 일면에 흰 물결이 보임	8.0 ~10.7	17~21
6	된바람(웅풍) Strong Breeze	• 나무의 큰 가지가 흔들림 • 전선이 울고 우산을 사용할 수 없음	큰 물결이 일기 시작하고 흰 거품이 있는 물결이 많이 생김	10.8 ~13.8	22~27
7	센바람(강풍) Moderate Gale	• 큰 나무 전체가 흔들림 • 바람을 안고 걷기가 힘들게 됨	물결이 커지고 물결이 부서져서 생긴 흰 거품이 하얗게 흘러감	13.9 ~17.1	28~33
8	큰바람(질강풍) Fresh Gale	• 작은 가지가 부러짐 • 바람을 안고 걸을 수 없음	큰 물결이 높아지고 물결의 꼭대기에 물보라가 날리기 시작함	17.2 ~20.7	34~40
9	큰센바람(대강풍) Strong Gale	굴뚝이 넘어지고 기왓장이 벗겨지며 간판이 날아감	큰 물결이 더욱 높아지며, 물보라 때문에 시계가 나빠짐	20.8 ~24.4	41~47
10	노대바람(전강풍) Whole Gale	• 큰 나무가 뿌리째 쓰러짐 • 가옥에 큰 피해를 입힘 • 육지에서는 드묾	물결이 무섭게 크고 거품 때문에 바다 전체가 희게 보이며 물결이 격렬하게 부서짐	24.5 ~28.4	48~55
11	왕바람(폭풍) Storm	• 큰 피해를 입게 됨 • 아주 드묾	산더미 같은 큰 파도가 임	28.5 ~32.6	56~63

풍력계급	풍력계급명	육지에서의 상태	바다에서의 상태	풍속범위	
				m/sec	kfs
12	싹쓸이바람(태풍) Typhoon	피해가 매우 큼	파도와 물보라로 대기가 충만하게 되어 시계가 아주 나빠짐	32.7 이상	64~71 이상

(3) 수평풍을 일으키는 힘

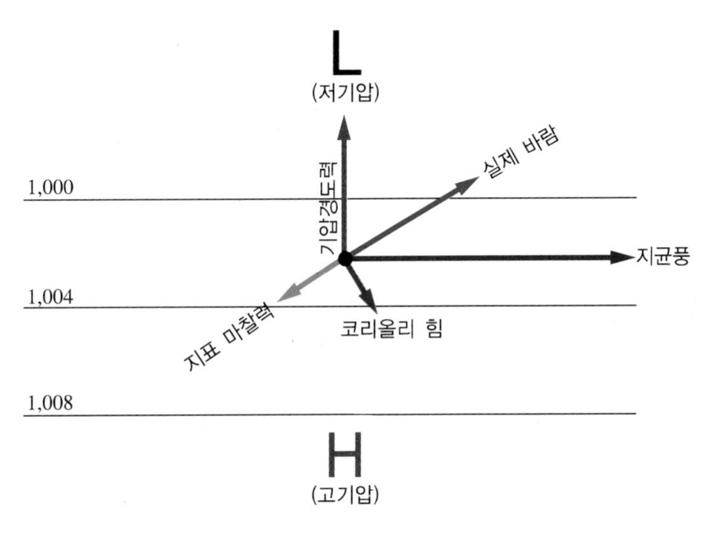

① 기압경도력

㉠ 두 지점 사이에 압력이 다르면 압력이 큰 쪽에서 작은 쪽으로 힘이 작용하게 된다.

㉡ 기압경도력은 두 지점 간의 기압차에 비례하고 거리에 반비례한다.

㉢ 바람은 기압이 높은 쪽에서 낮은 쪽으로 힘이 작용하고 등압선의 간격이 좁으면 좁을수록 바람이 더욱 세다.

② 전향력(코리올리 힘)

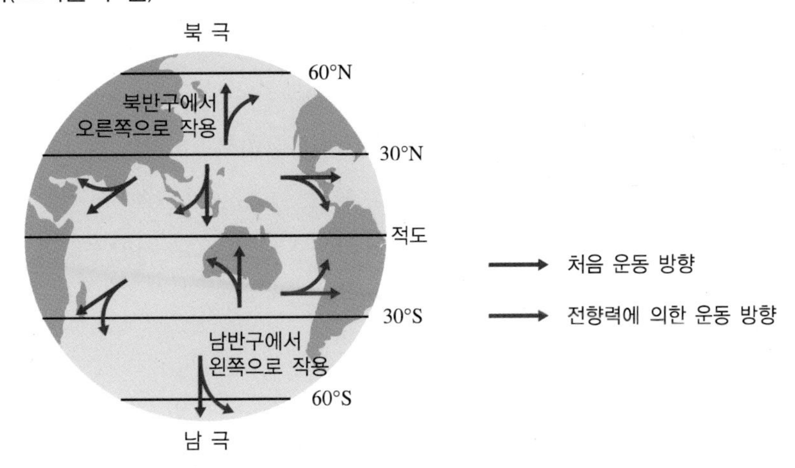

㉠ 지구 자전에 의해 지구 표면을 따라 운동하는 질량을 가진 물체는 각운동량 보존을 위해 힘을 받게 되는데 이를 전향력이라고 한다.

㉡ 전향력은 매우 작은 힘이어서 큰 규모의 운동에서만 그 효과를 볼 수 있다. 실제 존재하는 힘이 아니라 지구의 자전 때문에 작용하는 것처럼 보이는 것이다.

㉢ 지구상에서 운동하는 모든 물체는 북반구에서는 오른쪽으로 편향되고, 남반구에서는 왼쪽으로 편향되며 고위도로 갈수록 크게 작용하는데 이때의 가상적인 힘이 전향력이다.

㉣ 극에서 가장 크고 적도에서는 0이며, 회전하고 있는 물체 위에서 물체가 운동할 때 나타나는 힘이다.

③ 구심력

㉠ 원운동을 하는 물체에서 원심력의 반대 방향인 원의 중심을 향하는 힘이다.

㉡ 대기의 운동에서 등압선이 곡선일 때 나타나는 힘이다.

㉢ 구심력의 예[44)]

- 달이 지구를 중심으로 원에 가까운 궤도를 도는 이유는 달을 지구 중심으로 끌어당기는 중력 때문이다.
- 자동차가 곡선도로에서 회전할 때 바깥쪽으로 튀어나가지 않는 이유는 자동차 바퀴와 지면 사이에 마찰력이 구심력으로 작용하기 때문이다.

④ 지표 마찰력

㉠ 대기의 분자는 서로 충돌하면서 마찰을 일으키고 지면과도 마찰을 일으키는데, 이때 발생하는 마찰열은 대부분 열에너지로 전환되며 대기의 운동을 복잡하게 만드는 원인이 된다.

㉡ 지표의 영향이 아니어도 바람의 층 간의 밀림을 약하게 만드는 내부 마찰이 있다.

(4) 지상 마찰에 의한 바람

① 지상풍 : 1km 이하의 지상에서 부는 바람으로 마찰의 영향을 받는다.

㉠ 등압선이 직선일 때 : 전향력과 마찰력의 합력이 기압경도력과 평형을 이루어 등압선과 각을 이루며 저기압 쪽으로 분다.

㉡ 등압선이 원형일 때 : 바람에 작용하는 모든 힘으로 기압경도력, 전향력, 원심력, 마찰력의 합력이 균형을 이루어 분다.

44) https://terms.naver.com/entry.nhn?docId=1066272&cid=40942&categoryId=32227

ⓒ 이착륙할 때 지상풍의 영향

- 일반적으로 바람은 불어오는 방향에 따라서 이름이 붙지만 항공기에서는 항공기를 중심으로 방향을 구분한다.
  - 정풍(Head Wind) : 항공기의 전면에서 뒤쪽으로 부는 바람
  - 배풍(Tail Wind) : 항공기의 뒤쪽에서 앞쪽으로 부는 바람
  - 측풍(Cross Wind) : 항공기의 측면에서 부는 바람
  - 상승기류(Up-draft) : 지상에서 하늘을 향해 부는 상승 바람
  - 하강기류(Down-draft) : 하늘에서 지상을 향해 부는 하강 바람
- 항공기는 특별한 상황이 아닌 이상 항상 바람을 안고(맞바람) 이착륙해야 한다.

ⓔ 지상풍 작성 예시[45)]

- 전문형식 dddffGfmfm [KT MPS] dndndnVdxdxdx
- 작성 예 : SPECI RKSS 211025Z 31015G27KT 280V350
- 풍향·풍속은 항공기 이착륙에 영향을 주는 중요한 기상요소로 활주로상의 풍향·풍속에 따라 항공기 부양력, 활주거리의 장단, 조종방법, 사용 활주로의 방향 선택 및 승객과 화물 적재량이 결정된다.
- 풍향·풍속 관측은 활주로 대표값을 나타낼 수 있는 곳 또는 착륙 접지대의 10m 높이에서 풍향은 10° 단위, 풍속은 KT(kmh, mps) 단위로 관측한다(예 32013KT).
- 당해 공항 밖으로 분배(장거리 송신)는 진북기준 10분 평균값으로 하며, 해당 공항 내 항공기 이착륙용은 진북(자북)기준 2분 평균값으로 배포한다.
- 관측하기 바로 전 10분 동안 최대 순간풍속이 평균 풍속보다 10KT(20kmh, 5mps) 이상 변화하고 있으면 돌풍(Gust)으로서 평균 풍속 바로 뒤에 G라는 문자와 gust 풍속을 포함하여 보고한다(예 31015G27KT).
- 관측하기 바로 전 10분 동안에 풍향이 60° 이상 180° 미만으로 변화하고 평균 평속이 3KT(6kmh, 2mps)보다 클 때는 양 극단의 풍향을 양 방향 사이에 'V'자를 넣어서 시계 방향 순서로 표시한다(예 31015G27KT 280V350).
- 가변(Variable) 풍향은 다음의 경우에만 'VRB'를 사용하여 표현한다.
  - 풍속이 3KT(6kmh, 2mps) 이하일 때
  - 풍속이 3KT(6kmh, 2mps)를 넘지만 풍향이 180° 이상 다양하게 변화하여 단일 풍향을 결정하기 불가능할 때(공항 상공에 뇌전현상이 있을 때, 예 VRB02KT)
- 정온(Calm)의 경우에는 '00000'로 보고하고 'KT'를 붙인다(예 00000KT).
- 풍속이 100KT 이상일 때는 지시자 'P'를 사용하여 풍속을 표현한다(예 240P99 KT).

---

45) https://blog.naver.com/daal2004/221161293820

② 거스트(Gust, 돌풍)[46]

㉠ 일정 시간 내(보통 10분간)에 평균 풍속보다 10knot(5m/sec) 이상의 차이가 있고, 순간 최대 풍속이 17knot(8.7m/sec) 이상의 강풍으로 지속시간이 초 단위일 때이다.

㉡ 돌풍이 불 때는 풍향도 급변하며, 때때로 천둥을 동반하기도 하고, 수 분에서 1시간 정도 지속되기도 하며, 까만 적란운이 동반되기도 한다.

㉢ 일기도상으로는 보통 발달하기 시작한 저기압에 따르는 한랭전선에 동반되며, 기온의 수직 방향의 체감률과 풍속의 차이에 의하여 돌풍이 커지는지의 여부가 정해진다.

㉣ 항공기나 드론이 돌풍을 만나면 정상적인 비행을 할 수 없고 항공기의 경우 탑승객이 천장에 머리를 부딪치거나 멀미를 일으키고, 심한 경우에는 기체가 파손되기도 한다. 드론이 착륙 간 돌풍을 만나게 되면 정상적인 착륙이 되지 않고 기체가 뒤집어진다.

㉤ 적란운이 발달한 곳에서 강한 상승기류에 기인하는 돌풍이 일어나지만, 구름 한 점 없이 좋은 날씨에 일어나는 청천난류(晴天亂流) 또한 항공기나 드론 운용자가 예견할 수 없어 갑자기 추락하는 경우가 많기 때문에 주의해야 한다.

③ 스콜(Squall)[47]

㉠ 갑자기 불기 시작한 바람이 몇 분 동안 계속되다가 갑자기 멈추는 것이다.

㉡ 세계기상기구에서 채택한 스콜의 기상학적 정의는 풍속의 증가가 매초 8m 이상, 풍속이 매초 11m 이상에 달하고 적어도 1분 이상 그 상태가 지속되는 현상이다.

㉢ 스콜은 특징적인 모양의 구름이 나타나지만, 구름이 아예 나타나지 않는 경우도 있다.

㉣ 강수를 동반하지 않는 경우 흰 스콜, 검은 비구름이나 강수를 동반하는 경우를 뇌우 스콜, 광범하게 이동하는 선에 따라 나타나는 가상의 선을 스콜선(Squall Line)이라고 한다.

㉤ 스콜선은 한랭전선 부근이나 적도 무풍대에서 주로 발생하며, 한여름에 내리는 소나기도 일종의 스콜이지만, 일반적인 스콜은 증발량이 많은 열대지방(사이판 등)에서 주로 내린다. 사이판 등 열대지방에서는 한낮에 강한 일사로 인해 대류작용이 왕성하여 매일 3~5회 정도 스콜이 내린다.

46) https://terms.naver.com/entry.nhn?docId=1083845&cid=40942&categoryId=32299
47) http://www.jirilim.com/zbxe/?mid=m3_7&page=10&document_srl=10239

ⓗ 스콜 사진[48]

▮ 아마존(스콜 내리기 직전)

▮ 브라질 마나우스 스콜

▮ 괌 지역 스콜

(5) 국지풍

① 해륙풍과 산곡풍

㉠ 해륙풍 : 낮에는 육지가 바다보다 빨리 가열되어서 육지에는 상승기류와 함께 저기압이 발생하고, 밤에는 육지가 바다보다 빨리 냉각되어서 육지에는 하강기류와 함께 고기압이 발생한다.

▮ 해풍(낮)

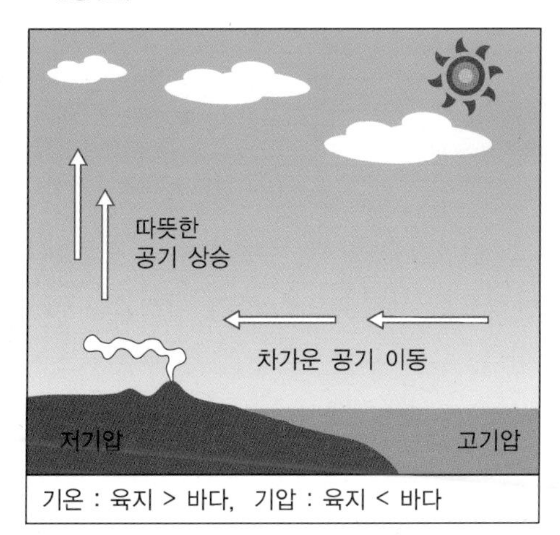

▮ 육풍(밤)

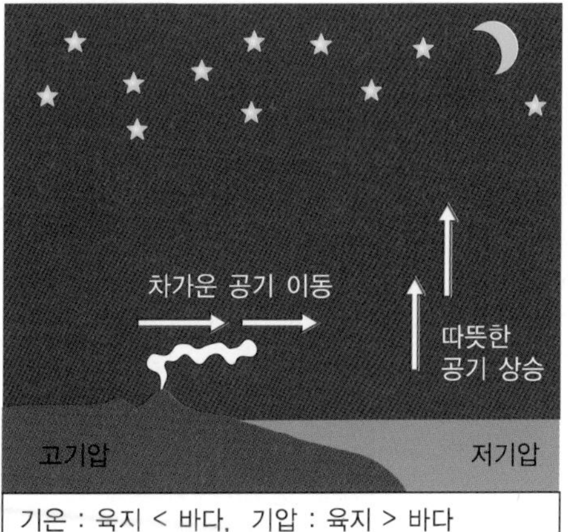

48) https://kin.naver.com/qna/detail.nhn?d1id=11&dirId=1117&docId=225936104&qb=7Iqk7L2clOyCrOynhA==&enc=utf8§ion=kin&rank=1&search_sort=0&spq=1&pid=TGWTmlpVuE0sscfdDwVssssstBK-481807&sid=1wqNWHa7xQgyqua%2BeWf/iQ%3D%3D

• 낮 : 바다에서 육지로 공기 이동(해풍)
• 밤 : 육지에서 바다로 공기 이동(육풍)

㉡ 산곡풍(산골바람, Mountain Breezes, Valley Breezes) : 낮에는 산 정상이 계곡보다 많이 가열되어 정상에서 공기가 발산되고, 밤에는 산 정상이 주변보다 냉각이 심하여 주변에서 공기를 수렴하여 침강한다. 이는 정상과 골짜기의 온도차에 의한 기압차로 발생한다.

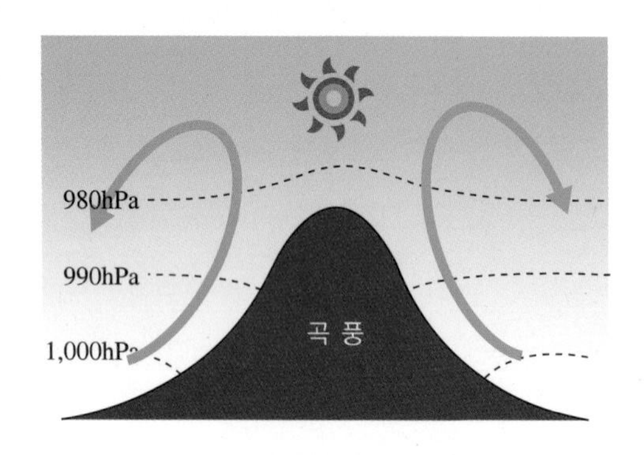

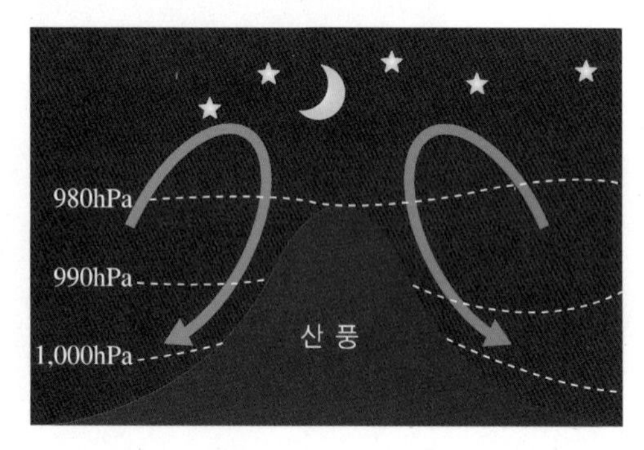

• 낮 : 골짜기에서 산 정상으로 공기 이동(곡풍/골바람)
• 밤 : 산 정상에서 산 아래로 공기 이동(산풍/산바람)

② 푄(Föehn, 높새바람) 49)

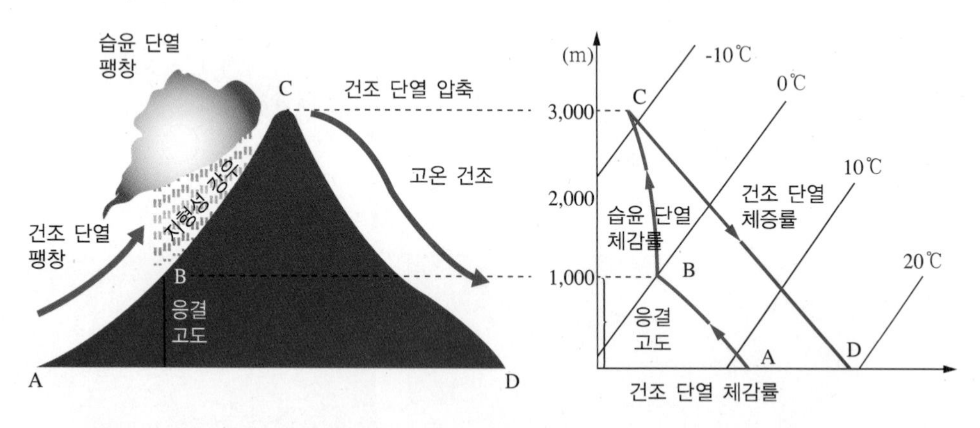

㉠ 지방풍의 일종으로 원래는 알프스 골짜기를 향해서 내려 부는 건조하고 따뜻한 바람을 의미하였으나, 그 후 일반적으로 산기슭으로 불어 내려오는 고온 건조한 바람을 푄(높새바람)현상이라고 한다. 우리나라는 주로 늦은 봄부터 초여름, 동해안에서 태백산맥을 넘어 서쪽 사면으로 부는 북동계열 바람을 말한다.

㉡ 습윤한 공기가 산맥을 넘을 경우 산허리를 따라 상승하게 되면 점점 냉각 응결되어 비가 내리고, 이 바람이 다시 반대측의 산 비탈면을 따라 내려 불면 단열압축을 하게 되므로 기온이 상승하고 습도는 저하된다.

49) https://namu.wiki/w/%ED%91%84%ED%98%84%EC%83%81

㉢ 따라서 산허리를 따라 상승하던 바람은 비를 내리는 반면, 산허리를 내려 부는 바람은 건조한 바람으로 변하게 된다. 우리나라 동해안에서 볼 수 있다.

③ 지균풍

지균풍은 등압선이 직선일 경우 지상으로부터 1km 이상에서 마찰력이 작용하지 않을 때의 바람으로 기압경도력과 전향력이 균형을 이루어 발생한다.

지균풍(북반구)

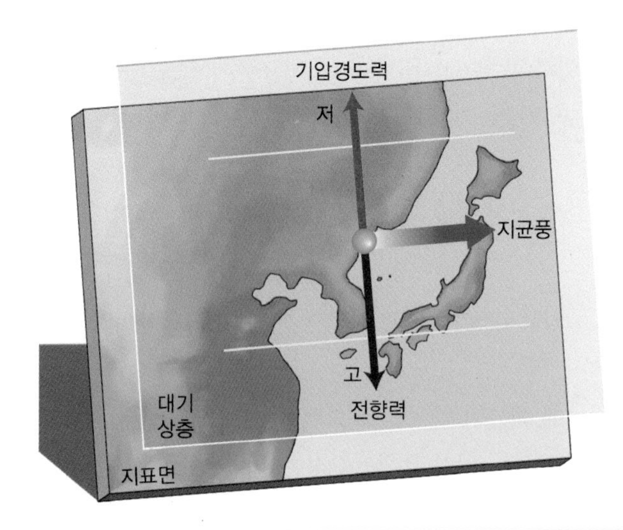

기압차에 의한 기압경도력이 작용하면 공기가 움직인다.

↓

공기가 움직이기 시작하면 자전에 의해 전향력이 작용하여 북반구(남반구)에서 오른쪽(왼쪽)으로 휘면서 속도가 빨라진다.

↓

풍속이 증가하면 전향력이 커지므로 전향력과 기압경도력이 평형을 이루면 바람은 일정한 속도로 등압선과 나란하게 불게 된다.

④ 경도풍

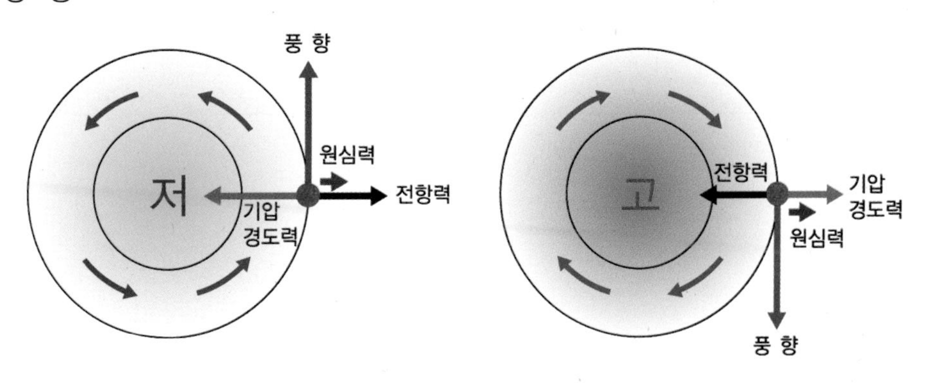

㉠ 경도풍은 등압선이 원형일 때 지상으로부터 1km 이상에서 기압경도력, 전향력, 원심력의 세 가지 힘이 균형을 이루어 부는 바람이다.

㉡ 북반구(남반구)의 저기압 주변 : 원심력과 전향력의 합력이 기압경도력과 평형을 이루어서 반시계(시계) 방향으로 등압선과 나란히 분다.

㉢ 북반구(남반구)의 고기압 주변 : 원심력과 기압경도력의 합력이 전향력과 평형을 이루어서 시계(반시계) 방향으로 등압선과 나란히 분다.

⑤ 온도풍

㉠ 기온의 수평 분포에 의하여 생기는 바람이며, 지균풍이 불고 있는 두 개의 등압면이 있을 경우 그 사이에 낀 기층의 평균 기온의 수평 경도와 비례하는 두 면의 지균풍의 차이이다.

㉡ 풍향은 두 기층 간의 등온선 방향에 평행이 되며, 풍속은 등온선의 간격에 반비례한다.

⑥ 계절풍

㉠ 겨울에는 대륙에서 해양으로, 여름에는 해양에서 대륙으로 불어가는 바람을 계절풍이라고 한다.

㉡ 계절풍은 겨울과 여름에 대륙과 해양의 온도차로 인해 발생한다. 즉, 겨울에는 대륙과 대양이 모두 냉각되지만, 비열(比熱)이 작은 대륙의 냉각이 더 커서 이로 인해 대륙 위의 공기가 극도로 냉각되어 밀도가 높아지고, 이것이 퇴적하여 큰 고기압이 발생한다.

▮ 겨 울

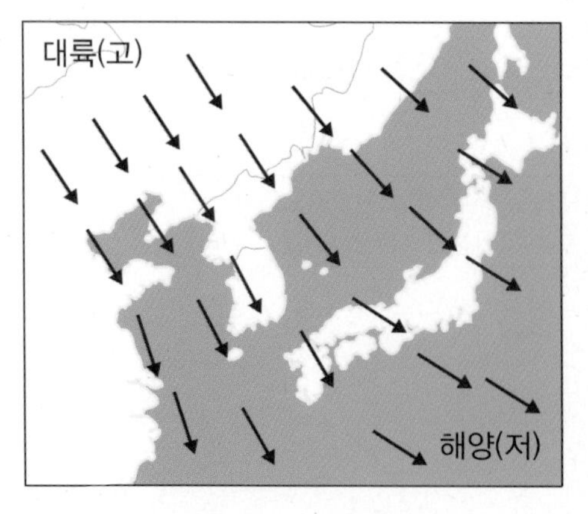

▮ 여 름

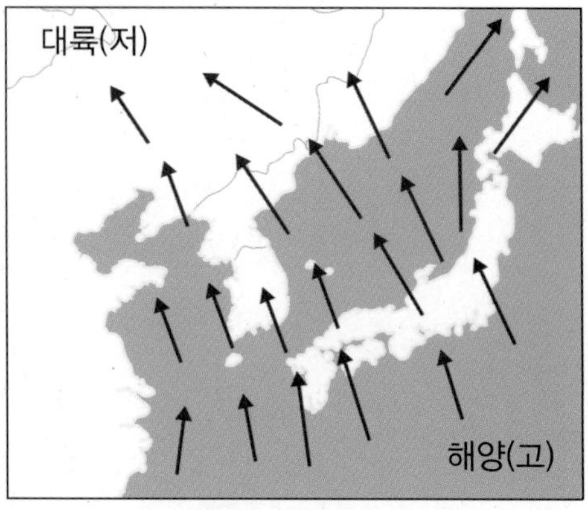

⑦ 제트기류

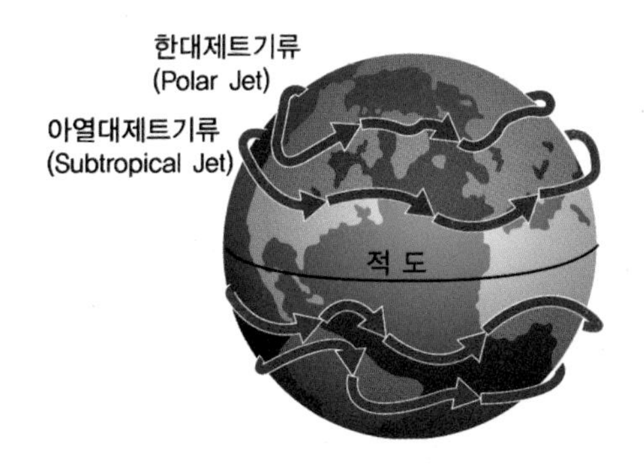

㉠ 대류권 상부나 성층권에서 거의 수평축을 따라 불고 있는 강한 바람대로, 대류권 상층의 편서풍 파동 내에서 최대 속도를 나타내는 부분이다.

㉡ 세계기상기구(WMO)에서는 제트기류를 '상부 대류권 또는 성층권 하부에서 거의 수평축에 따라 집중적으로 부는 좁고 강한 기류이며, 연직 또는 양측 방향으로 강한 바람의 풍속차(Shear)를 가지며, 하나 또는 둘 이상의 풍속 극대가 있는 것'이라고 정의한다.

㉢ 발생원인 : 30° 지역 상공은 온도차에 의해 같은 높이의 60° 지역보다 기압이 높다. 따라서 30° 지역 상공 대류권계면 부근에서 60° 지역과 기압차가 크게 발생하여 빠른 흐름이 발생한다. 이를 제트기류라고 하며 남북 간의 온도차가 큰 겨울철에 특히 빠르며 에너지 수송을 담당한다.

㉣ 제트기류의 특징

- 길이가 2,000~3,000km, 폭은 수백km, 두께는 수km의 강한 바람이다.
- 풍속차는 수직 방향으로 1km마다 5~10m/sec 정도, 수평 방향으로 100km에 5~10m/sec 정도이다. 겨울에는 최대 풍속이 100m/sec에 달하기도 한다.
- 북반구에서는 겨울이 여름보다 강하고 남북의 기온경도가 여름과 겨울이 크게 다르기 때문에 위치가 남으로 내려간다.
- 제트기류의 영향 : 제트기류 내의 거대한 저기압성 굴곡은 순환과 에너지를 공급함으로써 거대한 중위도 저기압을 일으킨다. 고도 1~4km에서의 불규칙한 하층 제트기류는 헬기의 운항에 위험요소가 되기도 한다.

㉤ 제트기류는 아열대제트기류와 한대제트기류로 나누어진다.

■ 중위도 지역 대류권계면 부근에 위치한 아열대제트기류와 한대제트기류 50)

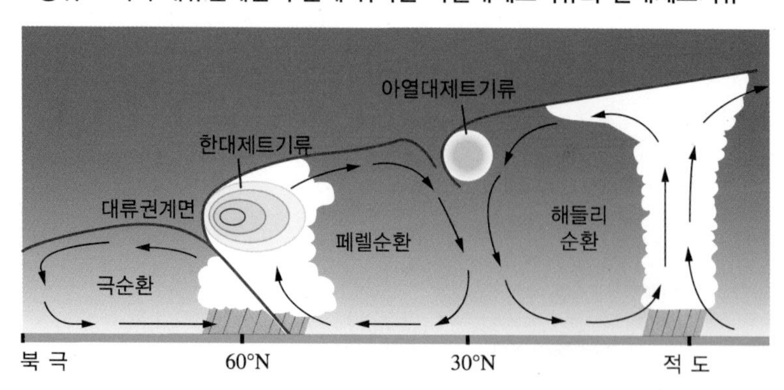

• 이 제트기류가 강수나 기상현상에 주는 영향을 살펴보면 다음 그림과 같이 제트기류의 왼쪽은 차갑고 건조한 공기덩어리가 분포되어 있으며, 오른쪽은 덥고 습한 공기덩어리가 분포되어 있는데 이 흐름이 하층 제트(고기압과 저기압 사이의 기압골을 따라 약 3km 높이에서 25KTS 이상으로 부는 바람)와 만나서 집중호우를 발생(상하층 제트 커플링형)시킨다.

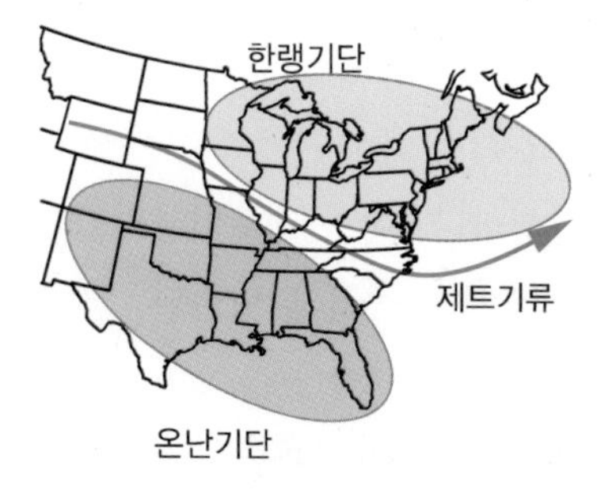

즉, 다음 왼쪽 그림처럼 남동 중국해를 지나며 따뜻한 수증기를 담고 한반도로 오는 하층 제트기류는 상층 제트기류를 만나거나 저기압 상공에서 내려오는 찬 공기와 만나면 급격히 상승하여 집중호우를 내리는 비구름을 만든다.

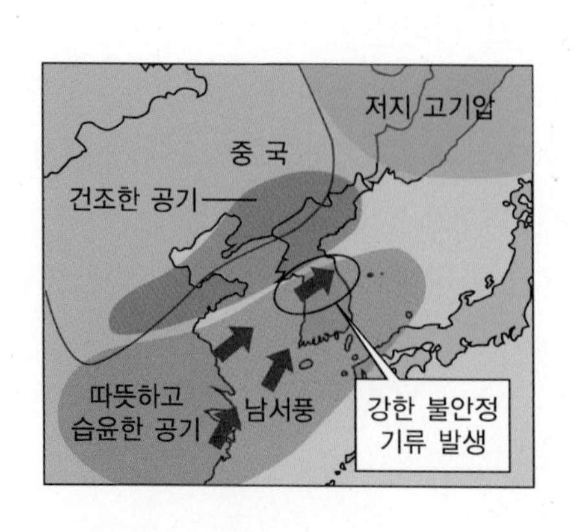

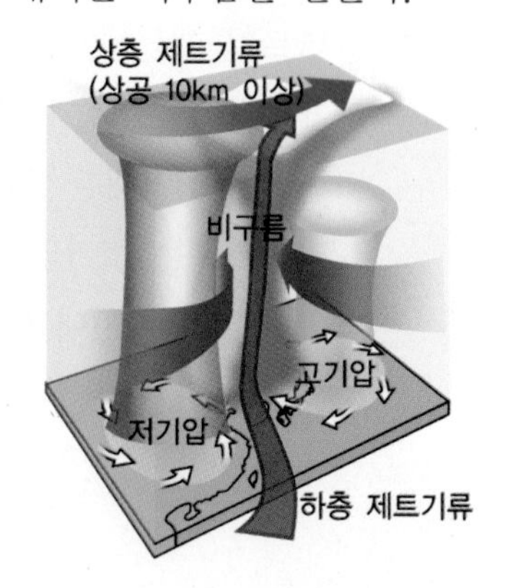

50) https://m.blog.naver.com/jhc9639/220174522145

- 집중호우의 직접적인 원인은 강한 상승기류가 생성되는 지역에서 적운계형 구름이 급속도로 성장하면서 일어나기 때문인데 여기에 남동 중국해의 따뜻하고 습윤한 공기가 하층 제트기류를 만나면서 더 쉽게 급상승하게 된다. 이때 위의 우측 그림처럼 비구름이 연직 형태로 자연스럽게 발생하여 집중호우를 내릴 수 있는 비구름을 형성한다. 이러한 비구름은 상공 10km 이상의 상승 제트기류를 만나면서 강한 불안정한 상태가 되고, 그동안 모여 있던 강한 비구름대가 수렴 · 발산과정을 거치면서 집중호우를 내린다.
- 제트기류의 2차 순환 중 상승 부분에 태풍이 들어와서 태풍의 전면에 호우(태풍 전면 수렴형)가 발생되기도 하는데, 제트기류의 입구에서 오른쪽에는 발산, 왼쪽에는 수렴이 일어나고, 이는 제트기류를 사이에 둔 상태에서 봤을 때 대기의 온도분포와 +관계가 있어 직접순환이 일어나는 것이다. 반대로 출구에서 왼쪽에는 수렴, 오른쪽에는 발산이 일어나게 되고, 이는 제트기류를 사이에 둔 상태에서 봤을 때 대기의 온도분포와 −관계에 있어 간접순환이 일어나는 것으로 정의할 수 있다.

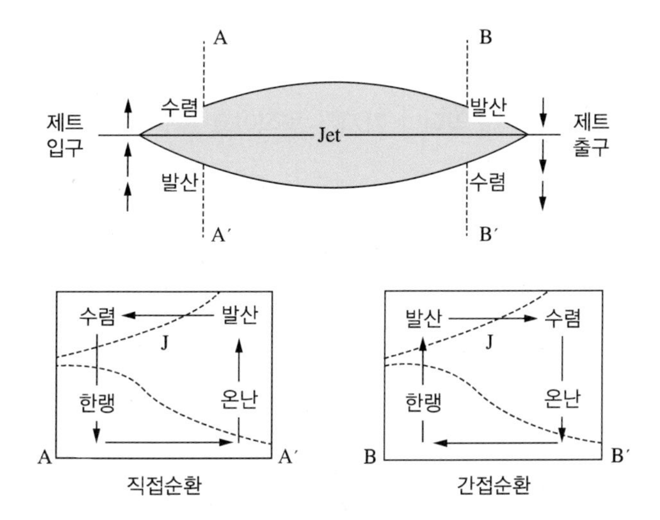

- 다음 그림은 3D로 본 제트기류이다.

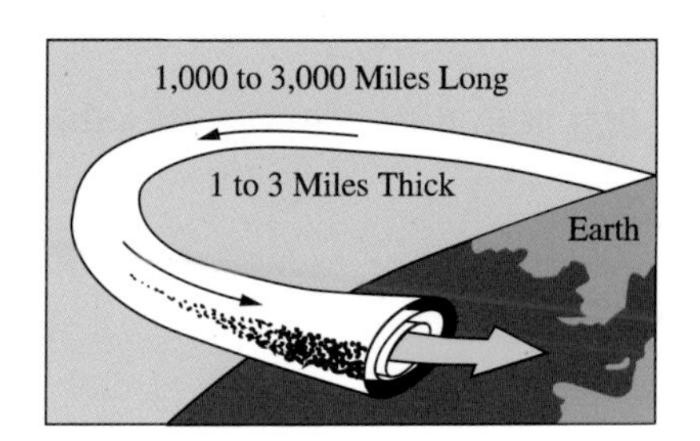

CHAPTER

4 적중예상문제

01 다음 중 풍속의 단위에 해당하지 않는 것은?

① mile/hr

② km/hr(kph)

③ knot

④ hPa

해설

풍속의 단위는 일반적으로 m/sec를 사용하나, km/hr, mile/hr, knot를 사용할 때도 있다. hPa는 기압의 단위이다.

02 보퍼트 풍력계급에서 나뭇잎이나 가지가 움직이고 물결이 일어나는 풍속은?

① 0~0.2m/s

② 3.4~5.4m/s

③ 5.5~7.9m/s

④ 8.0~10.7m/s

해설

보퍼트 풍력계급에서 ① 고요(0), ② 산들바람(3), ③ 건들바람(4), ④ 흔들바람(5)

※ ( ) 안의 수치는 풍력계급을 의미한다.

산들바람, 풍력계급 3에서 나뭇잎이나 가지가 움직이고, 물결이 약간 일고 때로는 흰 물결이 많아진다.

03 보퍼트 풍력계급에서 작은 나무가 흔들리고 흰물결이 보일 때의 풍속은?

① 1.6~3.3m/s

② 5.5~7.9m/s

③ 8.0~10.7m/s

④ 10.8~13.8m/s

1 ④ 2 ② 3 ③ 정답

해설

보퍼트 풍력계급에서 ① 남실바람, ② 건들바람, ③ 흔들바람, ④ 된바람 단계로서
- 흔들바람은 작은 나무가 흔들리기 시작하며, 흰물결이 뚜렷해진다.
- 건들바람은 종이가 날아다니고 작은 나뭇가지가 흔들린다.
- 된바람은 우산을 들지 못할 정도이다.

04 수평풍을 일으키는 힘 중 두 지점 사이에 압력이 다를 때 압력이 큰 쪽에서 작은 쪽으로 힘이 작용하게 되는 것은?

① 편향력
② 지향력
③ 기압경도력
④ 지면마찰력

해설

기압경도력은 두 지점 사이에 압력이 다르면 압력이 큰 쪽에서 작은 쪽으로 힘이 작용하게 되는 것이다. 기압경도력은 두 지점 간의 기압차에 비례하고 거리에 반비례한다.

05 회전하고 있는 물체 위에서 물체가 운동할 때 나타나는 겉보기의 힘은 무엇인가?

① 전향력
② 지향력
③ 기압경도력
④ 지면마찰력

해설

전향력(코리올리 힘)은 지구 자전에 의해 지구 표면을 따라 운동하는 질량을 가진 물체가 각운동량 보존을 위해 받게 되는 힘을 말한다.

06 겨울에는 대륙에서 해양으로, 여름에는 해양에서 대륙으로 불어가는 탁월풍은?

① 지상풍
② 계절풍
③ 산곡풍
④ 대륙풍

해설

겨울에는 대륙에서 해양으로, 여름에는 해양에서 대륙으로 불어가는 탁월풍을 계절풍이라고 한다.

정답 4 ③ 5 ① 6 ②

07 산 정상과 골짜기 사이의 온도차에 의한 기압차로 인해 발생하는 바람으로 국지풍인 것은?

① 지상풍
② 계절풍
③ 산곡풍
④ 푄(Föehn)현상

해설

평지에서보다 산악지형을 비행 시 바람의 영향을 더욱 받게 되는데 이는 지형의 마찰과 고도에 따라 태양열의 불균형 가열이 조화되어 바람의 강도와 불규칙 정도가 더욱 심하다. 또한 산악지대에서 낮에는 산사면이 태양열에 의해 고온이 되어 계곡이나 저지대 개활지에서 산사면을 타고 상승하는 바람을 산곡풍이라고 한다.

08 온도가 주변 대륙보다 더 따뜻하기 때문에 나타나는 국지 순환에 의해서 주로 밤에 육지에서 바다 쪽으로 부는 바람은?

① 푄(Föehn)현상
② 계절풍
③ 육 풍
④ 국지풍

해설

해수면과 접해 있는 지역에서는 지면과 해수면의 가열 정도와 속도가 다르기 때문에 이로 인한 해륙풍이 형성된다. 이 중 육풍은 밤에 육지 → 바다로, 해풍은 낮에 바다 → 육지로 분다.

09 바다와 육지의 온도차이로 부는 바람을 해풍이라 한다. 다음 중 해풍에 대해 올바르게 설명한 것은?

① 겨울철 해상에서 육지로 부는 바람
② 밤에 해상에서 육지로 부는 바람
③ 낮에 해상에서 육지로 부는 바람
④ 낮에 육지에서 해상으로 부는 바람

해설

해륙풍 : 낮에는 육지가 바다보다 빨리 가열되어 육지에 상승기류와 함께 저기압이 발생된다(밤에는 육지가 바다보다 빨리 냉각되어 육지에 하강기류와 함께 고기압이 발생된다).

- 낮 : 바다 → 육지로 공기 이동(해풍)
- 밤 : 육지 → 바다로 공기 이동(육풍)

7 ③ 8 ③ 9 ③ 정답

10 순간 최대 풍속이 17knot 이상이며, 실제 바람관측시간 10분 안에 최대 풍속이 평균 풍속보다 10knot 이상이 될 때의 바람은?

① 돌풍(Gust)

② 경도풍

③ Wind Shear

④ 지균풍

해설

거스트(Gust, 돌풍)는 일정 시간 내(보통 10분간)에 평균 풍속보다 10knot(5m/s) 이상의 차이가 있으며, 순간 최대 풍속이 17knot(8.7m/s) 이상의 강풍이고 지속시간이 초 단위일 때를 말한다. 돌풍이 불 때는 풍향도 급변하고, 때로는 천둥을 동반하기도 하며, 수분에서 1시간 정도 지속되기도 한다.

11 갑자기 불기 시작하여 몇 분 동안 계속된 후 갑자기 멈추는 바람을 무엇이라고 하는가?

① 돌풍(Gust)

② 스콜(Squall)

③ Wind Shear

④ Micro

해설

스콜(Squall)은 갑자기 불기 시작하여 몇 분 동안 계속된 후 갑자기 멈추는 바람을 말한다. 세계기상기구에서 채택한 스콜의 기상학적 정의는 '풍속의 증가가 매초 8m 이상, 풍속이 매초 11m 이상에 달하고 적어도 1분 이상 그 상태가 지속되는 경우'라고 한다.

12 다음 중 제트기류에 대한 설명으로 틀린 것을 고르면?

① 남북 간의 온도차가 큰 겨울철에 특히 빠르며 에너지 수송을 담당한다.

② 길이가 2,000~3,000km, 폭은 수백km, 두께는 수km의 강한 바람이다.

③ 제트기류 내의 거대한 저기압성 굴곡은 순환과 에너지를 공급함으로써 거대한 중위도 저기압을 일으킨다.

④ 남반구에서는 겨울이 여름보다 강하고 남북의 기온경도가 여름과 겨울이 크게 다르기 때문에 위치가 남으로 내려간다.

해설

북반구에서는 겨울이 여름보다 강하고 남북의 기온경도가 여름과 겨울이 크게 다르기 때문에 위치가 남으로 내려간다.

정답 10 ① 11 ② 12 ④

13 지구 자전에 의해 지구 표면을 따라 운동하는 질량을 가진 물체가 각운동량 보존을 위해 받는 힘은?

① 구심력 ② 원심력
③ 전향력 ④ 마찰력

해설
전향력은 코리올리 힘이라고도 하며, 물체를 던진 방향에 대해 북반구에서는 오른쪽으로, 남반구에서는 왼쪽으로 힘이 작용한다.

14 풍향을 나타내는 일반적인 단위로 바르지 못한 것은?

① 8방위 ② 16방위
③ 36방위 ④ 48방위

해설
풍향은 바람이 불어오는 방향을 나타내며, 일반적으로 일정 시간 내의 평균 풍향을 의미한다. 8방위 또는 16방위, 36방위로 나타내며, 모두 지리학상의 진북을 기준으로 한다.

15 무풍의 풍속 단위로 옳은 것은?

① 0.2m/sec ② 0.3m/sec
③ 0.4m/sec ④ 0.5m/sec

해설
풍속이 0.2m/sec 이하일 때에는 '무풍'이라고 하여 풍향을 취하지 않는다.

16 풍속의 설명으로 바르지 못한 것은?

① 풍속은 공기가 이동한 거리와 이에 소요된 시간의 비로, 일정 시간 동안의 평균 풍속이다.
② 풍속이라고 할 때에는 순간 풍속을 의미한다.
③ 풍속의 단위는 일반적으로 m/sec를 사용한다.
④ 풍속의 단위로 km/h, mile/h, knot를 사용하기도 한다.

해설
순간적인 값을 순간풍속이라고도 하지만, 단지 풍속이라고 할 때에는 평균 풍속을 의미한다.

13 ③ 14 ④ 15 ① 16 ② **정답**

17 바람(풍계)의 종류로 바르지 못한 것은?

① 다규모 풍계
② 대규모 풍계
③ 중규모 풍계
④ 소규모 풍계

해설
지구상에는 대규모부터 소규모에 이르기까지 여러 가지 풍계(風系)가 겹쳐서 분다. 대규모 풍계에는 무역풍, 편서풍, 제트류, 극동풍이 있으며, 중규모 풍계에는 계절풍, 기압계 바람이 있고, 소규모 풍계에는 해륙풍, 산골바람, 국지풍, 용오름 등이 있다.

18 대규모 풍계의 종류로 바르지 못한 것은?

① 무역풍
② 계절풍
③ 편서풍
④ 극동풍

해설
대규모 풍계에는 무역풍, 편서풍, 제트류, 극동풍이 있다.

19 중규모 풍계의 종류로 올바른 것은?

① 해륙풍
② 제트기류
③ 계절풍
④ 국지풍

해설
중규모 풍계에는 계절풍, 기압계 바람이 있다.

20 소규모 풍계에 속하지 않는 것은?

① 해륙풍
② 산골바람
③ 국지풍
④ 극동풍

해설
극동풍은 대규모 풍계에 속한다.

정답 17 ① 18 ② 19 ③ 20 ④

21 보퍼트 풍력계급에서 작은 가지가 흔들릴 때 풍속은?

① 0~0.2m/s
② 3.4~5.4m/s
③ 5.5~7.9m/s
④ 8.0~10.7m/s

해설

보퍼트 풍력계급에서 ① 고요(0), ② 산들바람(3), ③ 건들바람(4), ④ 흔들바람(5)
※ ( ) 안의 수치는 풍력계급을 의미한다.
건들바람(화풍, Moderate Breeze, 풍력계급 4)에서 작은 가지가 흔들리거나 먼지가 일고 종잇조각이 날려 올라간다.

22 보퍼트 풍력계급에서 연기가 똑바로 올라갈 때의 풍속은?

① 0~0.2m/s
② 3.4~5.4m/s
③ 5.5~7.9m/s
④ 8.0~10.7m/s

해설

보퍼트 풍력계급에서 ① 고요(0), ② 산들바람(3), ③ 건들바람(4), ④ 흔들바람(5)
※ ( ) 안의 수치는 풍력계급을 의미한다.
고요(평온, Calm, 풍력계급 0)에서 연기가 똑바로 올라감

23 보퍼트 풍력계급에서 연기의 흐름만으로 풍향을 알지만, 풍향계는 움직이지 않을 때의 풍속은?

① 0~0.2m/s
② 0.3~1.5m/s
③ 5.5~7.9m/s
④ 8.0~10.7m/s

해설

보퍼트 풍력계급에서 ① 고요(0), ② 실바람(1), ③ 건들바람(4), ④ 흔들바람(5)
※ ( ) 안의 수치는 풍력계급을 의미한다.
실바람(지경풍, Light Air, 풍력계급 1)은 연기의 흐름만으로 풍향을 알고, 풍향계는 움직이지 않는다.

21 ③ 22 ① 23 ② 정답

24 기압경도력의 설명으로 바르지 못한 것은?

① 두 지점 사이에 압력이 다르면 압력이 큰 쪽에서 작은 쪽으로 힘이 작용하게 된다.
② 두 지점 간의 기압차에 비례하고 거리에 반비례한다.
③ 바람은 기압이 높은 쪽에서 낮은 쪽으로 힘이 작용하고 등압선의 간격이 좁으면 좁을수록 바람이 더욱 세다.
④ 두 지점 간의 거리에 비례하고 기압차에 반비례한다.

해설
기압경도력은 두 지점 간의 기압차에 비례하고 거리에 반비례한다.

25 전향력의 설명으로 바르지 못한 것은?

① 자전에 의해 지구 표면을 따라 운동하는 질량을 가진 물체는 각운동량 보존을 위해 힘을 받는데 이를 전향력이라 한다.
② 전향력은 매우 작은 힘이어서 큰 규모의 운동에서만 그 효과를 볼 수 있는 실제 존재하는 힘이다.
③ 지구상에서 운동하는 모든 물체는 북반구에서는 오른쪽으로 편향되고, 남반구에서는 왼쪽으로 편향되며 고위도로 갈수록 크게 작용하는데 이때의 가상적인 힘이 전향력이다.
④ 극에서 가장 크고 적도에서는 0이며, 회전하고 있는 물체 위에서 물체가 운동할 때 나타나는 힘이다.

해설
전향력은 매우 작은 힘이어서 큰 규모의 운동에서만 그 효과를 볼 수 있다. 실제 존재하는 힘이 아니라 지구의 자전 때문에 작용하는 것처럼 보이는 것이다.

26 구심력에 대한 설명으로 바르지 못한 것은?

① 원운동을 하는 물체에서 원심력의 반대 방향인 원의 외곽을 향하는 힘이다.
② 대기의 운동에서 등압선이 곡선일 때 나타나는 힘이다.
③ 달이 지구를 중심으로 원에 가까운 궤도를 도는 이유는 달을 지구 중심으로 끌어당기는 중력 때문이다.
④ 자동차가 곡선도로에서 회전할 때 바깥쪽으로 튀어나가지 않는 이유는 자동차 바퀴와 지면 사이에 마찰력이 구심력으로 작용하기 때문이다.

정답 24 ④ 25 ② 26 ①

해설

원운동을 하는 물체에서 원심력의 반대 방향인 원의 중심을 향하는 힘이다.

27 드론(항공기)의 이착륙 시에 영향을 주는 지상풍으로 바르지 않은 것은?

① 무 풍
② 정 풍
③ 배 풍
④ 측 풍

해설

일반적으로 바람은 불어오는 방향에 따라서 이름이 붙지만 드론(항공기)에서는 드론(항공기)을 중심으로 방향을 구분하는데, 정풍(Head Wind)은 항공기의 전면에서 뒤쪽으로 부는 바람이며, 배풍(Tail Wind)은 항공기의 뒤쪽에서 앞쪽으로 부는 바람이고, 측풍(Cross Wind)은 항공기의 측면에서 부는 바람으로 이착륙 시에 드론에 영향을 주지만 무풍은 영향을 주지 않는다.

28 거스트(Gust, 돌풍)에 대한 설명으로 바르지 못한 것은?

① 일정 시간 내(보통 10분간)에 평균 풍속보다 10knot(5m/sec) 이상의 차이가 있고, 순간 최대 풍속이 17knot(8.7m/sec) 이상의 강풍으로 지속시간이 분 단위일 때이다.
② 돌풍이 불 때는 풍향도 급변하며, 때때로 천둥을 동반하기도 하고, 수 분에서 1시간 정도 지속되기도 하며, 까만 적란운이 동반되기도 한다.
③ 한랭전선에 동반되며, 기온의 수직 방향의 체감률과 풍속의 차이에 의하여 돌풍이 커지는지의 여부가 정해진다.
④ 드론이 착륙 간 돌풍을 만나게 되면 정상적인 착륙이 되지 않고 기체가 뒤집어진다.

해설

일정 시간 내(보통 10분간)에 평균 풍속보다 10knot(5m/sec) 이상의 차이가 있고, 순간 최대 풍속이 17knot (8.7m/sec) 이상의 강풍으로 지속시간이 초 단위일 때이다.

27 ① 28 ① **정답**

29 스콜(Squall)에 대한 설명으로 옳지 않은 것은?

① 갑자기 불기 시작한 바람이 몇 분 동안 계속되다가 갑자기 멈추는 것이다.
② 세계기상기구에서 채택한 스콜의 기상학적 정의는 풍속의 증가가 매초 8m 이상, 풍속이 매초 11m 이상에 달하고 적어도 10분 이상 그 상태가 지속되는 경우이다.
③ 스콜은 특징적인 모양의 구름이 나타나지만, 구름이 아예 나타나지 않는 경우도 있다.
④ 강수를 동반하지 않는 경우 흰 스콜, 검은 비구름이나 강수를 동반하는 경우를 뇌우 스콜, 광범하게 이동하는 선에 따라 나타나는 가상의 선을 스콜선(Squall Line)이라고 한다.

해설

세계기상기구에서 채택한 스콜의 기상학적 정의는 풍속의 증가가 매초 8m 이상, 풍속이 매초 11m 이상에 달하고 적어도 1분 이상 그 상태가 지속되는 경우이다.

30 다음 중 육풍에 대해 바르게 설명한 것은?

① 겨울철 육지에서 해상으로 부는 바람
② 낮에 육지에서 해상으로 부는 바람
③ 밤에 육지에서 해상으로 부는 바람
④ 밤에 해상에서 육지로 부는 바람

해설

육풍이란, 밤에는 육지가 바다보다 빨리 냉각되어서 육지에 하강기류와 함께 고기압이 발생하여 육지에서 해상으로 부는 바람을 말한다.

31 산곡풍에 대한 설명 중 바르지 못한 것은?

① 낮에 골짜기에서 산 정상으로의 공기 이동을 곡풍 또는 골바람이라 한다.
② 밤에 산 정상에서 산 아래로의 공기 이동을 산풍 또는 산바람이라 한다.
③ 낮에는 산 정상이 계곡보다 많이 가열되어 정상에서 공기가 발산된다.
④ 밤에는 산 정상이 주변보다 냉각이 심하여 주변에서 공기를 수렴하여 상승한다.

해설

밤에는 산 정상이 주변보다 냉각이 심하여 주변에서 공기를 수렴하여 침강한다. 이는 정상과 골짜기의 온도차에 의한 기압차로 발생한다.

정답 29 ② 30 ③ 31 ④

32 **다음 중 푄(Föehn, 높새바람)에 대한 설명으로 옳지 않은 것은?**

① 일반적으로 산기슭으로 불어 내려오는 고온 건조한 바람을 말한다.
② 우리나라는 주로 늦은 여름부터 초가을, 동해안에서 태백산맥을 넘어 서쪽 사면으로 부는 북동계열 바람을 말한다.
③ 습윤한 공기가 산맥을 넘을 경우 산허리를 따라 상승하게 되면 점점 냉각 응결되어 비가 내린다.
④ 이 바람이 다시 반대 측의 산 비탈면을 따라 내려 불면 단열압축을 하게 되므로 기온이 상승하고 습도는 저하된다.

해설
우리나라는 주로 늦은 봄부터 초여름, 동해안에서 태백산맥을 넘어 서쪽 사면으로 부는 북동계열 바람을 말한다.

33 **등압선이 직선일 경우 지상으로부터 1km 이상에서 마찰력이 작용하지 않을 때의 바람은 무슨 바람인가?**

① 지상풍 ② 지중풍
③ 지균풍 ④ 지하풍

해설
지균풍은 등압선이 직선일 경우 지상으로부터 1km 이상에서 마찰력이 작용하지 않을 때의 바람으로 기압경도력과 전향력이 균형을 이루어 발생한다.

34 **경도풍의 설명으로 바르지 않은 것은?**

① 경도풍은 등압선이 원형일 때 지상으로부터 1km 이하에서 기압경도력, 전향력, 원심력의 세 가지 힘이 균형을 이루어 부는 바람이다.
② 북반구(남반구)의 저기압 주변은 원심력과 전향력의 합력이 기압경도력과 평형을 이루어서 반시계(시계) 방향으로 등압선과 나란히 분다.
③ 북반구의 고기압 주변은 원심력과 기압경도력의 합력이 전향력과 평형을 이루어서 시계 방향으로 등압선과 나란히 분다.
④ 남반구의 고기압 주변은 원심력과 기압경도력의 합력이 전향력과 평형을 이루어서 반시계 방향으로 등압선과 나란히 분다.

32 ② 33 ③ 34 ① 정답

해설

경도풍은 등압선이 원형일 때 지상으로부터 1km 이상에서 기압경도력, 전향력, 원심력의 세 가지 힘이 균형을 이루어 부는 바람이다.

35 온도풍의 설명으로 옳지 않은 것은?

① 기온의 수평 분포에 의하여 생기는 바람이다.
② 지상풍이 불고 있는 두 개의 등압면이 있을 경우 그 사이에 낀 기층의 평균 기온의 수평 경도와 비례하는 두 면의 지상풍의 차이이다.
③ 풍향은 두 기층 간의 등온선 방향에 평행이다.
④ 풍속은 등온선의 간격에 반비례한다.

해설

온도풍은 지균풍이 불고 있는 두 개의 등압면이 있을 경우 그 사이에 낀 기층의 평균 기온의 수평 경도와 비례하는 두 면의 지균풍의 차이이다.

36 계절풍의 설명으로 틀린 것은?

① 겨울에는 대륙에서 해양으로, 여름에는 해양에서 대륙으로 불어 가는 바람이다.
② 계절풍은 겨울과 여름에 대륙과 해양의 온도차로 인해 발생한다.
③ 겨울에는 대륙과 대양이 모두 냉각되지만, 비열(比熱)이 작은 대륙의 냉각이 더 작다.
④ 대륙 위의 공기가 극도로 냉각되어 밀도가 높아지고, 이것이 퇴적하여 큰 고기압이 발생한다.

해설

겨울에는 대륙과 대양이 모두 냉각되지만, 비열(比熱)이 작은 대륙의 냉각이 더 크다.

37 다음 중 1km 이하의 지상에서 부는 바람으로 마찰의 영향을 받는 바람은?

① 지하풍 ② 지중풍
③ 지균풍 ④ 지상풍

해설

지상풍은 1km 이하의 지상에서 부는 바람으로 마찰의 영향을 받는다. 등압선이 직선일 때는 전향력과 마찰력의 합력이 기압경도력과 평형을 이루어 등압선과 각을 이루며 저기압 쪽으로 불고, 등압선이 원형일 때는 바람에 작용하는 모든 힘으로 기압경도력, 전향력, 원심력, 마찰력의 합력이 균형을 이루어 분다.

정답 35 ② 36 ③ 37 ④

구 름

1 구 름

(1) 구름(Cloud)의 정의

공기 중의 수증기가 응결하거나 승화해서 물방울이나 얼음 알갱이로 대기 중에 떠 있는 것을 구름이라고 한다. 구름은 대기 중에서 발생하는 물리적 현상 중의 하나이므로 구름의 양이나 형태를 정확하게 관측함으로써 기상 변화를 예상할 수 있는 중요한 요소 중의 하나이다.

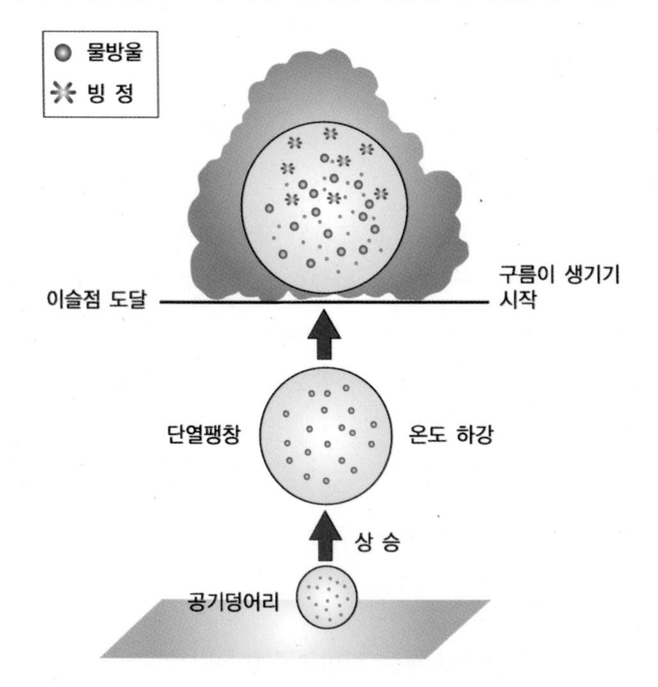

① 구름의 구성요소

㉠ 구름은 어는점보다 높은 온도를 가진 물방울, 어는점보다 낮은 온도를 가진 물방울(과냉각 물방울), 빙정들로 이루어져 있다.

㉡ 과냉각 물방울은 어는점보다 높은 온도일 때 수증기에서 물방울로 응결된 후 구름 속의 더 차가운 구역으로 운반되는 경우에 만들어진다.

㉢ 빙정은 기온이 어는점보다 낮을 때 수증기의 승화과정을 통해 형성된다.

㉣ 대류권 상층에서 형성된 구름은 대기가 거의 어는점 아래에 있으므로, 대부분 빙정으로 구성되어 있다.

② 구름의 형성

㉠ 대류 상승 : 지표면이 국지적으로 가열되면 대류가 일어나 공기가 상승한다. 대류에 의하여 지표면에서 상승한 공기가 상승 응결고도에 이르면 응결이 시작되어 구름이 발생한다.

㉡ 지형적인 상승 : 풍상측(Wind Side)에서 온난다습한 공기가 산의 경사면을 따라 상승하면 단열팽창 후 냉각되어 응결고도에 이르게 되면서 구름이 나타나기 시작한다. 이 구름은 산의 정상부에 비를 뿌리고 계속 상승하여 산의 정상을 지나 풍하측(Lee Side, 내리바람 쪽)으로 이동하면 비는 거의 내리지 않고 풍하측에 강수량이 적은 비그늘(Rain Shadow)이 형성된다.

㉢ 전선에 의한 상승 : 밀도가 서로 다른 두 개의 공기덩어리(기단)가 만나면 경계면이 생기는데 이 경계면을 전선이라고 한다. 따뜻하고 습윤한 공기가 상대적으로 찬 공기 위로 올라갈 때 생기는 전선을 온난전선, 상대적으로 찬 공기가 따뜻한 공기 밑으로 쐐기 모양으로 파고들어 따뜻한 공기가 상승하면서 형성되는 전선을 한랭전선이라고 한다. 온난전선상에서 공기의 상승이 자발적이라면 한랭전선상에서의 상승은 강제 상승이라고 할 수 있다. 이렇게 상승한 공기가 응결고도에 이르면 응결이 시작되어 구름이 만들어진다.

㉣ 공기의 수렴에 의한 상승 : 지표면 부근에서 공기가 수렴되면 공기가 상승하여 구름이 형성된다.

㉤ 구름의 생성과정 : 태양에 의해 지표면이 가열되면 공기가 상승하여 기압이 낮아져 부피가 커지고, 기온이 낮아진다. 이 과정을 단열팽창이라고 하는데, 단열팽창으로 기온이 이슬점 아래까지 낮아지면 공기 중의 수증기가 응결되어 물방울이 생성된다. 이렇게 생긴 물방울이 모인 것이 구름이며, 수증기가 포화되어 응결되는 고도를 응결고도라고 한다. 구름의 형태는 형성되는 곳의 기상환경에 따라 다르지만 대체로 구름입자의 상태와 수직 발달 정도에 따라 분류한다.

▮ 구름의 형성과정과 구름입자의 크기

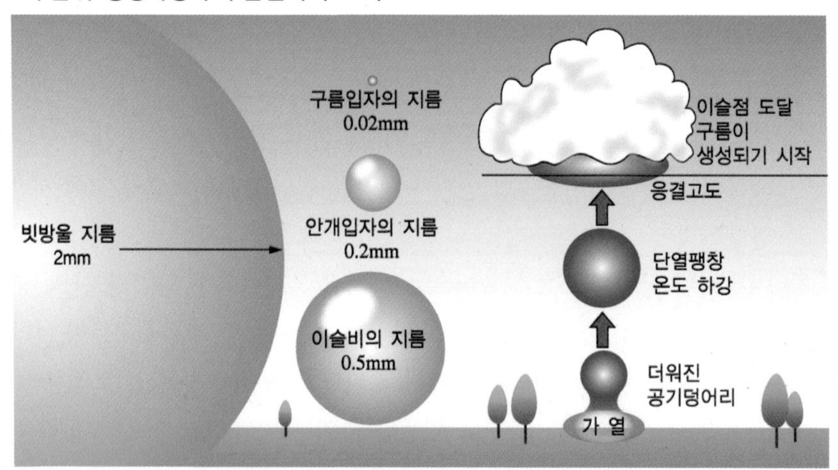

ⓑ 자연 상태에서 구름이 생성되는 경우는 다음과 같다.

- 저기압 중심으로 공기가 수렴되면서 상승 시
- 산 방향으로 바람이 불면서 산을 따라 공기 상승 시
- 태양열에 의하여 뜨거워진 지표면 부근의 공기 상승 시
- 찬 공기(한랭전선)가 더운 공기(온난전선) 밑을 쐐기처럼 파고들면서 더운 공기를 상승시킬 경우
- 더운 공기(온난전선)가 찬 공기(한랭전선) 쪽으로 이동하면서 찬 공기 위로 상승 시

▮ 구름의 생성원리

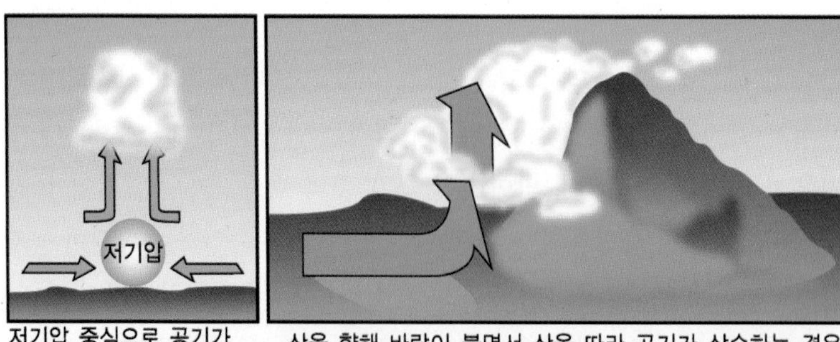

저기압 중심으로 공기가 모여들며 상승하는 경우

산을 향해 바람이 불면서 산을 따라 공기가 상승하는 경우

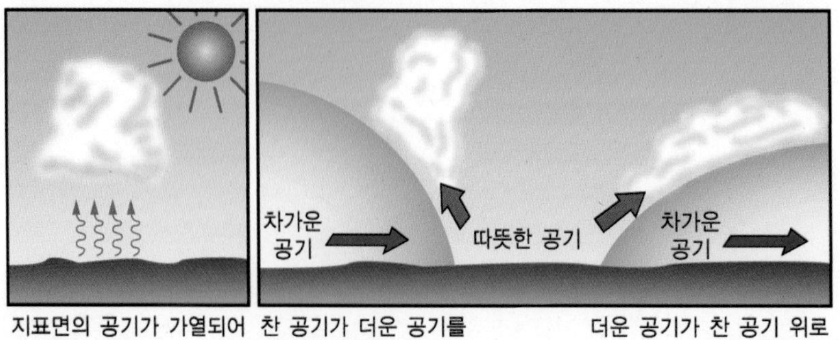

지표면의 공기가 가열되어 상승하는 경우

찬 공기가 더운 공기를 상승시킬 경우

더운 공기가 찬 공기 위로 상승할 경우

㉦ 구름이 하늘에서 정지 또는 이동하는 이유 : 구름은 작은 물방울이나 얼음결정으로 만들어지며, 일반적으로 구름은 $1m^3$당 0.5g의 물방울을 포함하고 있어서 중력의 영향을 받아 떨어진다. 그러나 공기와의 마찰 때문에 매우 천천히 떨어지는데, 구름 속에는 상승기류가 있어서 낙하운동이 일어나지 않는 경우가 있다. 또한, 구름 속의 물방울은 단순히 떠 있는 것이 아니라 생성과 소멸을 반복하기 때문에 항상 구름은 떠 있으며, 바람에 따라 그 방향으로 흘러 다닌다.

③ 구름의 종류

구름은 크게 적운형 구름과 층운형 구름으로 구분된다. 적운형 구름은 상승기류에 의하여 발생하고, 층운형 구름은 경사면을 타고 올라가거나 기타의 원인으로 냉각되어 발생된다. [51]

㉠ 상층운 : 고도 16,500~45,000ft(5~13.7km)에서 형성된 구름이고 대부분 빙정으로 이루어져 있다(권운, 권층운, 권적운).

㉡ 중층운 : 고도 6,500~23,000ft(2~7km)에서 대부분 과냉각된 물방울로 구성되고 회색 또는 흰색의 줄무늬 형태로 발달한다(고층운, 고적운). 비를 내리는 구름이다.

㉢ 하층운 : 지표면과 고도 6,500ft(2km) 미만에 형성되는 구름으로 대부분 과냉각된 물로 이루어져 있다[난층운(비층구름), 층운, 층적운].

㉣ 형태에 따라 권운형, 층운형 등으로 분류한다.

㉤ 높이에 따라 상층운, 중층운, 하층운, 적운계로 분류한다.

▮ 층 운

안개, 가랑비, 운무 생김

▮ 난층운

특이한 외형 없이 어두운 회색(태양 차단)

㉥ 수직으로 발달한 구름 : 대기의 불안정 때문에 수직으로 발달하고 많은 강우를 포함하고 있다. 이 구름 주위에는 소나기성 강우, 요란기류 등 기상 변화요인이 많으므로 상당한 주의가 요구된다(적운, 적란운, 층적운).

---

51) https://m.blog.naver.com/PostView.nhn?blogId=catblock&logNo=140196659752&categoryNo=44&proxyReferer=&proxyReferer=https%3A%2F%2Fwww.google.co.kr%2F

▮ 적 운

수직 형태 불안정 공기 존재

▮ 적란운

거대하게 부풂(흰색, 회색, 검은색풍)

▮ 층적운

회색이나 밝은 회색으로 폭풍의 전조

▮ 구름의 기본 유형과 약어

기본 운형	부 호	특 징
상층운 (5~13km)	Ci(권운)	작은 조각이나 흩어져 있는 띠 모양의 구름
	Cc(권적운)	흰색 또는 회색 반점이나 띠 모양을 한 구름
	Cs(권층운)	하늘을 완전히 덮어 태양 주변으로 후광을 만들어 내는 희끄무레한 구름
중층운 (2~7km)	Ac(고적운)	흰색이나 회색의 큰 덩어리로 이루어진 구름
	As(고층운)	하늘을 완전히 덮고 있으나 후광현상 없이 태양을 볼 수 있는 회색 구름
하층운 (2km 이하)	Ns(난층운)	태양을 완전히 가릴 정도로 짙고 어두운 층으로 된 구름으로 지속적인 강수의 원인
	Sc(층적운)	연속적인 두루마리처럼 둥글둥글한 층으로 늘어선 회색과 흰색의 구름
	St(층운)	안개와 비슷하게 연속적인 막을 만드는 회색 구름
적운계(수직으로 발달한 구름 0.5~8km)	Cu(적운)	갠 날씨의 윤곽이 매우 뚜렷한 구름(500m~13km)
	Cb(적란운)	세찬 강수를 일으킬 수 있는 매우 웅장한 구름(5~20km에 걸침)

④ 구름과 날씨[52)]

㉠ 양떼구름(고적운) : 비가 올 징조로, 저기압 전방 불연속면에 주로 나타나는 구름이다. 저기압이 접근하여 비가 올 것을 예측할 수 있다.

㉡ 새털구름(권운) : 비가 올 징조로, 저기압 전면에 나타나는 구름이다. 저기압 중심에서 멀리 떨어진 전방에 나타나므로, 대부분 저기압의 진로에 따라 비가 오지 않거나 오더라도 하루 정도의 여유가 있다.

㉢ 뭉게구름(적운) : 대체로 맑은 날씨를 보이며, 고기압권 등에서 날씨가 좋을 때 일사에 의한 대류작용으로 생기는 구름이다. 일몰과 더불어 사라지며 다음 날도 맑은 날씨일 것으로 예측할 수 있다.

⑤ 구름의 분류

구름은 크게 모양과 높이에 따라 분류한다. 모양에 따라 분류하면 상승기류가 강할 때 수직으로 발달하는 적운형 구름과 상승기류가 약할 때 수평으로 발달하는 층운형 구름으로 나눈다. 그리고 높이에 따라 분류하면 상층에서는 권운, 권층운, 권적운이 발달하고, 중층에서는 고층운, 고적운이, 그리고 하층에서는 층적운, 난층운, 층운이 발달한다. 상층과 하층에 걸쳐서 수직으로 발달하는 구름도 있는데, 이러한 구름이 적운, 적란운이다. 다음은 고도별로 생성되는 구름을 나타낸 것이다.

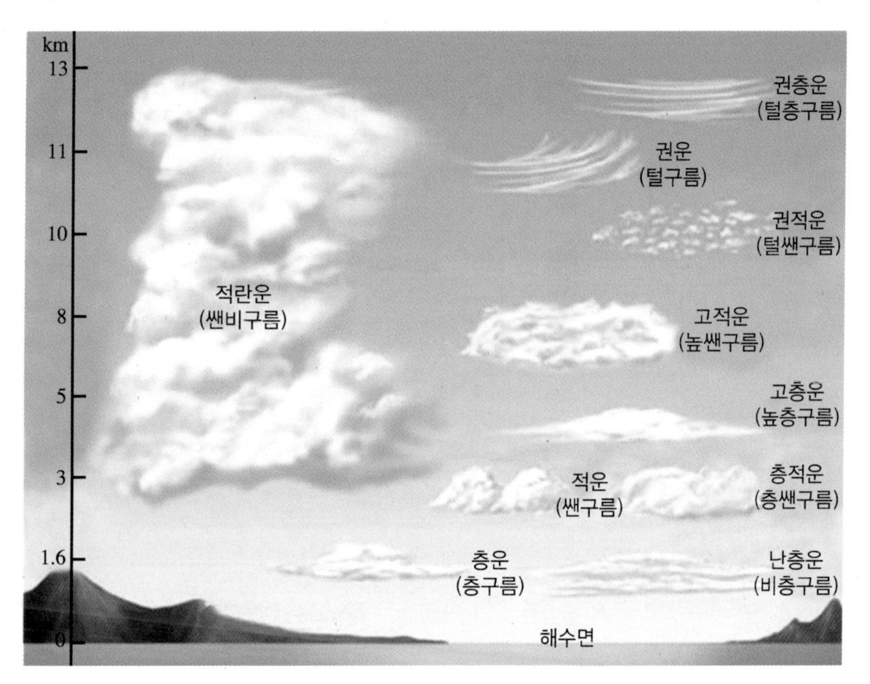

52) https://terms.naver.com/entry.nhn?docId=1065977&cid=40942&categoryId=32299

⑥ 운고와 운량

㉠ 운고 : 지표면에서부터 구름까지의 높이, 즉 관측자를 기준으로 구름 밑면까지의 높이이다. 구름이 50ft 이하에서 발생했을 때는 안개(Fog)로 분류한다. 이때의 기준은 관측자의 현재 위치를 기준으로 한다.

※ 안개는 대기 중 수증기가 응결해서 지표 가까이에 작은 물방울이 떠 있는 것으로 가시거리를 1km 미만으로 감소시킴

㉡ 운량 : 관측자를 기준으로 하늘을 8등분 또는 10등분하여 판단한다. 클리어(Clear)는 운량이 1/8(1/10) 이하, 스캐터드(Scattered)는 운량이 1/8(1/10)~5/8(5/10)일 때이고, 브로큰(Broken)은 운량이 5/8(5/10)~7/8(9/10)일 때이고, 오버캐스트(Overcast)는 운량이 8/8(10/10)일 때이다.

숫자 부호	기 호	운 량	숫자 부호	기 호	운 량
0	○	구름 없음	7, 8		70~80%
1		10% 이하	9		90%
2, 3		20~30%	10	●	100%
4		40%		⊗	관측 불가
5		50%	/		결 측
6		60%			

▮ 스카이 커버(Sky Cover),

Sky Cover(oktas***)	Symbol	Name	Abbr.	Sky Cover(tenths)
0		Sky Clear	SKC	0
1		Few* Clouds	FEW*	1
2				2~3
3		Scattered	SCT	4
4				5
5		Broken	BKN	6
6				7~8
7				9
8		Overcast	OVC	10
Unknown		Sky Obscured	**	Unknown

* "Few" is used for (0 oktas) < coverage ≤ (2 oktas).

** See text body for a list of abbreviations of various obscuring phenomena.

*** oktas = eighths of sky coverd

㉢ 구름 또는 수직시정 53)

- 전문 형식
  - $N_SN_SN_Sh_sh_sh_s$
  - 또는
  - $VVh_sh_sh_s$
  - 또는
  - SKC
- 작성 예 : SPECI RKSS 211025Z 31015G27KT 280V350 3000 1400N R24/P2000 +SHRA FEW005 FEW010CB SCT018 BKN025
- 공항 또는 그 주변의 구름 상태는 활주로 가시거리와 함께 항공기 이착륙의 최저 기상조건을 결정하는 중요한 기상요소이다.
- 공항의 항공보안등급시설에 따라 구름 높이에 관한 최저 기상조건이 규정된다.
- 구름군은 운량·운고(운저고도 또는 수직시정) 및 운형으로 구성되며, 보통 6자리로 보고된다.
- 운 량
  - 전체 하늘에 대해 구름에 의해 가려진 부분을 oktas로 표현한다.
  - 운저고도가 비슷한 운층의 구름이 산재하고 있을 때는 동일 고도로 간주하여 운층을 모두 합해 운량을 결정한다.
  - 적란운과 다른 운형의 구름이 동일 고도에 있을 때 운형은 CB, 운량은 동일 고도에 있는 모든 운량의 합으로 보고한다.
  - 적란운과 탑상적운이 동일 고도에 있을 때 운형은 CB, 운량은 동일 고도에 있는 모든 운량의 합으로 보고한다.
  - 운량의 표시방법은 다음과 같다.

1/8 ~ 2/8 oktas	FEW(Few)
3/8 ~ 4/8 oktas	SCT(Scattered)
5/8 ~ 7/8 oktas	BKN(Broken)
8/8 oktas	OVC(Overcast)

- 운고(운저고도, 또는 수직시정)
  - 운층의 저면 높이
  - 목측, 운고계(Ceilometer), 조종사 관측 보고, 파이벌(Pibal) 등으로 관측
  - 적용 척도
- 10,000ft(3,000m)까지 : 100ft(30m) 단위
- 10,000ft(3,000m) 이상 : 1,000ft(300m) 단위로 관측

53) https://gomdoripoob.tistory.com/6

• 관측 전문 : 100ft 단위로 보고
  – 산악지대에서 구름이 관측지점의 고도보다 낮을 경우 구름은 $N_SN_SN_S$///로 표현한다(예 SCT///, FEW///CB).
  – 강수 또는 시정장애현상으로 하늘이 차폐되어 있을 경우, 수직시정을 관측하여 100ft 단위로 보고하고(예 VV002(수직시정 200ft)) 수직시정 관측이 불가능할 때는 VV///로 보고한다.
    ※ 수직시정 : 완전 차폐물질을 통해서 수직으로 볼 수 있는 가시거리
  – 운저고도는 절삭한다(예 운저고도 1,850ft, 운량 3/8인 층적운은 SCT018로 부호화).
• 운 형
  – 중요한 대류운 이외의 구름 형태는 식별하지 않는다.
  – 중요한 대류운 : CB(적란운), TCU(연직으로 크게 확장된 배추 모양의 적운)
    ※ 탑상적운(Towering Cumulus)의 약어인 TCU는 이러한 구름 형태를 묘사하기 위하여 사용되는 ICAO 약어이다.
      예 BKN020CB, FEW030TCU
• 보고되는 구름군
  – 구름군은 운량 또는 운층별로 보고하기 위하여 반복될 수 있으나 구름군의 수는 보통 3개군(층)을 초과하지 않는다.
  – 보고될 구름군을 선택할 때는 다음 기준에 의한다(1.3.5 법칙).
• 운량에 관계없이 최하층
• 3/8 이상되는 그 다음 층
• 5/8 이상되는 그 다음 상층
  – 부가하여 상기 3개군(층)에 기보고되지 않는 중요 대류운(CB 또는 TCU)은 반드시 보고되어야 하며, 이때는 3개 층의 제한을 받지 않는다.
    예 운량 1/8, 운고 500ft 층운
    운량 2/8, 운고 1000ft 적란운
    운량 3/8, 운고 1800ft 적운
    운량 5/8, 운고 2500ft 층적운은 FEW005 FEW010CB SCT018 BKN025로 보고
  – 구름군은 고도의 오름차순으로 보고
• CAVOK : Ceiling And Visibility OK
  – 시정 10km 이상
  – 5,000ft(1,500m) 또는 가장 높은 최저 구역고도(Highest Minimun Sector

Altitude)보다 더 높은 고도 이하에 적란운이나 구름이 없을 때
- 주요 기상현상이 없을 때

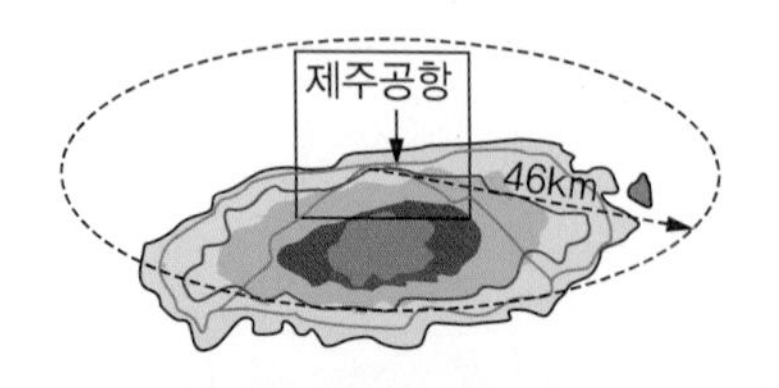

※ 구름이 없고 약어 CAVOK의 사용이 부적절할 때는 약어 SKC(SKy Clear)를 사용한다.

※ 5,000ft(1500m) 또는 가장 높은 최저 구역고도보다 더 높은 고도 이하에 적란운이나 구름이 없고, 수직시정 제한이 없으며, CAVOK 또는 SKC의 사용이 부적절할 때는 NSC(Nil Significant Cloud)를 사용한다.

※ 최저 구역고도 : 무선항공보안시설을 중심으로 한 반경 46㎞의 원내에 위치한 모든 물체로부터 긴급상황에 대비하여 최소한 1,000ft의 여유를 두고 설정한 비행안전 최저 고도(ICAO PANS-OPS)이다.

ⓔ 공항 운영등급(Category Ⅰ, Ⅱ, Ⅲ Operation)

- 안개 · 비 · 눈 등의 시계가 불량한 경우에도 비행장 시설, 비행기 탑재장비 및 승무원의 능력에 따라 안전하게 착륙할 수 있도록 단계적으로 설정된 최저 기상조건, 정밀계기 진입 및 착륙방식이다.
- ICAO에서 시계가 완전히 0m인 경우에도 자동 착륙할 수 있도록 하는 것을 목표로, 1964년에 각 단계별로 국제적인 기준을 설정하였다.
- Category 등급 운항 결정
  - 비행장 시설에 있어 계기착륙장치(ILS ; Instrument Landing System)의 정밀도와 시설 수준, 각종 항공등화시설, 전천후 활주로 표지 등이 일정기준을 만족해야 한다.
  - 비행기 장비에 있어서 ILS 수신장치와 전파고도계를 비롯한 제반장비를 장착해야 한다.
  - 운항 승무원 : 비행 경험, 지상훈련, 자격취득 심사 통과 등 일정 자격요건을 만족해야 한다.

구 분	CAT I	CAT II	CAT III		
			a	b	c
시정/활주로 가시거리(RVR)	800m/RVR 550m 이상	RVR 350m 이상	RVR 200m 이상	RVR 200~50m	RVR 0m
착륙결심고도 (DH)	60m 이상	30~60m 미만	0~30m 미만	0~15m 미만	0m

- RVR : Runway Visual Range
- DH : Decision Height
- 근거 : Manual of All-weather Operations, Doc 9365-AN910

(2) 강 수

① 강수(降水, Precipitation)의 정의

㉠ 강수는 가랑비, 비, 눈, 얼음 조각, 우박(Hail) 및 빙정(Ice Crystal) 등을 모두 포함하는 용어이다.

㉡ 이 입자들은 공기의 상승작용에 의해서 크기와 무게가 증가하고, 수증기가 응결하여 비나 눈처럼 수적 또는 빙정이 되어 더 이상 대기 중에 떠 있을 수 없을 때 지면으로 떨어진다.

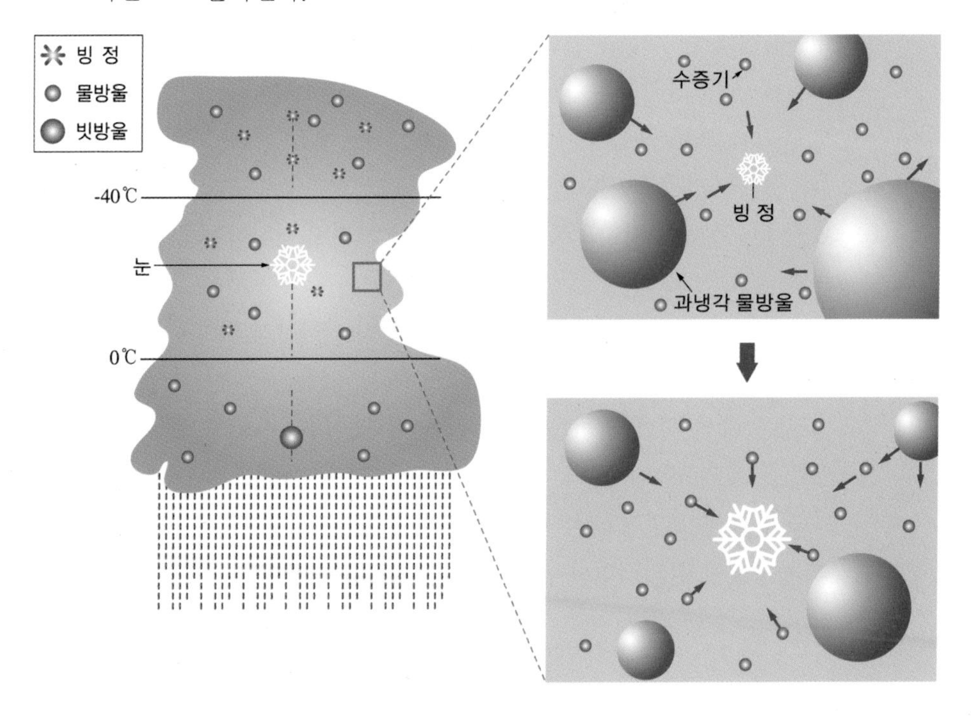

② 강수의 형성조건

㉠ 습윤공기는 이슬점(Dew Point) 이하로 냉각되어야 한다.

㉡ 응결핵(Condensation Nuclei)이 존재하여야 한다.

㉢ 충분한 수분의 집적이 가능한 조건이어야 한다.

㉣ 응결된 물방울 입자가 성장 가능한 조건이어야 한다.

㉤ 버거론 과정 또는 빙정과정(Ice Crystal Process)

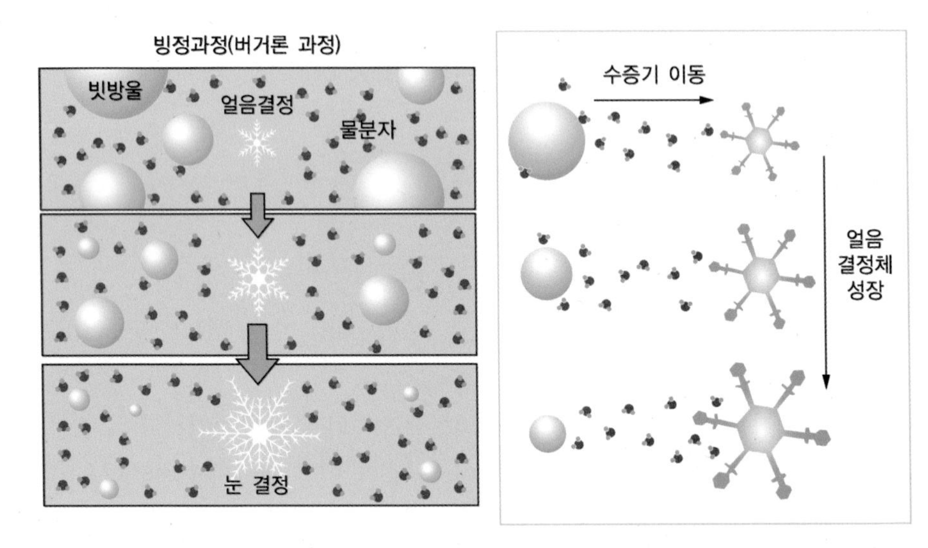

㉥ 충돌-응집과정

- 물방울 체적 증가
  - 응결핵 또는 흡습성 입자에 의해 물방울 체적 증가
- 물방울 낙하, 충돌 및 응집
  - 물방울이 연직 방향으로 낙하함에 따라 느리게 낙하하는 작은 물방울들과 충돌하여 결합
  - 이러한 과정에서 크기가 점점 커져 더 빨리 낙하하게 되며 충돌 기회와 성장률이 증가함
  - 많은 충돌 후에 물방울들은 지표면에 떨어질 수 있도록 커짐
- 물방울 분리, 응집 및 낙하
  - 물방울의 표면장력 < 공기에 의한 항력(Drag Force)

  ※ 물방울이 분리되면서 새로운 물방울로 구름방울을 흡수하며 낙하하게 됨

▮ 충돌 – 응집과정

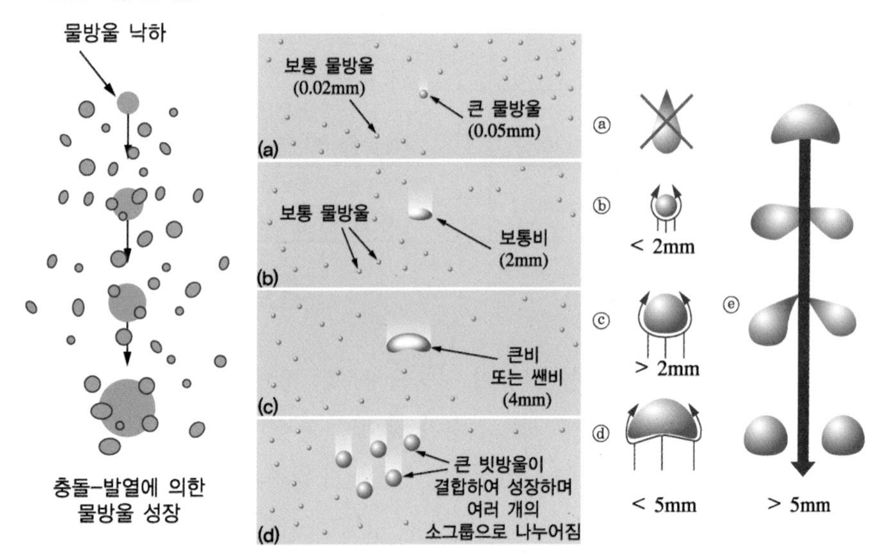

③ 강수의 종류 : 액체 강수, 어는 강수, 언 강수

㉠ 비(Rain) : 지름 0.5mm 이상의 물방울

㉡ 눈(Snow) : 대기 중 수증기가 승화하여 직접 얼음이 된다.

㉢ 설편(Snow Flake) : 여러 개의 얼음결정

㉣ 우박(Hail) : 5~125mm의 얼음덩어리 상태의 강수

㉤ 부슬비(Drizzle) : 0.1~0.5mm의 물방울, 강수강도 1mm/h 이하

㉥ 우빙(Glaze) : 비나 부슬비가 지표에서 바로 얼어붙음

㉦ 진눈깨비(Sleet) : 빗방울이 강하 중 영하의 기온으로 얼어붙음

㉧ 크기와 상태로 본 강수의 종류[54)]

종 류	크 기	상 태	설 명
안개 (Mist)	0.005~0.05mm	액 체	공기가 1m/sec로 이동할 때 얼굴로 느낄 수 있을 정도로 큰 물방울. 층운과 관련 있음
이슬비 (Drizzle)	0.5mm 이하	액 체	층운으로부터 떨어지는 작고 균일한 물방울. 일반적으로 수 시간 동안 지속됨
강우 (Rain)	0.5~5mm	액 체	일반적으로 난층운 및 적란운에 의해 발생함. 강하게 내릴 경우 지역마다 높은 다양성을 보임
진눈깨비 (Sleet)	0.5~5mm	고 체	강우가 낙하하며 얼 때 형성되는 작고, 둥근 얼음입자. 크기가 작기 때문에 피해는 일반적으로 작음
우빙 (Glaze)	1mm~2cm 두께	고 체	과냉각된 빗방울이 고체면과 접촉하여 얼 때 생김. 우빙은 두껍게 누적되어 무게로 인해 나무나 전선에 피해를 줌
서리 (Rime)	쌓이는 정도에 따라 변함	고 체	바람이 부는 방향으로 쌓인 얼음깃털로, 서리 같은 형태로 과냉각된 구름이나 차가운 물체에 안개 접촉 시 발생함

54) http://seven00.tistory.com/794

종 류	크 기	상 태	설 명
눈 (Snow)	1mm~2cm	고 체	눈의 결정체로 6면 결정, 판, 비늘 형태 등 여러 가지 형태로 구성, 과냉각된 구름에서 형성됨
우박 (Hail)	5mm~10cm 또는 그 이상	고 체	단단하고 둥근 돌 모양 또는 불규칙적으로 생긴 얼음 형태, 대류형 적란운에서 발생함
싸락눈 (Graupel)	2~5mm	고 체	부드러운 우박이라고도 하는데 우박과는 달리 일반적으로 충돌하면 납작하게 됨

④ 강수량과 강우량

㉠ 강수량

- 비나 눈, 우박 등과 같이 구름으로부터 땅에 떨어져 내린 강수의 양이다.
- 어느 기간 동안에 내린 강수가 땅 위를 흘러가거나 스며들지 않고, 지표의 수평 투영면에 낙하하여 증발되거나 유출되지 않은 상태로 그 자리에 고인 물의 깊이를 측정한다.
- 눈, 싸락눈 등 강수가 얼음인 경우에는 이것을 녹인 물의 깊이를 측정한다.
- 비의 경우에는 우량 또는 강우량이라고도 하며, 단위는 mm로 표시한다.

㉡ 강우량 : 순수하게 비만 내린 것을 측정한 값이다.

⑤ 강수강도

㉠ 단위시간당 내리는 강수량이다.

㉡ 일반적으로 단위는 1분간, 10분간, 1시간으로 하고 강수의 자기기록으로부터 구할 수 있다.

⑥ 강수의 발생 유형

㉠ 대류성 : 복사열에 의한 공기의 자연 상승으로 소나기 및 뇌우가 발생한다. 또한, 상승기류 지속 시 강수 확률이 증가한다.

- 맑은 여름날 대기 하부층의 공기가 가열되어 높이 상승할 때 내리는 강수
- 대류형 강수 발생의 과정
  - 대기 하부층의 공기는 주로 지표면의 복사열로 가열된다.
  - 가열 속도는 지점마다 다르며 주위 공기보다 빨리 가열되어 불안정해진 공기는 상승하기 시작한다.
  - 이슬점온도 이하로 냉각되어 응결이 시작하여 그 결과 적운이 발생한다. 공기의 대류가 활발한 경우 적란운으로 성장하여 강수가 발생한다.
  - 열대 습윤지역에서는 연중 내내, 중위도 지역에서는 주로 여름철에 내리며 국지적으로 내리는 것이 특색이다.

■ 대류성

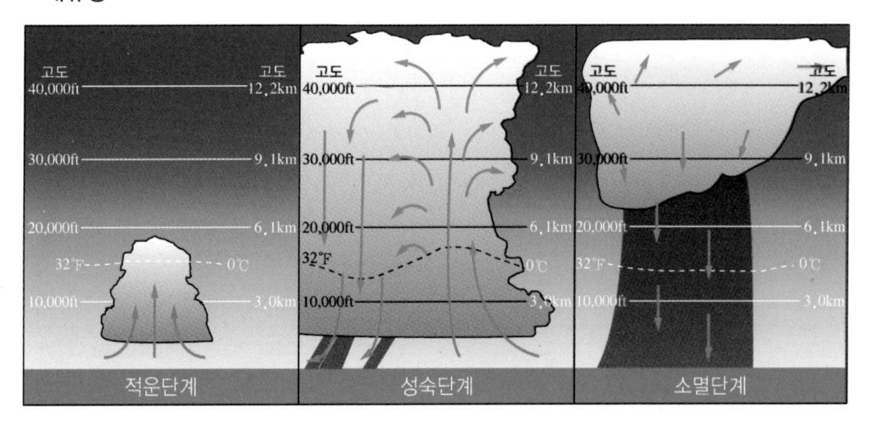

㉡ 저기압성 : 저기압 지역으로 몰려드는 기단이 상승하여 발생하는데 수렴성 강우라고도 하며, 전선성 또는 비전선성 모두 가능하다.

■ 저기압성

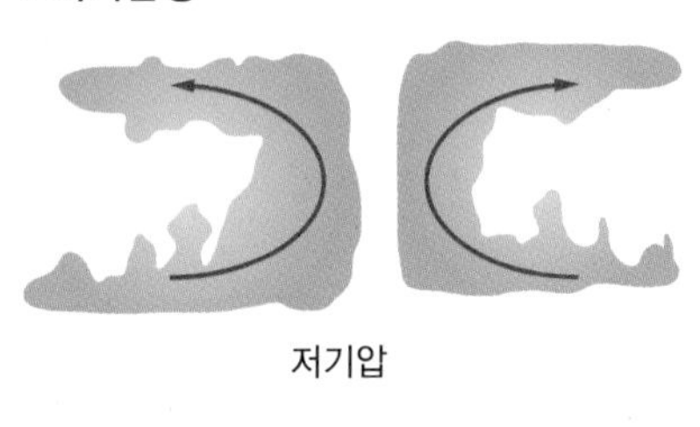

• 전선성 : 따뜻한 공기층과 차가운 공기층의 이질적인 공기층이 만날 때 전선이 발생하고, 따뜻한 공기가 찬 공기층을 타고 올라가며 강수가 발생한다. 온난전선(강우강도 낮음, 긴 기간), 한랭전선(강우강도 높음, 짧은 기간), 정체전선(장마전선, 장기간)이 있다.

■ 전선성

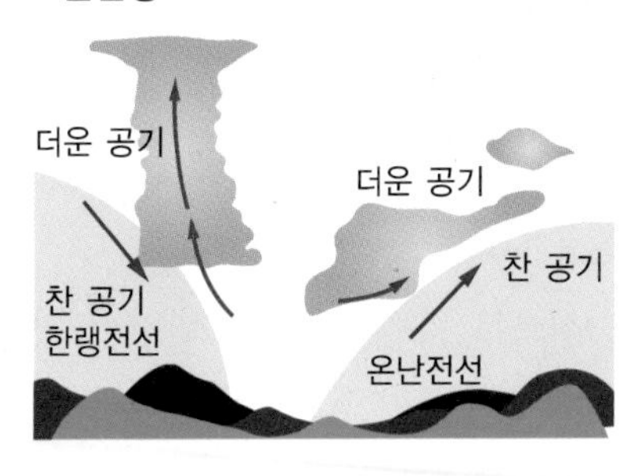

㉢ 지형성 또는 산악형 : 지형(높은 지역의 산사면)에 의해 습윤기단이 상승하여 발생한다.
- 습윤한 공기가 산지를 넘을 때 내리는 비나 눈
- 바다에서 불어오는 습윤한 공기가 산지로 상승할 때 이슬점온도에 빨리 도달하며, 그 이후에도 계속 상승하면 산사면에 비가 내린다.
- 바다에서 불어오는 고온 다습한 바람이 해안지방의 높은 산지로 불어 올라가는 경우 자주 발생한다.
- 집중호우와 뇌우를 동반할 때가 많다.
- 공기가 산을 넘어 아래로 내려감에 따라 단열 가열이 발생한다(산지 반대쪽은 건조한 지역 형성).

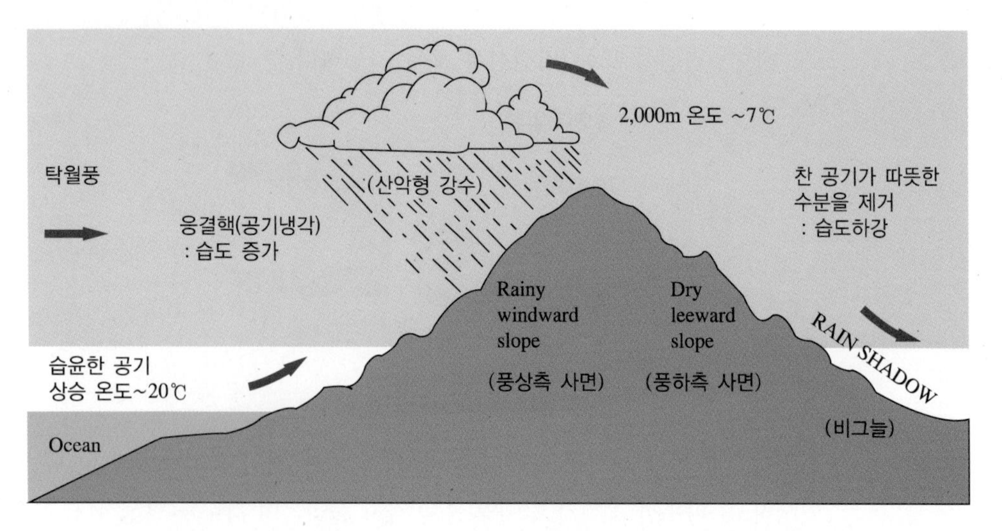

㉣ 열대성 저기압(Tropical Cyclone) : 해수 26℃ 이상, 17m/sec 이상에서 발생한다.
- 열대지역에서 수표면의 온도가 일반적으로 26℃보다 높을 때 발생하는 강한 회오리바람(33m/sec 이상)으로 많은 양의 비를 발생한다.
- 열대성 저기압의 종류
  - 허리케인(Hurricane) : 멕시코만 지역
  - 태풍(Typhoon) : 서태평양 지역
  - 사이클론(Cyclone) : 인도양 지역
- 눈(Eye)을 중심으로 북반구에서는 반시계 방향으로 회전한다.
- 지속적인 바람과 강우를 발생시키기 위해서 열대성 저기압은 따뜻한 물 위에 위치하여 에너지를 지속적으로 공급받는다.

▌태풍 루사(2002)

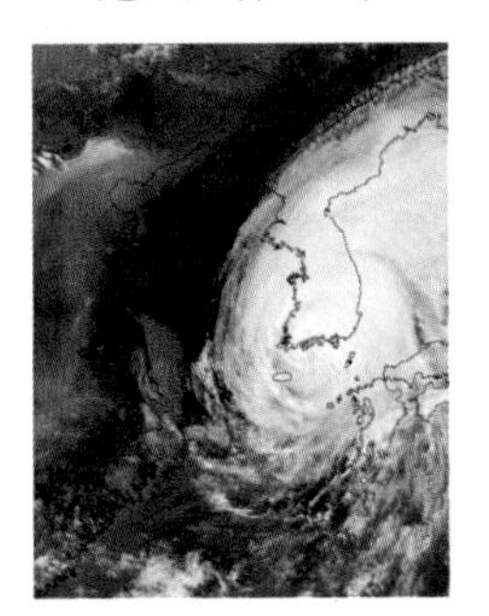

▌태풍 매미(2003)

▌허리케인 카트리나(2005)

ⓜ 선풍형 강수(Cyclonic Precipitation)

- 기압을 중심으로 성질이 서로 다른 대규모의 두 기단이 모여들어 상승함으로써 발생한다.
- 공기기단의 이동은 고기압에서 저기압으로 발생한다.
- 서로 다른 기압의 기단이 만나 전선이 형성되며, 차가운 공기 위로 따뜻한 공기가 상승하여 전선형 강수(Frontal Precipitation)가 발생한다.
- 한랭전선형 강수
  - 찬 공기가 따뜻한 공기 아래로 밀고 들어올 때 형성된다.
  - 좁은 지역에 강한 비를 발생시킨다(예 토네이도).
- 온난전선형 강수
  - 찬 공기 위로 따뜻한 공기가 밀고 올 때 형성된다.
  - 넓은 지역에 비를 내리고 한랭전선형보다는 강우강도가 낮다.
- 한랭전선은 온난전선보다 빨리 이동하기 때문에 따뜻한 공기가 상승하는 속도가 커서 강한 강도의 비를 내린다.

■ 선풍형 강수 – 한랭전선형 강수(토네이도)

⑦ 장마와 게릴라성 호우 비교

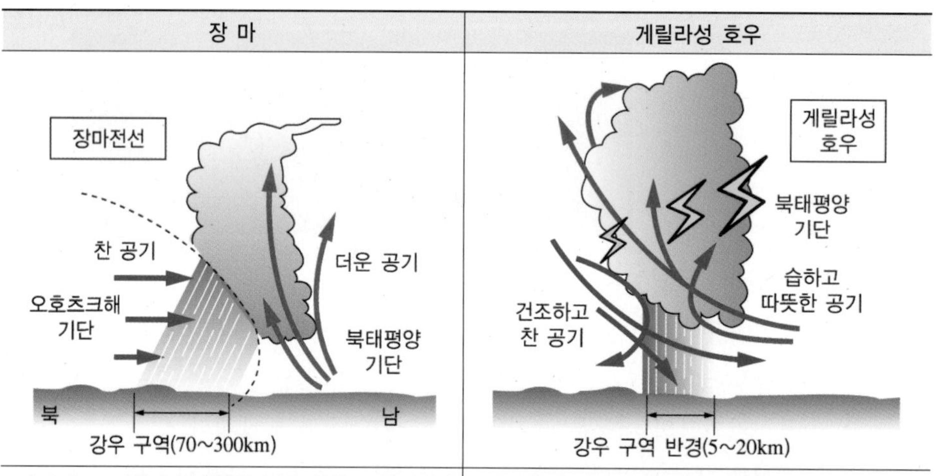

장 마	게릴라성 호우
• 오호츠크 기단과 북태평양 기단이 밀고 당기면서 정체되어 넓은 구역에 비를 뿌린다. • 한랭전선(찬 공기 성격이 강할 때), 온난전선(더운 공기 세력이 강할 때) 형태가 번갈아 가며 나타난다.	• 차가운 공기가 소규모로 접근해 북태평양 기단과 충돌하여 국지성 호우가 발생한다. • 8~10km의 소나기구름(적란운)을 만들고 좁은 지역에 많은 비를 뿌린다.

CHAPTER

5 적중예상문제

01 다음 중 입자구성이 다른 것은?

① 가랑비
② 설 편
③ 눈
④ 우 박

해설
강수는 액체 강수, 어는 강수, 언 강수로 구분되는데 가랑비는 액체 강수이고 그 외는 언 강수 형태이다.

02 다음 구름의 종류 가운데 태양을 완전히 가리며 짙고 어두운 구름은?

① Ci(권운)
② Cc(권적운)
③ Ns(난층운)
④ St(층운)

해설
난층운(Ns)은 태양을 완전히 가릴 정도로 짙고 어두운 층으로 된 구름이다. 지속적인 강수의 원인이 된다.

03 다음 중 하층운에 속하는 구름을 고르면?

① 층 운
② 고층운
③ 권적운
④ 권 운

해설
하층운은 지표면과 고도 6,500ft(2km) 사이에 형성되는 구름으로 대부분 과냉각된 물로 이루어져 있다. 하층운에는 난층운, 층운, 층적운이 있다.

정답 1 ① 2 ③ 3 ①

04 다음 중 불안정한 공기가 존재하며 수직으로 발달한 구름이 아닌 것은?

① 권적운
② 적 운
③ 적란운
④ 층적운

해설

수직으로 발달한 구름 : 대기의 불안정 때문에 수직으로 발달하고 많은 강우를 포함하고 있다. 이들 구름 주위에는 소나기성 강우, 요란기류 등 기상 변화요인이 많으므로 상당한 주의가 요구된다. 수직으로 발달한 구름의 높이는 통상 1,000ft에서 23,000ft까지 형성된다. 이 같은 구름의 형태는 솟구치는 적운, 층적운, 적란운 등이 있다.

05 다음 중 대류성 기류에 의해 형성되는 구름의 종류가 아닌 것은?

① 적 운
② 적란운
③ 권층운
④ 층적운

해설

대류성 구름은 대기 하층부의 온도가 상승하여 불안정도가 커지면서 발생하는 적운형의 구름을 말한다. 소나기성 강우를 동반하기도 한다. 대류성 구름은 형태에 따라 적운, 층적운, 적란운 등이 있으며, 권층운은 상층운(5~13.7km)에 형성되는 구름이다.

06 다음 중 국제적으로 통일된 하층운의 높이는 지표면으로부터 몇 ft인가?

① 3,500ft
② 4,000ft
③ 6,500ft
④ 7,000ft

해설

하층운은 지표면과 고도 6,500ft(2km) 사이에 형성되는 구름으로 대부분 과냉각된 물로 이루어져 있다. 하층운에는 난층운, 층운, 층적운이 있다.

07 다음 중 안정된 대기에서의 기상 특성이 아닌 것은?

① 적운형 구름
② 층운형 구름
③ 지속성 강우
④ 잔잔한 기류

4 ① 5 ③ 6 ③ 7 ① 정답

해설

적운은 수직으로 발달되어 있고 불안정 공기가 존재한다. 대기의 안정과 불안정성이란 기류의 상승 및 하강운동을 말하는 것으로 안정된 대기는 기류의 상승 및 하강 운동을 억제하게 되고 불안정한 대기는 기류의 수직 및 대류 현상을 초래한다. 공기의 안정층은 기온의 역전과 관계가 있으므로 지표면에서의 가열 등은 상층부의 대기를 불안정하게 만들고 반대로 지표면의 냉각이나 상층부 가열은 대기가 안정된다.

08 다음 중 강수현상이 아닌 것은 어느 것인가?

① 가랑비　　② 안 개
③ 눈　　④ 빙 정

해설

안개는 대기현상이지 강수현상이 아니다.

09 다음 중 주위보다 온도가 높고 습한 공기의 상승운동에 의해 형성된 강수 형태는?

① 대류성 강수
② 선풍형 강수
③ 전선성 강수
④ 지형성 강수

해설

대류성 강수는 대기 내에 있는 수증기를 많이 포함하는 습윤불안정층에 적운대류 현상이 일어나 강수현상이 나타나는 것을 말한다.

정답 8 ② 9 ①

10 **구름의 분류는 통상 높이에 따라 발달한 구름과 수직으로 발달한 구름으로 분류하는데 다음 중 높이에 따라 분류한 것은?**

① 상층운, 중층운, 하층운으로 발달한 구름
② 층운, 적운, 난운, 권운
③ 층운, 적란운, 권운
④ 작은 구름, 중간 구름, 큰 구름 그리고 수직으로 발달한 구름

해설
고도에 따라 상층운 → 중층운 → 하층운 → 적운계로 구분되며 형태에 따라 권운형, 층운형 등으로 구분한다.

11 **구름과 안개의 구분하는 기준 높이는?**

① AGL 50ft 이상에서 구름 생성, 50ft 이하에서 안개 생성
② AGL 70ft 이상에서 구름 생성, 70ft 이하에서 안개 생성
③ AGL 90ft 이상에서 구름 생성, 90ft 이하에서 안개 생성
④ AGL 120ft 이상에서 구름 생성, 120ft 이하에서 안개 생성

해설
구름과 안개를 구별하는 고도는 50ft이다.

12 **강수 발생률을 높이는 활동은?**

① 안정된 대기
② 고기압
③ 상승기류
④ 수평활동

해설
상승기류 지속 시 비가 내릴 확률이 증가한다.

10 ① 11 ① 12 ③ 정답

13 하늘의 구름 덮임 상태가 5/10~9/10인 경우를 무엇이라 하는가?

① Sky Clear(SKC/CLR)

② Scattered(SCT)

③ Broken(BKN)

④ Overcast(OVC)

해설

Clear(1/10), Scattered(1/10~5/10), Overcast(10/10)이다.

14 구름의 구성에 대한 설명으로 바르지 않은 것은?

① 구름은 어는점보다 높은 온도를 가진 물방울, 어는점보다 낮은 온도를 가진 물방울(과냉각 물방울), 빙정들로 구성된다.

② 과냉각 물방울은 어는점보다 높은 온도일 때 수증기에서 물방울로 응결된 후 구름 속의 더 차가운 구역으로 운반되는 경우에 만들어진다.

③ 빙정은 기온이 어는점보다 낮을 때 수증기의 승화과정을 통해 형성된다.

④ 대류권 상층에서 형성된 구름은 대기가 거의 어는점 아래에 있으므로, 대부분 물방울로 구성되어 있다.

해설

대류권 상층에서 형성된 구름은 대기가 거의 어는점 아래에 있으므로, 대부분 빙정으로 구성되어 있다.

15 구름의 형성 요건에 대한 설명으로 바르지 못한 것은?

① 대류 상승

② 지형적인 상승

③ 바람에 의한 상승

④ 전선에 의한 상승

해설

구름의 형성 요건에는 대류에 의한 상승과 지형적인 상승, 전선에 의한 상승, 공기 수렴에 의한 생성으로 구분할 수 있다.

정답 13 ③ 14 ④ 15 ③

16 구름의 생성과정에 대한 설명으로 바르지 못한 것은?

① 태양에 의해 지표면이 가열되면 공기가 상승하여 기압이 낮아져 부피가 커지고, 기온이 낮아진다.

② 단열팽창으로 기온이 이슬점 아래까지 낮아지면 공기 중의 수증기가 응결되어 물방울이 생성된다.

③ 물방울이 모인 것이 구름이며, 수증기가 포화되어 응결되는 고도를 응결고도라고 한다.

④ 구름의 형태는 형성되는 곳의 기상환경에 따라 다르지만 대체로 구름입자의 상태와 수평 발달 정도에 따라 분류한다.

해설

구름의 형태는 형성되는 곳의 기상환경에 따라 다르지만 대체로 구름입자의 상태와 수직 발달 정도에 따라 분류한다.

17 자연 상태에서 구름이 생성되는 조건으로 틀린 것은?

① 고기압 중심으로 공기가 침하 시

② 산 방향으로 바람이 불면서 산을 따라 공기 상승 시

③ 태양열에 의하여 뜨거워진 지표면 부근의 공기 상승 시

④ 찬 공기(한랭전선)가 더운 공기(온난전선) 밑을 쐐기처럼 파고들면서 더운 공기를 상승시킬 경우

해설

자연상태에서 구름이 생성되려면 저기압 중심으로 공기가 수렴되면서 상승작용이 있어야 하며, 고기압 지역에서는 공기가 침하하기 때문에 구름이 생성되지 않는다.

18 구름의 종류 중 형태에 따른 분류로 바른 것은?

① 상층운, 중층운, 하층운으로 구분한다.

② 권운형, 층운형으로 구분한다.

③ 권운, 권층운, 권적운으로 구분한다.

④ 고층운, 고적운으로 구분한다.

16 ④ 17 ① 18 ② 정답

해설

구름은 형태에 따라 권운형, 층운형 등으로 분류하고 높이에 따라 상층운, 중층운, 하층운, 적운계로 분류한다.

19 수직으로 발달한 구름의 종류로 바르지 못한 것은?

① 적 운 ② 적란운

③ 층 운 ④ 난층운

해설

수직으로 발달한 구름은 대기의 불안정 때문에 수직으로 발달하고 많은 강우를 포함하고 있다. 이 구름 주위에는 소나기성 강우, 요란기류 등 기상 변화요인이 많으므로 상당한 주의가 요구되며, 대표적으로 적운, 적란운, 난층운이 이에 해당한다.

20 다음 중 세찬 강수를 일으킬 수 있는 매우 웅장한 구름을 고르시오.

① 적란운(Cb)

② 적운(Cu)

③ 층운(St)

④ 층적운(Sc)

해설

적운계 구름 중 적란운(Cb)은 세찬 강수를 일으킬 수 있는 매우 웅장한 구름(5~20km에 걸침)이다.

21 하늘을 덮고 후광현상 없이 태양을 볼 수 있는 구름은?

① Ac(고적운)

② As(고층운)

③ Ns(난층운)

④ Cs(권층운)

해설

중층운 중 하늘을 완전히 덮고 있으나 후광현상 없이 태양을 볼 수 있는 회색 구름은 고층운(As)이다.

정답 19 ③ 20 ① 21 ②

22 비가 올 징조로, 저기압 전방 불연속면에 주로 나타나는 구름은?

① Ac(고적운/양떼구름)
② Ci(권운/새털구름)
③ Cu(적운/뭉게구름)
④ Cs(권층운/털층구름)

해설
양떼구름(고적운)은 비가 올 징조로, 저기압 전방 불연속면에 주로 나타나는 구름이다. 저기압이 접근하여 비가 올 것을 예측할 수 있다.

23 다음 중 비가 올 징조로, 저기압 전면에 나타나는 구름을 고르시오.

① Ac(고적운/양떼구름)
② Ci(권운/새털구름)
③ Cu(적운/뭉게구름)
④ Cs(권층운/털층구름)

해설
새털구름(권운)은 비가 올 징조로, 저기압 전면에 나타나는 구름이다. 저기압 중심에서 멀리 떨어진 전방에 나타나므로, 대부분 저기압의 진로에 따라 비가 오지 않거나 오더라도 하루 정도의 여유가 있다.

24 고기압권 등에서 날씨가 좋을 때 일사에 의한 대류작용으로 생기는 구름은?

① Ac(고적운/양떼구름)
② Ci(권운/새털구름)
③ Cu(적운/뭉게구름)
④ Cs(권층운/털층구름)

해설
뭉게구름(적운)은 대체로 맑은 날씨를 보이며, 고기압권 등에서 날씨가 좋을 때 일사에 의한 대류작용으로 생기는 구름이다. 일몰과 더불어 사라지며 다음 날도 맑은 날씨일 것으로 예측할 수 있다.

22 ① 23 ② 24 ③ 정답

25 하늘에 구름 덮임 상태가 8/8(10/10)인 경우를 무엇이라고 하는가?

① 클리어(Clear)

② 스캐터드(Scattered)

③ 브로큰(Broken)

④ 오버캐스트(Overcast)

해설

클리어(Clear)는 운량이 1/8(1/10) 이하, 스캐터드(Scattered)는 운량이 1/8(1/10)~5/8(5/10)일 때이고, 브로큰(Broken)은 운량이 5/8(5/10)~7/8(9/10)일 때이고, 오버캐스트(Overcast)는 운량이 8/8(10/10)일 때이다.

26 운량이 1/10~5/10인 경우를 무엇이라고 하는가?

① 클리어(Clear)

② 스캐터드(Scattered)

③ 브로큰(Broken)

④ 오버캐스트(Overcast)

해설

클리어(Clear)는 운량이 1/8(1/10) 이하, 스캐터드(Scattered)는 운량이 1/8(1/10)~5/8(5/10)일때이고, 브로큰(Broken)은 운량이 5/8(5/10)~7/8(9/10)일 때이고, 오버캐스트(Overcast)는 운량이 8/8(10/10)일 때이다.

27 운고(운저고도 또는 수직시정)의 관측방법으로 바르지 않은 것은?

① 목 측

② 운고계(Ceilometer)

③ 부조종사 관측 보고

④ 파이벌(Pibal)

해설

운고의 관측방법은 목측, 운고계(Ceilometer), 조종사 관측 보고, 파이벌(Pibal) 등이 있다.

정답 25 ④ 26 ② 27 ③

28 강수의 형성조건으로 바르지 못한 것은?

① 습윤공기는 이슬점(Dew Point) 이하로 냉각되어야 한다.
② 응결핵(Condensation Nuclei)이 존재하여야 한다.
③ 충분한 수분의 집적이 가능한 조건이어야 한다.
④ 응결된 물방울 입자만 존재하면 된다.

해설
강수가 형성되려면 응결된 물방울 입자가 성장 가능한 조건이어야 한다.

29 강수의 종류에 해당되지 않는 것은?

① 된 강수 ② 액체 강수
③ 어는 강수 ④ 언 강수

해설
강수의 종류는 액체 강수, 어는 강수, 언 강수로 구분한다.

30 비나 부슬비가 지표에서 바로 얼어붙은 강수는?

① 부슬비 ② 우 빙
③ 진눈깨비 ④ 설 편

해설
강수의 종류 중에 우빙(Glaze)은 비나 부슬비가 지표에서 바로 얼어붙은 것으로 과냉각된 빗방울이 고체면과 접촉하여 얼 때 생긴다.

31 액체 상태로 크기가 0.5mm 이하인 강수는?

① 안 개 ② 강 우
③ 이슬비 ④ 우 빙

해설
이슬비(크기 : 0.5mm 이하, 액체 상태)는 층운으로부터 떨어지는 작고 균일한 물방울로, 일반적으로 수 시간 동안 지속된다.

28 ④ 29 ① 30 ② 31 ③ 정답

32 고체 상태로 크기가 쌓이는 정도에 따라 변하는 강수는?

① 우 박　　② 눈
③ 싸락눈　　④ 서 리

해설
서리는 바람이 부는 방향으로 쌓인 얼음깃털로 과냉각된 구름이나 차가운 물체에 안개 접촉 시 발생하며, 드론 운용 시에 치명적이다.

33 순수하게 비만 내린 것을 측정한 값은?

① 강우량　　② 강수량
③ 강설량　　④ 적설량

해설
강우량은 순수하게 비만 내린 것을 측정한 값이고, 강수량은 어느 기간 동안에 내린 강수가 땅 위를 흘러가거나 스며들지 않고, 지표의 수평투영면에 낙하하여 증발되거나 유출되지 않은 상태로 그 자리에 고인 물의 깊이를 측정한다.

34 강수강도에 대한 설명으로 바르지 못한 것은?

① 단위시간당 내리는 강수량이다.
② 일반적으로 단위는 2시간으로 한다.
③ 일반적으로 단위는 1분간으로 한다.
④ 일반적으로 단위는 10분간으로 한다.

해설
강수강도는 단위시간당 내리는 강수량으로 일반적으로 단위는 1분간, 10분간, 1시간으로 하고 강수의 자기기록으로부터 구할 수 있다.

35 강수의 발생 유형에 해당되지 않는 것은?

① 대류성　　② 저기압성
③ 고기압성　　④ 지형성 또는 산악형

해설
강수의 발생 유형은 대류성, 저기압성, 지형성 또는 산악형, 열대성 저기압, 선풍형 강수로 구분한다.

정답 32 ④ 33 ① 34 ② 35 ③

36 열대성 저기압에 대한 설명으로 바르지 못한 것은?

① 허리케인(Hurricane) : 멕시코만 지역
② 태풍(Typhoon) : 서태평양 지역
③ 사이클론(Cyclone) : 인도양 지역
④ 사이클론(Cyclone) : 호주 지역

해설
사이클론(Cyclone)은 인도양 지역이며, 호주지역은 윌리윌리이다.

37 선풍형 강수에 대한 설명으로 바르지 못한 것은?

① 기압을 중심으로 성질이 서로 다른 대규모의 두 기단이 모여들어 상승함으로써 발생한다.
② 공기기단의 이동은 저기압에서 고기압으로 발생한다.
③ 서로 다른 기압의 기단이 만나 전선이 형성된다.
④ 차가운 공기 위로 따뜻한 공기가 상승하여 전선형 강수(Frontal Precipitation)가 발생한다.

해설
공기기단의 이동은 고기압에서 저기압으로 발생한다.

38 장마에 대한 설명으로 틀린 것은?

① 차가운 공기가 소규모로 접근해 북태평양 기단과 충돌하여 국지성 호우가 발생한다.
② 오호츠크 기단과 북태평양 기단이 밀고 당기면서 정체되어 넓은 구역에 비를 뿌린다.
③ 한랭전선(찬 공기 성격이 강할 때), 온난전선(더운 공기 세력이 강할 때) 형태가 번갈아 가며 나타난다.
④ 강우구역은 70~300km이다.

해설
게릴라성 호우는 차가운 공기가 소규모로 접근해 북태평양 기단과 충돌하여 국지성 호우가 발생하며, 강우구역은 5~20km이다.

36 ④ 37 ② 38 ① **정답**

PART 2

항공기상

FLIGHT

항공 기상

항공분야 전문가를 위한

CHAPTER

6 시정과 시정장애현상

1 시정(Visibility, 視程)

(1) 시 정

① 시정의 정의와 단위

㉠ 대기의 혼탁 정도를 나타내는 기상요소로서 지표면에서 정상적인 시각을 가진 사람이 목표를 식별할 수 있는 최대 거리이다.

㉡ 야간에도 주간과 같은 밝은 상태를 가정하고 관측한다.

㉢ 일반적으로 km로 표시하며, 작은 값은 m로 표시하거나 시정계급을 사용할 때도 있다.

㉣ 시정은 대기 중에 안개・먼지 등 부유물질의 혼탁도에 따라 좌우되며, 시정장애의 큰 요인은 안개・황사・강수・하층운 등으로 육상에서는 항공기의 이착륙에 결정적인 영향을 준다.

㉤ 시정 표시[55)]

- 전문 형식 : $VVVVD_v$ $V_xV_xV_xV_xD_v$

  작성 예 : SPECI RKSS 211025Z 31015G27KT 280V350 3000 1400N

- 관측방법에 따라 수평시정, 수직시정, 활주로 시정으로 구분한다.
  - 수평시정(Horizontal Visibility) : 관측지점에서 특정 목표물을 확인할 수 있는 수평거리(시정목표도 참조하여 관측)
  - 수직시정(Vertical Visibility) : 관측지점에서 수직 방향으로 특정 목표물을 확인할 수 있는 거리
  - 활주로 시정(RWV ; Runway Visibility) : 활주로에서 활주로 방향으로 볼 때 특정 목표물을 확인할 수 있는 수평거리로 투과율계로 관측

55) https://gomdoripoob.tistory.com/6

• 보고방법에 따라 최단 시정, 우시정
  – 최단 시정(Shortest Visibility) : 방위별로 수평시정이 동일하지 않을 때 각 방위별 시정 중 최단 거리
  – 우시정(Prevailing Visibility) : 방위별로 수평시정을 관측하며 수평원의 180° 이상 차지하는 최대 시정

• 수평시정
  – 우세 시정을 보정
  – 적용척도

• VIS < 800m : 50m
• 800 ≦ VIS < 5,000 : 100m
• 5,000 ≤VIS < 10km : 1km
• VIS ≥ 10km : 9,999
  – 시정이 방향에 따라 현저한 차이가 없을 때 우세시정을 4개의 숫자를 사용하여 미터 단위로 보함(예 4,000(4,000m) ---- VVVV)
  – 최단 시정이 1,500m 미만이거나 또는 우세시정의 50% 미만일 때는 우세시정과 최단 시정을 모두 보고하며 최단 시정의 방향을 나타내는 8방위의 방향 표시를 하는데 보고방법과 표기는 다음과 같다(예 4000 1200NE(우세시정 4,000m 북동 방향 최단 시정 1,200m ----VVVV VVVVD$_x$).

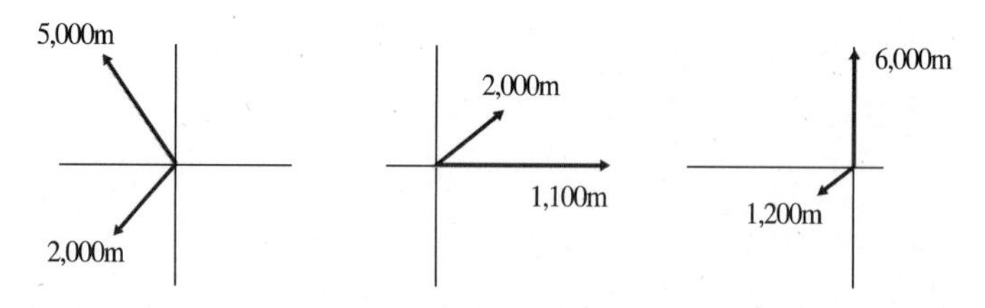

② 시정의 종류

㉠ 우시정 : 수평원의 반원 이상을 차지하는 시정으로, 시정이 방향에 따라 다른 경우에는 각 시정에 해당하는 범위의 각도를 시정값이 큰 쪽부터 순차적으로 합해 180° 이상이 되는 경우의 시정값을 우시정으로 한다.

• 활주로 시정 : 시정 측정장비와 기상관측자에 의한 활주로 수평시정이다.
• 활주로 가시거리 : 항공기가 접지하는 지점의 조종사 평균 높이(지상에서 약 5m)에서 활주로의 이착륙 방향을 봤을 때 활주로, 활주로 등화, 표식 등을 확인할 수 있는 최대 거리이다.

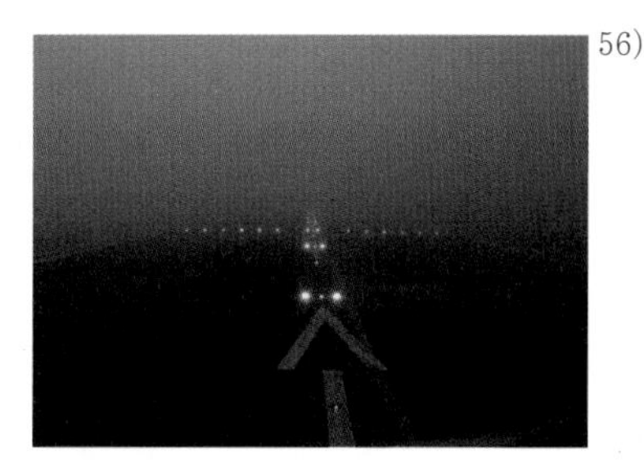
[56]

㉡ 최단 시정 : 방향에 따라 시정이 다른 경우 중에서 가장 짧은 시정이다.

㉢ 활주로 가시거리(RVR) 표시방법은 다음과 같다. [57]

- 전문 형식 : $RD_RD_R/V_RV_RV_RV_Ri$ 또는 $RD_RD_R/V_RV_RV_RV_RVV_RV_RV_RV_Ri$
  작성 예 : SPECI RKSS 211025Z 31015G27KT 280V350 3000 1400N R14/P2000
- 활주로 가시거리(RVR ; Runway Visual Range) : 항공기가 접지하는 지점에서 조종사의 평균 눈높이(지상 약 5m 위 ; 조종석)에서 이륙 방향 또는 착륙 방향을 봤을 때 활주로 또는 활주로를 나타내는 특정등화(활주로등 또는 활주로 중심등) 또는 표식을 확인할 수 있는 최대 거리이다.
  - 목시관측방법과 계기관측방법이 있으나 현대화된 대부분의 공항에서는 계기관측방법을 실시한다.
    ※ Baseline(Double Baseline) 방식, Forward Scattering 방식
  - 활주로 가시거리(RVR)가 결정되어 보고될 때에는 R문자로 시작되는 군에 활주로 지시자가 붙고, 다음에 m 단위의 RVR값이 붙는다. 최대 4개군까지 보고될 수 있다(예 R24/1100(24방향의 활주로 가시거리 1,100m)).
  - 적용척도
    ⓐ RVR < 400m : 25m
    ⓑ 400 ≤ RVR < 800m : 50m
    ⓒ RVR > 800m : 100m
  - 활주로 가시거리(RVR)가 2,000m 이상으로 평가될 때는 활주로 가시거리를 P2000으로 보고한다(예 R24/P2000(24방향의 활주로 가시거리, 2,000m 이상).
  - 활주로 가시거리(RVR)가 평가할 수 있는 최솟값 이하일 때는 평가할 수 있는 적절한 값을 M 다음에 붙여 보고한다(예 R24/M0150(24방향 활주로 가시거리, 150m 미만).
  - 활주로 가시거리 측정장비는 1분, 2분, 5분 및 10분 평균값을 평가하고 표출할 수 있는 장비는 변화 폭과 변화 경향을 나타낼 수 있어야 한다.

56) https://boeinghouse.tistory.com/11
57) https://gomdoripoob.tistory.com/6

- 국지 정시 및 특별관측보고용 RVR값 : 1분 평균값
- 정시 및 특별관측보고(METAR · SPECI)용 RVR값 : 10분 평균값
  - 관측하기 바로 직전의 10분 중 전반 5분 동안의 평균 RVR값과 후반 5분 동안의 평균 RVR값이 100m 이상 차이가 날 때 RVR의 변화 경향을 보고한다.

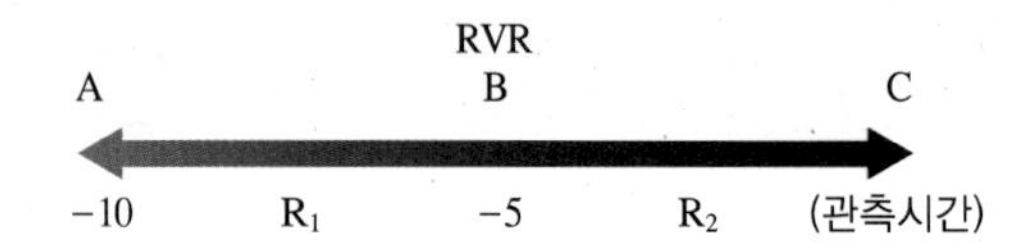

- 시정이 변화하는 경향

  $|R_1 - R_2| < 100m$ N(NO Tendency)

  $|R_1 - R_2| \geqq 100m$ U(Upward), D(Downward)
  - U(Upward Tendency) : 호전 경향
  - D(Downward Tendency) : 악화 경향
  - N(No Change) : 변화 없음
  - 생략 : 결정하기 어려울 때

    (예 R14/1000U, R14/1000D, R14/1000N, R14/1000)
  - 관측하기 바로 직전 10분 중 1분 평균 최소 RVR과 평균 최대 RVR의 차가 평균 RVR보다 50m 또는 20% 이상 차이 날 경우 또는 10분 평균 RVR 대신 1분간 평균 최소 및 최대 RVR값을 보고한다.

    ※ Variation : 변동($V_R V_R V_R V_R V V_R V_R V_R V_R i$: 1분 평균 최저 V 1분 평균 최대)

    $|R_{1분} - R_{10분}| > MAX(50m \text{ 또는 } 20\% \times R_{10분})$

    예 R14/0700VP1500

㉣ 활주로 가시거리 측정대 설치 위치
- 착륙 접지대, 중간지점 및 반대편 활주로 끝부분
- 활주로 말단으로부터 활주로를 따라 약 300m 지점에 위치
- 활주로 중심선으로부터 120m 이내

㉤ 공항 운영등급에 따른 설치 수량
- 공항 운영등급 Ⅰ(Category Ⅰ)의 활주로 : 착륙 접지대 부근에 1개의 투광기
- 공항 운영등급 Ⅱ(Category Ⅱ)의 활주로는 다음과 같다.
  - 활주로 길이 2,400m 미만 : 2개의 투광기
  - 활주로 길이 2,400m 이상 : 3개의 투광기
- 공항 운영등급 Ⅲ(Categoty Ⅲ) : 3개의 투광기

③ 실링(Ceiling) [58)]

㉠ 지상 또는 수면으로부터 하늘을 5/8 이상 덮고 있는 구름의 밑면까지의 연직거리이다.

㉡ 두 개 이상의 구름이 있을 경우 고도가 낮은 구름부터 높은 고도로 올라가면서 운량을 합해 5/8 이상이 되는 구름의 높이이다.

㉢ 시정과 실링은 비행하는 데 매우 큰 영향을 미치는데, 그 이유는 시야가 가려지면 비행을 하는데 큰 난관에 부딪히기 때문이다. 따라서 유인항공기를 포함한 무인항공기의 성능, 항법시설, 지형적 조건 등 여러 요소들을 고려해 비행이 가능한지의 여부와 어떤 방식의 비행을 해야 하는가를 비행 전에 결정해야 한다.

㉣ 기상조건이 매우 좋지 않은 경우에는 안전상 비행을 금지해야 하며, 기상조건에 따라서 조종사의 눈에 의지해서 비행을 하는 '시계비행' 또는 항법계기를 이용하는 '계기비행'의 여부를 결정해야 한다.

㉤ 시계비행의 경우에는 제한된 기상조건에서만 가능하기 때문에 많은 제한을 받으며, 이러한 시계비행의 한계를 극복한 비행방법이 계기비행이다.

㉥ 계기비행은 어두울 때 또는 시정이 좋지 않을 경우, 계기에 의존해 비행하는 것을 의미하는데, 무선 송신소에서 발사한 전파를 수신해 목적지까지 안전하게 비행하는 방법이다. 지상에서 전파를 발사하고 항로를 유도해 주는 제반시설을 항법보안시설이라고 한다.

㉦ 최근에는 기술의 진보에 따라서 시정에 상관없이 계기비행을 진행하는 경우가 많은데, 대표적인 사례가 '택배용 드론'과 '기상관측용 드론' 및 '통신중계용 드론'이다. 택배는 대부분 편안하게 집이나 회사에서 물품을 받으려 하는 것이 목적이기 때문에 비가시권 비행을 해야만 하며, 기상관측용 드론도 수km 이상의 고도로 올라가야만 강한 소나기를 내리는 적운계 구름을 관측할 수 있다. 또한, 통신용 드론도 고고도로 올라가면 갈수록 전파의 수신·송신이 양호하기 때문에 불가피하게 시정과 상관없이 비가시권 비행을 실시해야만 한다.

58) https://blog.naver.com/kma_131/220045966859

ⓞ 과거에 실링의 영향은 유인항공기 조종자에 국한되었다. 그러나 최근에는 유인항공기에서 무인항공기로 그 영역이 점차 확대되면서 눈으로 보이는 지역에 대한 차폐인 실링에 의한 제한은 적어지고 있지만, 아직도 무인비행기 또는 무인멀티콥터를 운용하여 특정목적에 대한 임무를 수행한다면 이착륙장 지역에서의 실링현상은 위험요소로 작용되고 있어 매우 중요하다.

ⓩ 특별비행승인(17.11.10)을 받으면 비가시권 비행이 허용되고 있는 현재의 법상에서는 더욱더 계기비행이 증대되겠지만, 계기비행으로 전환하기 전까지의 시계비행에서는 실링이 안전운항에 위험요소가 될 수 있기 때문에 조종자는 사전에 실링 여부를 파악해야 한다.

④ 시정 장애물의 종류

㉠ 황사(Sand Storm)

- 미세한 모래입자로 구성된 먼지폭풍으로 대기오염 물질과 혼합되어 있다.
- 중국 황하유역 및 타클라마칸사막과 몽골 고비사막에서 발원하며, 편서풍으로 이동하여 주변으로 확산된다.

[59]

㉡ 연무 : 습도가 비교적 낮을 때 대기 중에 연기나 미세한 염분입자 또는 건조입자가 제한된 층에 집중되어 공기가 뿌옇게 보이는 현상이다.

㉢ 연기 : 가연성 물질이 연소할 때 발생하는 고체·액체 상태의 미립자 모임으로 공장지대에서 주로 발생하는데, 기온역전에 의해 야간이나 아침에 주로 발생한다.

㉣ 먼지 : 모래보다 미세한 고체물질로, 공기 속에 떠 있는 미세한 흙입자이며 일반적으로 '분진'이라고 한다.

㉤ 화산재 : 화산 폭발 시 분출되는 고체 상태의 '재'와 비슷한 분출물로 가스, 먼지, 재 등이 혼합된 것이다.

59) http://thebetterday.tistory.com/entry/Yellow-Dust

▮ 연 무

▮ 연 기

▮ 먼 지

▮ 화산재

(2) 안 개

① 안개는 아주 작은 물방울(수적)이 대기 속에 떠 있는 현상으로, 가시거리가 1km 이상일 때는 안개라고 하지 않는다. 일반적으로 백색을 띠고 있으나 공업지대에서는 연기와 먼지 때문에 회색이나 황색을 띠기도 한다. 지형에 따라 또는 관측자의 위치에 따라 구름이 되기도 하고 안개가 되기도 하는데, 그 기준은 관측자의 위치를 기준으로 50ft로 한다. 이러한 안개의 농도와 두께는 습도, 기온, 바람, 응결핵의 종류와 양 등에 의해 결정된다.[60]

㉠ 상대습도는 100% 또는 이에 근접하고, 대부분 안정된 대기에서 형성된다.

㉡ 복사안개(Radiation Fog)나 이류안개(Advection Fog)처럼 접촉한 차가운 지면 또는 해수면에 의한 냉각으로 수증기가 포화되어 발생하거나, 산 속의 활승안개(Upslope Fog)처럼 안정된 공기가 활승하면서 단열냉각되거나 또는 접촉냉각과

60) https://terms.naver.com/entry.nhn?docId=1122180&cid=40942&categoryId=32299

단열냉각의 결합으로 형성되기도 한다. 실제 사례를 살펴보면, 2006년 10월 3일 새벽 3시 서해대교에 안개주의보가 발령되었고, 7시 50분경 시정거리는 100m도 되지 않았는데, 이때 서해대교 상행선 3차로에서 25ton 화물트럭이 앞서 가던 1ton 트럭을 들이받았고 뒤이어 승용차와 화물트럭 등 27대가 연속으로 추돌하였다. 이 사고로 11명이 사망하고 54명이 중경상을 입었다. 이런 끔직한 사고를 유발한 안개가 대표적인 이류안개(해무)이다. 바람이 없고 일교차가 크며 날씨가 맑은 날에 낮 동안 대기 중의 수증기량이 증가하였다가 밤이 되어 기온이 급격하게 떨어지면 수증기의 응결이 시작된다. 이러한 이류안개(해무)는 온도가 가장 낮은 해가 떠오르기 직전에 가장 진하게 나타나 출근시간 때 교통 혼잡을 일으키게 되며, 서해대교의 29중 추돌사고의 참사도 출근 시간에 발생한 것이다. 다음은 당시 서해대교(2006년 10월 3일 새벽 3시)에서 발생한 이류안개(해무)이다.

㉢ 증기안개(Steam Fog)처럼 따뜻한 수면(호수, 강)이 증발되어 얇은 하층의 찬 공기 중에 들어가 공기를 포화시켜서 안개를 형성하기도 한다.

㉣ 눈높이의 수평시정은 1km 미만이나 하늘이 보일 정도로 두께가 얇은 것을 땅안개(Ground Fog)라고 하며, 눈높이보다 낮은 곳에 안개가 끼어 있고 눈높이의 수평시정이 1km 이하이면 얕은 안개(Shallow Fog)라고 한다. 안개와 같은 현상이지만 수평시정이 1km 이상인 경우를 박무(Mist)라고 하는데, 박무를 구성하는 입자는 안개보다 작은 수적 또는 흡수성의 에어로졸(Aerosol)로서 이 경우의 상대습도는 100%보다 조금 낮다. 안개를 구성하는 입자가 작은 얼음의 결정인 경우에는 이것을 얼음안개(Ice Fog, 빙무)라 하고 수평시정이 1km 이상이면 세빙(Ice Prism)이라고 한다. 얼음안개는 주로 기온이 -20°F(약 -19℃) 이하에서 발생하며, 안개를 구성하는 수적이 과냉각 수적인 경우에는 이것이 지물이나 기체에 충돌하면 착빙(Icing)이 생긴다. 이와 같은 안개를 상고대(霧氷) 안개(Rime Fog)라고 한다.

② 안개 발생

㉠ 대기 중의 수증기가 응결핵을 중심으로 응결해서 성장하면 구름이나 안개가 된다.

㉡ 구름과 안개의 차이는 그것이 지면에 접해 있는지, 하늘에 떠 있는지에 따라서 결정되며, 지형에 따라 또는 관측자의 위치가 변함에 따라 구름이 되기도 하고 안개가 되기도 한다.

㉢ 일반적으로 구성입자가 수적으로 되어 있으면서 시정이 1km 이하일 때를 안개라고 한다.

③ 안개가 발생하기 적합한 조건

㉠ 대기의 성층이 안정할 것

㉡ 바람이 없을 것(기온과 이슬점온도가 5% 이내일 때 쉽게 형성)

㉢ 공기 중에 수증기와 부유물질이 충분히 포함될 것

㉣ 냉각작용이 있을 것

위의 조건들 중 하나라도 성립되지 않으면 안개는 생기지 않는다. 예를 들어, 바람이 강하면 층운이 되고, 수증기가 부족하여 상대습도가 100%에 달하지 못하면 박무(Mist)에 그친다.

③ 안개의 종류

㉠ 복사안개

- 육상에서 관측되는 안개의 대부분은 야간에 지표면 복사냉각으로 인해 발생한다.
- 맑은 날 바람이 약한 경우 공기의 복사냉각은 지표면 근처에서 가장 심하다. 때로는 기온역전층이 형성되며, 주로 낮에 기온과 이슬점온도의 차(8℃)에 의해 발생한다.
- 지면에 접한 공기가 이슬점에 도달하여 수증기가 지상의 물체 위에 응결하면 이슬이나 서리가 된다. 지면 근처 얇은 기층에 형성되기 때문에 땅안개라고도 한다.

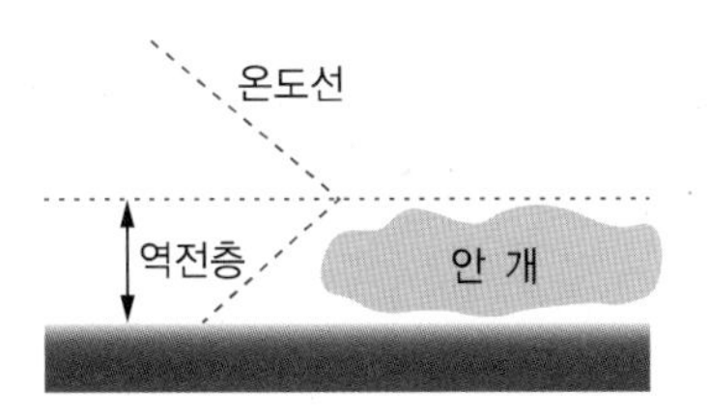

밤에 공기가 복사냉각되어 응결(안개 생성)

61)

61) https://blog.naver.com/liebeljd/221146007512

㉡ 이류안개

- 온난 다습한 공기가 찬 지면으로 이류하여 발생한 안개로, 해상에서 형성된 안개는 해무(바다안개)라고 한다.
- 해무는 복사안개보다 두께가 두꺼우며 발생하는 범위가 아주 넓다.
- 지속성이 커서 한 번 발생되면 수일 또는 한 달 동안 지속되기도 한다.

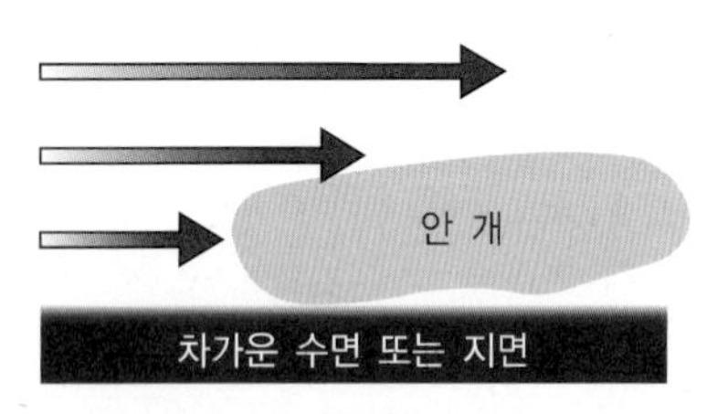

따뜻한 공기가 이류(이동)하면서 공기층의 밑부분이 냉각

㉢ 활승안개(Upslope Fog)

- 습윤한 공기가 완만한 경사면을 따라 올라갈 때 단열팽창하여 냉각되면서 형성된다.
- 산안개(Mountain Fog)는 대부분이 활승안개이며 바람이 강해도 형성된다.

㉣ 전선안개(Frontal Fog) [62]

- 전선면에서 생기는 안개로서, 한랭전선면에서는 찬 기단과 더운 기단이 만나는 전선면에서 응결현상이 일어나 비가 만들어지면 찬 공기쪽으로 강수가 생긴다. 이때 따뜻한 빗방울에서 증발이 일어나며 공기 중으로 수증기가 첨가되어 안개가 형성되는데, 이를 전선안개 또는 전선무(前線霧)라고 하며 다음 세 가지로 나누어진다.
  - 전선을 따라 2개의 공기덩어리가 혼합되어 생기는 것으로, 특히 온난전선 부근에서 잘 발생한다.
  - 온난전선을 통과하기 전에 찬 공기가 빗방울 증발에 의한 수증기의 공급을 받아 생기는 것(이를 온난전선 안개라고 함)으로, 온난전선에서 따뜻한 공기가 찬 공기의 경사면을 타고 올라가면, 단열냉각에 의해 구름(안개)이 생긴다.

62) https://terms.naver.com/entry.nhn?docId=944101&cid=47340&categoryId=47340

- 전선이 통과한 후 비로 습해진 지표 위에 생기는 복사안개이다.

[63]

㉤ 증발안개(증기안개)

- 찬 공기가 따뜻한 수면 또는 습한 지면 위를 이동할 때 증발에 의해 형성된 안개이다.
- 찬 공기가 습한 지면 위를 이동해 오면 기온과 수온의 차에 의해 수면으로부터 물이 증발하여 수증기가 공기 속으로 들어오게 된다. 이러한 수증기의 공급으로 공기가 포화되고, 응결되어 안개가 발생한다.
- 이른 봄이나 겨울철에 해수나 호수의 온도는 높고 그 위 공기의 온도가 매우 낮아 수면으로부터 증발이 많이 일어날 경우 자주 발생한다(기온/수온차 7℃).

따뜻한 수면

찬 바람이 따뜻한 수면상의 수증기를 냉각시킴(바다 · 호수 · 강)

63) http://www.kma.go.kr/notify/focus/list.jsp;jsessionid=51hRX60T1f9iGZsT4PpyzotuyH9vPyaZAoqtXxolSt1lzTax0GkFFy3y7VOSvJZD?printable=true&bid=focus&mode=view&num=416&page=87&field=&text=

ⓑ 얼음안개(Ice Fog) : 수없이 많은 미세한 얼음결정이 대기 중에 부유되어 1km 이상의 거리에 있는 지물(地物)의 윤곽을 흐리게 하는 안개이다.

[64]

ⓢ 스모그(Smog) : 연기(Smoke)와 안개(Fog)의 합성어로 대기 중에 안개와 매연이 공존하여 일어나는 오염현상이다.

▮ 위성에서 본 한반도 주변의 스모그[65]

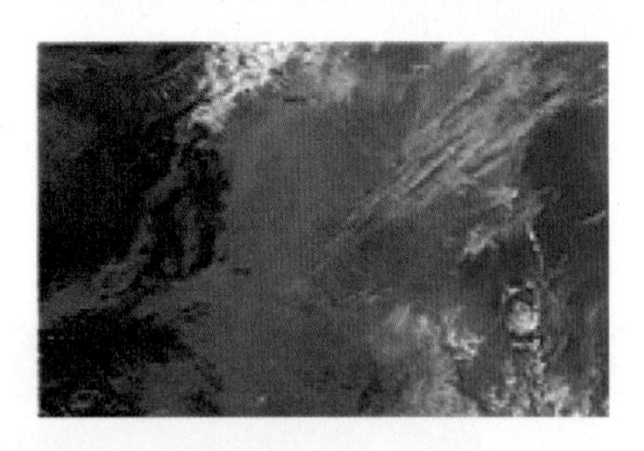

▮ 도심의 스모그 현상

④ 구름과 안개의 높이[66]

㉠ 구름은 50ft 이상에서 생성된다.

㉡ 안개는 50ft 이하에서 생성된다.

64) http://www.stormchaser.ca/Snow_Blizzards/Yukon_Winter/Ice_Fog/Ice_Fog.html
65) https://blog.naver.com/eorus001/220537412268
66) https://cafe.naver.com/powerofflight/4043

⑤ 안개의 형성에 따른 종류

㉠ 증발에 의한 안개

- 증발안개
- 전선안개

㉡ 냉각에 의한 안개

- 복사안개
- 이류안개
- 활승안개

㉢ 스모그 : 자동차의 배기가스나 공장에서 내뿜는 연기가 안개와 공존하는 상태로, 특히 겨울철에 날씨가 좋고 바람이 없는 밤부터 아침에 걸쳐서 지상 부근의 공기가 급격히 냉각될 때 매연이나 배기 따위를 핵으로 하여 공기 중의 수증기가 혼합되어 발생한다. 안개는 바람이 없는 날에 발생하므로 안개 속의 오염물질은 그곳에 계속 머물러 인체에 심각한 영향을 미치기도 한다. 그러나 안개와 상관없이 대기오염이 심한 상태를 나타낼 때도 스모그라고 한다.

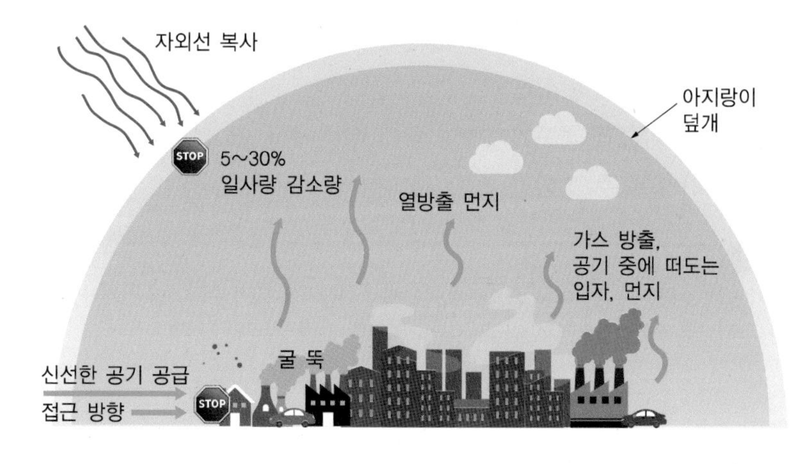

CHAPTER

6 적중예상문제

01 복사안개의 생성온도로 알맞은 것은?

① 약 3℃ ② 약 5℃
③ 약 7℃ ④ 약 8℃

해설
대체로 낮에 기온과 이슬점온도 차이가 약 8℃ 이상일 때 발생한다.

02 다음 안개에 관한 설명 중 틀린 것을 고르면?

① 작은 물방울이나 빙점으로 구성된 구름의 형태이다.
② 시정 3마일 이하이다.
③ 기조와 이슬점 분포가 5% 이내의 상태에서 쉽게 형성된다.
④ 복사안개는 주로 야간 혹은 새벽에 형성된다.

해설
대기 중의 수증기가 응결핵을 중심으로 응결해서 성장하게 되면 구름이나 안개가 된다. 일반적으로 구성입자가 수적으로 되어 있으면서 시정이 1km 이하일 때를 안개라고 한다.

03 다음 중 안개의 발생 조건으로 거리가 먼 것을 고르면?

① 공기 중에 수증기와 부유물질이 충분히 포함될 것
② 냉각작용이 있을 것
③ 대기의 성층이 안정할 것
④ 바람이 강하게 불 것

해설
안개가 발생하기에 적합한 조건
• 대기의 성층이 안정할 것

1 ④ 2 ② 3 ④ 정답

- 바람이 없을 것
- 공기 중에 수증기와 부유물질이 충분히 포함될 것
- 냉각작용이 있을 것

04 습윤한 공기가 경사면을 따라 상승할 때 단열팽창하여 냉각되면서 발생하는 안개는?

① 방사안개　② 활승안개
③ 증기안개　④ 바다안개

해설

활승안개는 습윤한 공기가 경사면을 따라 상승할 때 단열팽창하여 냉각되면서 발생한다. 사면을 오르는 기류의 속도가 빠르면 빠를수록 잘 발생한다.

05 찬 공기가 따뜻한 수면 또는 습한 지면 위를 이동할 때 형성되는 안개는?

① 전선안개　② 활승안개
③ 증발안개　④ 이류안개

해설

증발안개는 찬 공기가 따뜻한 수면 또는 습한 지면 위를 이동할 때 형성되는 안개이다. 이른 봄이나 겨울철에 해수나 호수의 온도는 높고 그 위의 공기 온도가 매우 낮기 때문에 수면으로부터 증발이 많이 일어날 경우 자주 발생한다.

06 다음 중 시정(Visibility)에 대한 설명으로 틀린 것을 고르면?

① 지표면에서 정상적인 시각을 가진 사람이 목표를 식별할 수 있는 최대 거리를 말한다.
② 야간에도 주간과 같은 밝은 상태를 가정하고 관측한다.
③ 좌시정은 수평원의 반원 이상을 차지하는 시정이다.
④ 보통 km로 표시하며, 작은 값은 m로 표시하거나 시정계급을 사용할 때도 있다.

해설

우시정은 수평원의 반원 이상을 차지하는 시정이다. 시정이 방향에 따라 다를 때 각 시정에 해당하는 범위의 각도를 시정값이 큰 쪽에서부터 순차적으로 합해 180° 이상이 되는 경우의 시정값을 우시정으로 한다.

정답 4 ② 5 ③ 6 ③

07 시정의 종류로 바르지 못한 것은?

① 좌시정 ② 우시정
③ 최단 시정 ④ 활주로 시정

해설
우시정은 수평원의 반원 이상을 차지하는 시정으로, 시정이 방향에 따라 다른 경우에는 각 시정에 해당하는 범위의 각도를 시정값이 큰 쪽부터 순차적으로 합해 180° 이상이 되는 경우의 시정값을 우시정으로 하며, 활주로 시정과 활주로 가시거리가 포함된다. 최단 시정은 방향에 따라 시정이 다른 경우에서 가장 짧은 시정이다.

08 활주로 가시거리 중 항공기가 접지하는 지점의 조종사 평균 높이는?

① 3m ② 5m
③ 7m ④ 10m

해설
항공기가 접지하는 지점의 조종사 평균 높이는 지상에서 약 5m이다.

09 활주로 가시거리(RVR)값 중에서 국지 정시 및 특별관측보고용 RVR값은?

① 10분 평균값 ② 5분 평균값
③ 1분 평균값 ④ 3분 평균값

해설
국지 정시 및 특별관측보고용 RVR값은 1분 평균값으로 하고, 정시 및 특별관측보고(METAR · SPECI)용 RVR값은 10분 평균값으로 한다.

10 활주로 가시거리 측정대의 설치 위치로 바르지 못한 것은?

① 착륙 접지대, 중간지점 및 반대편 활주로 끝부분
② 활주로 말단으로부터 활주로를 따라 약 300m 지점에 위치
③ 활주로 중심선으로부터 120m 이내
④ 활주로 중심선으로부터 150m 이내

7 ① 8 ② 9 ③ 10 ④ 정답

해설

활주로 가시거리 측정대 설치 위치는 착륙 접지대, 중간지점 및 반대편 활주로 끝부분이고, 활주로 말단으로부터 활주로를 따라 약 300m 지점에 위치하며 활주로 중심선으로부터 120m 이내에 설치한다.

11 실링(Ceiling)에 대한 설명으로 바르지 못한 것은?

① 지상 또는 수면으로부터 하늘을 5/8 이상 덮고 있는 구름의 밑면까지의 연직거리이다.

② 두 개 이상의 구름일 경우 고도가 낮은 구름부터 높은 고도로 올라가면서 운량을 합해 5/8 이상이 되는 구름의 높이이다.

③ 두 개 이상의 구름일 경우 고도가 낮은 구름부터 높은 고도로 올라가면서 운량을 합해 8/8 이상이 되는 구름의 높이이다.

④ 실링은 비행하는 데 매우 큰 영향을 미치는데, 그 이유는 시야가 가려지면 비행을 하는 데 큰 난관에 부딪히기 때문이다.

해설

두 개 이상의 구름일 경우 고도가 낮은 구름부터 높은 고도로 올라가면서 운량을 합해 5/8 이상이 되는 구름의 높이이다.

12 시정 장애물의 종류에 해당하지 않은 것은?

① 황사(Sand Storm)　　② 연 무
③ 먼 지　　④ 나무 밀집지역

해설

황사, 연무, 연기, 먼지, 화산재 등이 시정 장애물에 해당한다.

13 안개의 종류에 해당하지 않은 것은?

① 기단안개　　② 증기안개
③ 복사안개　　④ 이류안개

해설

안개의 종류에는 복사안개, 이류안개, 활승안개, 전선안개, 증발(증기)안개, 얼음안개, 스모그 등이 있다.

정답 11 ③ 12 ② 13 ①

14 따뜻한 수면(호수, 강)이 증발되어 얇은 하층의 찬 공기 중에 들어가 공기를 포화시켜서 발생하는 안개는?

① 기단안개 ② 증기안개
③ 복사안개 ④ 이류안개

해설

증기안개(Steam Fog)는 따뜻한 수면(호수, 강)으로부터 증발이 일어나, 수증기가 얇은 하층의 찬 공기 중에 들어가 공기를 포화시켜서 안개를 형성하는 것이다.

15 육상에서 관측되는 안개의 대부분으로 야간에 지표면 복사냉각으로 인해 발생하는 안개는 무엇인가?

① 기단안개 ② 증기안개
③ 복사안개 ④ 이류안개

해설

복사안개

- 육상에서 관측되는 안개의 대부분은 야간에 지표면 복사냉각으로 인해 발생한다.
- 맑은 날 바람이 약한 경우 공기의 복사냉각은 지표면 근처에서 가장 심하다. 때로는 기온역전층이 형성되며, 주로 낮에 기온과 이슬점온도의 차(8℃)에 의해 발생한다.

16 온난다습한 공기가 찬 지면으로 이류하여 발생한 안개로, 해상에서 형성된 안개라고 하여 해무로 불리는 안개는 무엇인가?

① 기단안개 ② 증기안개
③ 복사안개 ④ 이류안개

해설

이류안개는 온난다습한 공기가 찬 지면으로 이류하여 발생한 안개로, 해상에서 형성된 안개는 해무(바다안개)라고 한다. 해무는 복사안개보다 두께가 두꺼우며 발생하는 범위가 아주 넓고 지속성이 커서 한 번 발생되면 수일 또는 한 달 동안 지속되기도 한다.

14 ② 15 ③ 16 ④ 정답

17 습윤한 공기가 완만한 경사면을 따라 올라갈 때 단열팽창하여 냉각되면서 형성되는 안개는?

① 활승안개 ② 증기안개
③ 복사안개 ④ 이류안개

해설

활승안개는 습윤한 공기가 완만한 경사면을 따라 올라갈 때 단열팽창하여 냉각되면서 형성되며, 산안개(Mountain Fog)는 대부분이 활승안개이며 바람이 강해도 형성된다.

18 따뜻한 빗방울에서 증발이 일어나며 공기 중으로 수증기가 첨가되어 형성되는 안개는?

① 활승안개 ② 증기안개
③ 복사안개 ④ 전선안개

해설

전선면에서 생기는 안개로서, 한랭전선면에서는 찬 기단과 더운 기단이 만나는 전선면에서 응결현상이 일어나 비가 만들어지면 찬 공기 쪽으로 강수가 생긴다. 이때 따뜻한 빗방울에서 증발이 일어나며 공기 중으로 수증기가 첨가되어 안개가 형성되는데, 이를 전선안개 또는 전선무(前線霧)라고 한다.

19 수없이 많은 미세한 얼음결정이 대기 중에 부유되어 형성되며, 지물의 윤곽을 흐리게 하는 안개는?

① 활승안개 ② 얼음안개
③ 복사안개 ④ 전선안개

해설

얼음안개는 수없이 많은 미세한 얼음결정이 대기 중에 부유되어 1km 이상의 거리에 있는 지물(地物)의 윤곽을 흐리게 하는 안개이다.

20 냉각에 의한 안개에 해당되지 않는 것은?

① 증발안개 ② 복사안개
③ 이류안개 ④ 활승안개

해설

냉각에 의한 안개에는 복사안개, 이류안개, 활승안개가 있으며, 증발에 의한 안개에는 증발안개와 전선안개가 있다.

정답 17 ① 18 ④ 19 ② 20 ①

21 스모그에 대한 설명으로 바르지 않은 것은?

① 자동차의 배기가스나 공장에서 내뿜는 연기가 안개와 공존하는 상태를 말한다.
② 겨울철에 날씨가 좋고 바람이 없는 밤부터 아침에 걸쳐서 지상 부근의 공기가 급격히 냉각될 때 주로 발생한다.
③ 안개는 바람이 없는 날에 발생하므로 안개 속의 오염물질은 그곳에 계속 머물러 인체에 심각한 영향을 미치기도 한다.
④ 반드시 안개와 동시에 대기오염이 심한 상태를 나타낼 때를 스모그라고 한다.

해설

안개와 상관없이 대기오염이 심한 상태를 나타낼 때도 스모그라고 한다.

22 대기 중에 안개와 매연이 공존하여 일어나는 오염현상으로 발생되는 안개는 무엇인가?

① 활승안개
② 얼음안개
③ 스모그
④ 전선안개

해설

스모그(Smog)는 연기(Smoke)와 안개(Fog)의 합성어로 대기 중에 안개와 매연이 공존하여 일어나는 오염현상이다.

21 ④ 22 ③ 정답

CHAPTER 7 고기압과 저기압

1 고기압과 저기압

(1) 고기압

① 고기압이란 주변보다 상대적으로 기압이 높은 지역이다.

② 바람 : 북반구에서는 시계 방향으로 불어 나가며 남반구에서는 반시계 방향으로 불어 나간다.

③ 중심기류(공기의 연직운동) : 불어 나간 공기를 보충하기 위해 상공에 있는 공기가 하강하여 하강 기류가 발생하면서 날씨가 맑아진다.

▮ 북반구에서의 고기압(시계 방향)과 저기압(반시계 방향)

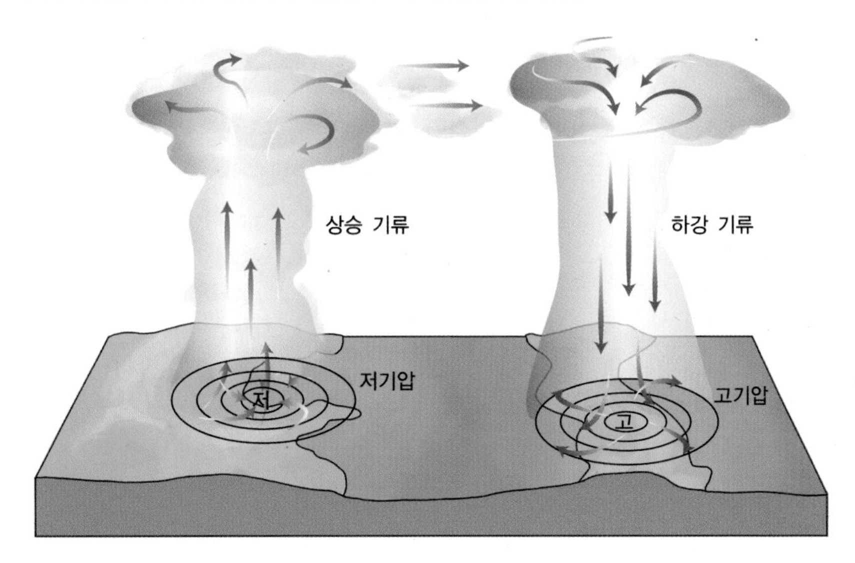

④ 고기압의 종류

㉠ 온난 고기압 : 주위보다 중심지역의 온도가 높은 고기압으로 대기 순환에서 하강 기류가 있는 곳에 생기며 상층부까지 상당한 높이로 고압대가 길게 형성되어 있다. 북태평양 고기압이 대표적이고, 여름에 해상에서 발생한다. 연중 하강 기류가 있어 습도가 낮고 날씨가 좋은 아열대 고기압도 온난 고기압의 한 종류이다. 온난 고기압 권 내에서는 하강 기류가 일어나기 때문에 날씨가 맑고 온난하나, 이 고기압이 성층

권에 들어가면 주위보다 기온이 낮아지는데, 대류권 전체가 고기압으로 되어 있기 때문에 고기압성 순환(북반구에서 시계 방향의 순환)이 강하고 이동 속도가 매우 느리다. 북위 30~40°의 아열대에 그 중심을 두고 있으며, 우리나라의 여름철 날씨를 지배하는 북태평양 고기압이 대표적인 온난 고기압의 일종이라고 할 수 있다. 고위도 지방에도 간혹 온난 고기압이 나타나는 경우가 있으나, 이것은 아열대 고기압의 북쪽에서 북쪽으로 확장한 부분이 분리된 것이고 확장이 저지되는 현상이 나타났을 때 발생한다. 온난 고기압의 기압 분포도는 다음과 같다. 67)

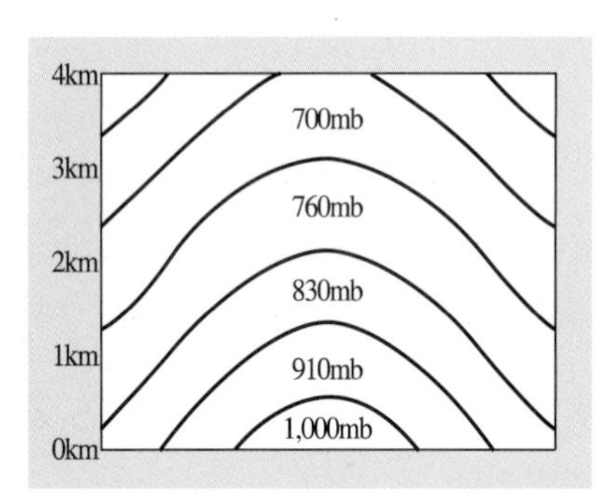

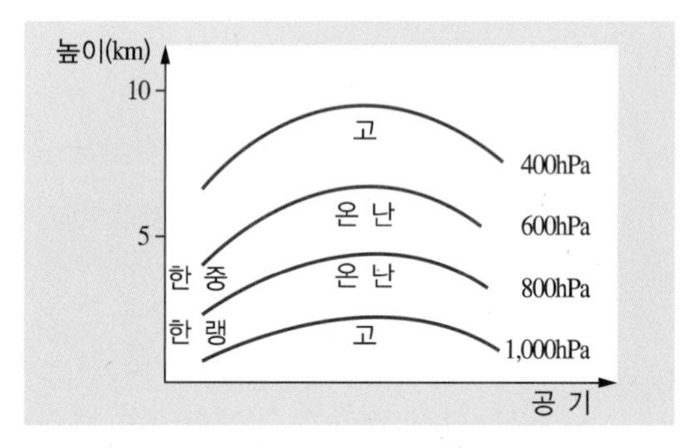

㉡ 한랭 고기압 : 차가운 지면에 의한 공기의 냉각으로 생성되며 대기의 저온부는 고온부보다 고도가 증가할수록 급격하게 기압이 낮아지기 때문에 키 작은 고기압이라고도 한다. 중심지역의 온도가 낮고 대규모인 것은 시베리아 고기압이 대표적인데, 겨울철 대륙이 냉각되어 만들어지며, 매우 차고 건조한 날씨가 이어진다. 한랭고기압은 보통 2km 정도의 대기 하층에서 주로 나타나는 현상으로, 이보다 더 높은 고도에서는 다음 그림과 같이 주위보다 기압이 낮아져 저기압이나 기압골로 된다. 봄과 가을철에 한반도 부근을 통과하는 이동성 고기압은 대부분 한랭 고기압이다. 이 고기압의 상공에는 남서기류가 나타나는 경우가 많고, 이 기류가 습윤한 공기를 상공으로 운반하기 때문에 한랭 고기압권 내에서도 구름이 많이 낄 수 있으며, 그 주변에는 비가 오기도 한다. 한행 고기압의 기압 분포도는 다음과 같다. 68)

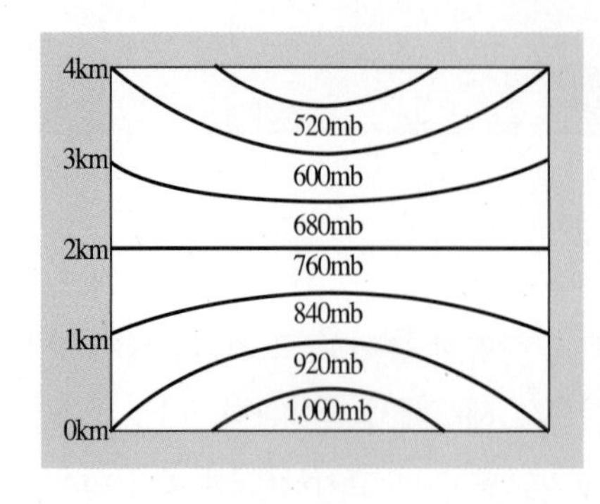

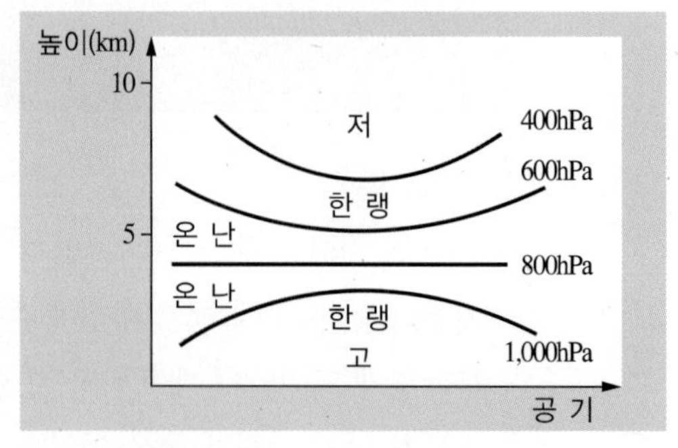

67) https://terms.naver.com/entry.nhn?docId=1128921&cid=40942&categoryId=32299
68) https://terms.naver.com/entry.nhn?docId=1161228&cid=40942&categoryId=32299

⑤ 고기압의 특징

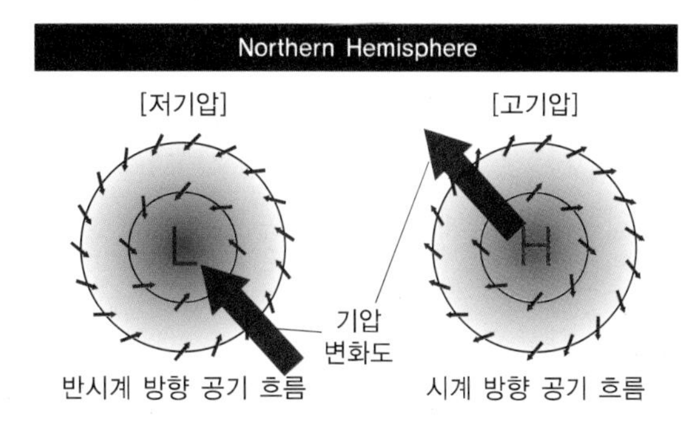

㉠ 고기압이란 안티사이클론(Anticyclone)이라고 하며 주변보다 기압이 높다. 고기압에서는 공기가 하강하면서 그에 따른 하강기류, 즉 내리공기의 흐름이 형성된다.

㉡ 상층에서는 공기가 모이고, 모인 공기는 무거워서 중력의 영향을 받아 하강하는 동안 단열압축되어 기온이 오르고 발산하게 된다. 공기가 하강하면서 구름도 같이 밑으로 내려가게 되고, 내려 오면서 응결점보다 다시 높아지면 구름은 소산되기 때문에 고기압에서는 맑은 하늘을 볼 수 있다. 이러한 현상은 주로 가을철에 볼 수 있는데, '맑고 청명한 가을 하늘'이라는 표현은 그 지역이 고기압 지역에 있다는 것이다.

㉢ 고기압 지역에서의 공기 흐름을 보면 다음 그림과 같이 공기의 흐름이 수직으로 형성되며 지표면에 가까워질수록 공기 흐름이 시계 방향으로 형성된다.

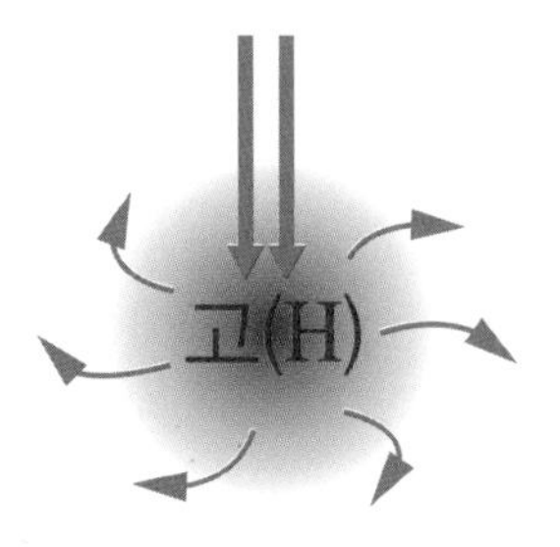

㉣ 안티사이클론은 맑은 하늘을 유도하여 여름철 태풍의 발달을 억제하는 건조대역으로 작용되기도 한다.

(2) 저기압

① 저기압이란 주변보다 상대적으로 기압이 낮은 지역이다.

② **바람** : 북반구에서는 반시계 방향으로 불어 들어오고 남반구에서는 시계 방향으로 불어 들어온다.

③ **중심기류(공기의 연직운동)** : 주위에서 바람이 불어 들어와 공기가 밀려 중심부의 상공으로 상승하는 상승기류가 생기며, 이로 인해 흐리고 눈, 비가 내리기 쉽다.

④ **저기압의 종류**

㉠ 열대성 저기압 : 주로 열대 해상에서 발생하며 그중에서 발달한 것이 태풍이다. 열대성 저기압은 북상함에 따라 점차 변형되어 전선을 동반한 온대성 저기압화가 된다.

▮ 열대성 저기압 : 태풍

㉡ 온대 저기압 : 우리나라와 같은 중위도 지방에서 자주 발생하는 저기압으로, 한랭전선과 온난전선을 동반하는 저기압이다.

▮ 온대 저기압

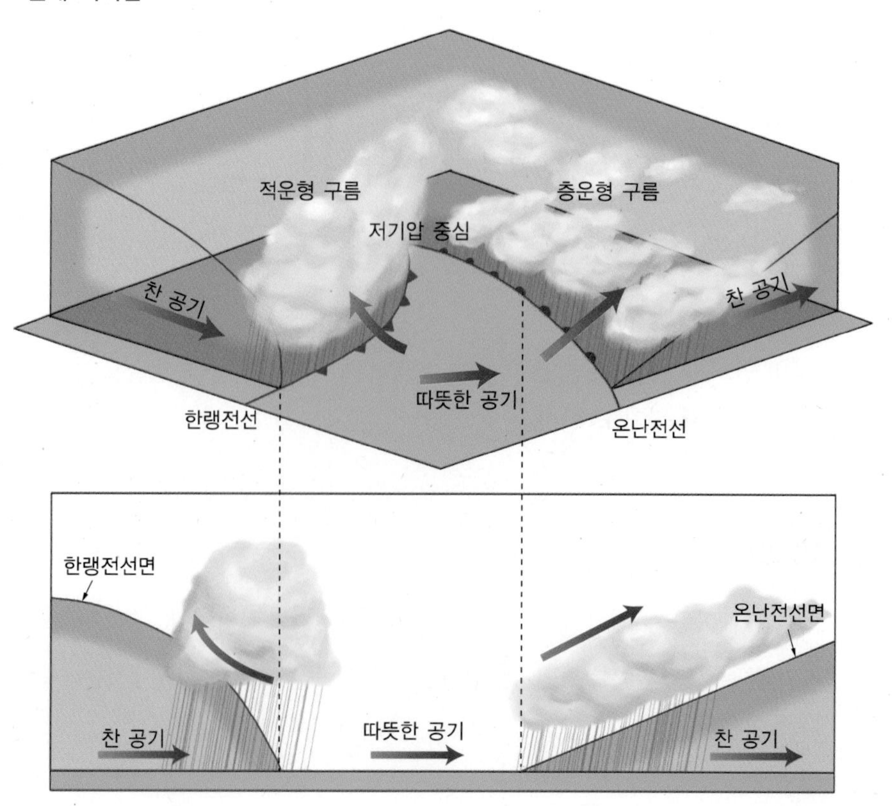

⑤ 저기압의 특징

㉠ 저기압은 사이클론(Cyclone)이라 하고, 비·눈·번개·우박과 같이 흐린 날씨를 불러오는 것이 저기압이다. 저기압에서는 공기가 수렴하며, 사방에서 모여든 공기가 서로 다른 공기와 만나면 더 이상 수평으로 흐르지 못하고 위로 상승하게 된다.

㉡ 상승하는 공기를 상승기류라고 한다. 공기가 상승하는 동안 수증기도 같이 상승하게 되는데, 위로 올라갈수록 온도가 낮아지면서 단열팽창하여 수증기가 응결점에 도달하면 구름이 만들어져 강수가 형성된다. 지상에서 공기가 수렴한다면 상층에서는 발산을 한다.

㉢ 저기압이 종종 일주일 이상 지속될 때도 있는데, 이는 저기압의 경우 지상에서 수렴한 공기가 상층에서 유출되어 상쇄되고 있음을 의미한다. 상층에서의 발산이 유입량과 같거나 더 많으면 저기압은 지속된다. 즉, 밑에서 많은 양의 공기가 수렴될수록 저기압이 지속된다.

㉣ 저기압은 폭풍을 동반하는 강한 소나기 등을 동반하기 때문에 주로 고기압보다 저기압에 관심을 많이 갖는다. 그 이유는 온대 저기압, 태풍(허리케인, 사이클론, 윌리윌리 등), 토네이도 등 피해가 우려되는 날씨는 모두 저기압에서 일어나므로 관심을 갖지 않는다면 인재로 연결되기 때문이다.

㉤ 밀도가 높은 곳에서 낮은 곳으로 흐르는 것처럼, 공기도 고기압에서 저기압으로 흐른다.

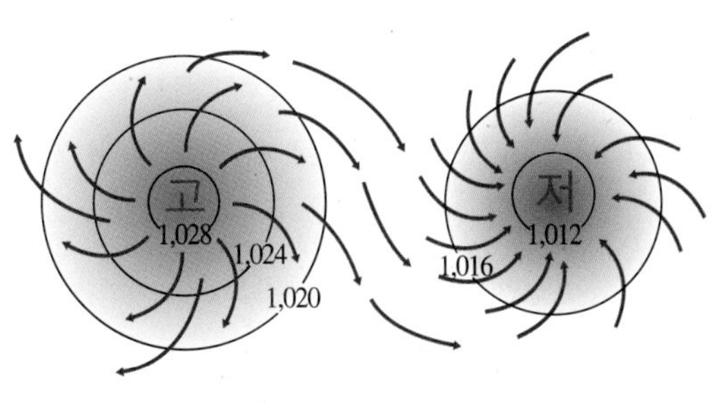

2 상층 발산과 수렴

(1) 상층 발산

① 상층 발산(Upper Divergence)은 저기압 발생에 중요하기 때문에 그 역할의 기본적인 이해가 필요한데, 상층 발산은 지상 고기압처럼 모든 방향으로 외곽을 향해 흐르지 않는다. 즉, 광범위하게 파동을 따라 일반적으로 서쪽에서 동쪽으로 흐른다.

② 상층 발산을 초래하는 메커니즘은 속도 발산(Speed Divergence)으로 알려진 현상으로, 제트기류(Jet Stream) 근처에서 풍속이 극적으로 변한다. 풍속이 빠른 지역에 들어가면 공기는 가속하게 되고 외곽으로 빠져나간다. 즉, 발산한다는 것이다. 반대로 공기가 풍속이 느린 지역에 들어가면 공기는 모이게 된다. 즉, 수렴한다는 것으로 상층 동서류가 발산을 일으키는 원리가 된다.

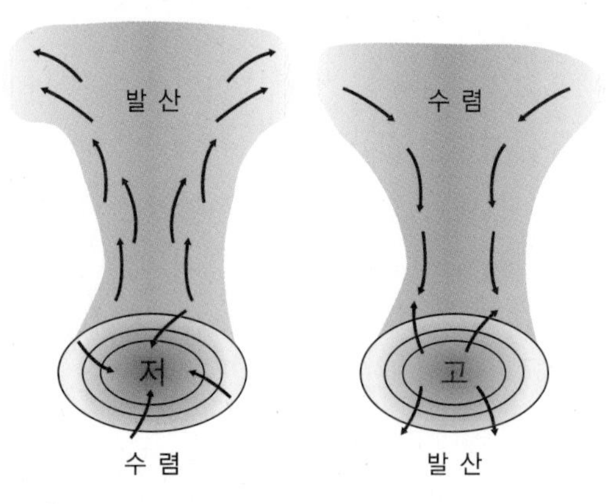

③ 또 다른 공기의 상층 발산의 요인으로 방향성 발산(Directional Divergence)이 있는데, 방향성 발산이란 공기의 흐름이 수평으로 퍼지는 것을 의미한다. 이는 공기의 질량에 의해 나타나는 회전량 때문이다. 즉, 와도(Vorticity) [69]는 상층 와도를 강화시키거나 억제할 수도 있다.

(2) 수 렴

① 상승기류(Ascending Current)에 영향을 주는 현상들의 결합된 영향은 상층 공기 발산 지역과 지면의 저기압성 순환 지역을 일반적으로 상층 골로부터 하류 쪽으로 발달하게 된다. 따라서 중위도 지역에서 지상 저기압은 일반적으로 상층 골의 동쪽에서 형성된다. 500hPa 일기도를 상층 일기도라고 하는데, 상층 일기도를 볼 때 다음 그림과 같이 상층 골 왼쪽이 수렴역이 된다. 즉, U모양으로 골이 있다고 하면 U의 왼쪽이 내려가는 부분이 수렴역이다.

---

69) 유체입자(Fluid Element)의 각운동량(Angular Momentum)에 비례하는 그 입자의 회전을 측정하는 것

② 반대로 수렴과 고기압성 순환이 발견되는 제트기류 지역은 능선(Ridge)으로부터 하류쪽에 위치하는데, 제트기류가 흐르는 지역 중 이 지역에 축적된 공기는 하강하여 지상기압을 높이게 된다. 즉, 상층에 공기가 모이면 쌓이게 되고, 쌓인 공기는 무거워져 중력에 의해 아래로 하강하고 기압을 높여 단열압축되어 맑은 날을 지속시켜 준다. 500hPa(상층 일기도)에서 고기압은 기압능의 동쪽이나 아래쪽을 뜻하는데, 기압능은 기압골(Pressure Trough)의 반대로서 기압골이 U모양이면 기압능(Pressure Ridge)은 반대로 ∩모양이 된다. ∩모양 오른쪽 내려가는 부분이 상층 수렴, ∩모양 왼쪽이 발산역(고기압, 안티사이클론)으로 이러한 기압지역별로 공기의 흐름을 보면 다음과 같다.

▮ 상위단계 기압 특성

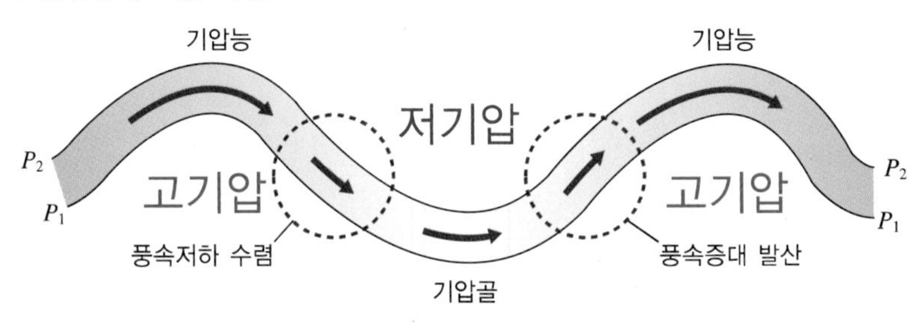

③ 500hPa 일기도를 보면 등압선의 간격이 좁아지거나 넓어지는 곳이 있는데 등압선의 간격이 넓어지는 부분을 와도역(Vorticity Area)이라고 하며 발산이 발생하게 되어, 이러한 지역에서는 기압 편차가 적어 풍향과 풍속의 변화가 적은 것이 특징이다. 단면도는 다음과 같다.

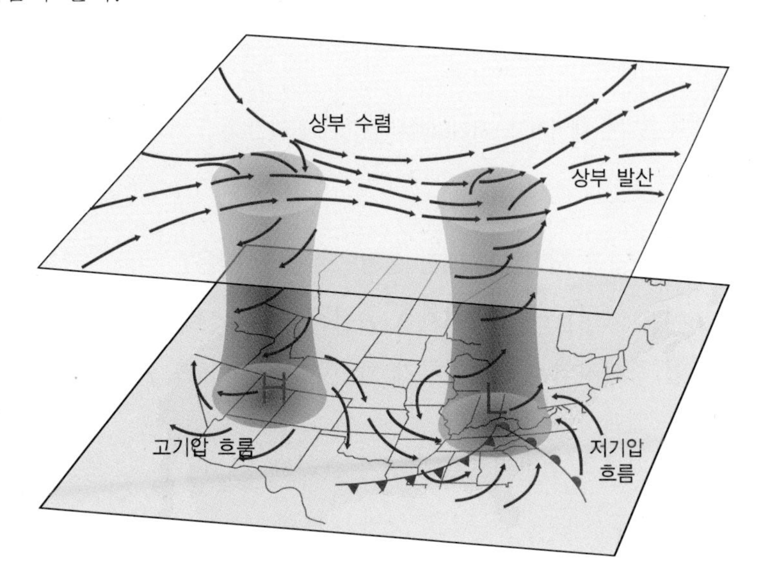

CHAPTER

7 적중예상문제

01 **다음 중 고기압과 저기압에 대한 설명으로 틀린 것은?**

① 북반구에서의 고기압은 시계 방향으로 불어 나간다.
② 남반구에서의 고기압은 반시계 방향으로 불어 나간다.
③ 북반구에서의 저기압은 시계 방향으로 불어 들어온다.
④ 남반구에서의 저기압은 시계 방향으로 불어 들어온다.

해설
북반구에서 저기압은 반시계 방향으로 불어 들어온다.

02 **다음 중 고기압이나 저기압 상태의 공기의 흐름에 관한 설명으로 맞는 것은?**

① 고기압 지역에서 공기는 끝없이 올라간다.
② 고기압 지역에서 공기는 내려간다.
③ 저기압 지역에서 공기는 내려간다.
④ 저기압 지역에서 공기는 정체하다가 내려간다.

해설
고기압에서 공기는 내려가고, 저기압에서 공기는 올라간다.

03 **다음 중 고기압과 저기압에 대한 설명으로 틀린 것은?**

① 고기압은 주변보다 상대적으로 기압이 높은 지역이다.
② 저기압 중심지역은 상승기류가 발생한다.
③ 태풍은 열대성 고기압이다.
④ 저기압 지역은 일반적으로 날씨가 흐리고 눈, 비가 오는 경우가 많다.

해설
태풍은 열대성 저기압으로 중위도의 온대 저기압과 구별된다.

1 ③ 2 ② 3 ③ 정답

04 아열대 지역에 동서로 길게 뻗쳐 있으며, 오랫동안 지속되는 키가 큰 우리나라 부근의 고기압은?

① 이동성 고기압
② 시베리아 고기압
③ 북태평양 고기압
④ 오호츠크해 고기압

해설
북태평양 고기압은 북태평양에서 발원한 해양성 아열대 기단이다. 우리나라에서는 보통 여름철에 발달하며 고온다습한 특성을 가지고 있다.

05 고기압에 대한 설명으로 바르지 못한 것은?

① 고기압이란 주변보다 상대적으로 기압이 높은 지역이다.
② 북반구에서는 반시계 방향으로 불어 나가며 남반구에서는 시계 방향으로 불어 나간다.
③ 불어 나간 공기를 보충하기 위해 상공에 있는 공기가 하강한다.
④ 하강 기류가 발생하면서 날씨가 맑아진다.

해설
북반구에서는 시계 방향으로 불어 나가며 남반구에서는 반시계 방향으로 불어 나간다.

06 온난 고기압에 대한 설명으로 틀린 것은?

① 주위보다 중심지역의 온도가 높은 고기압으로 대기 순환에서 하강 기류가 있는 곳에 생긴다.
② 상층부까지 상당한 높이로 고압대가 길게 형성되어 있다.
③ 이동성 고기압이 대표적이고, 봄과 가을에 주로 발생한다.
④ 온난 고기압권 내에서는 하강 기류가 일어나기 때문에 날씨가 맑고 온난하다.

해설
북태평양 고기압이 대표적이고, 여름에 해상에서 발생한다. 북위 30~40°의 아열대에 그 중심을 두고 있으며, 우리나라의 여름철 날씨를 지배하는 북태평양 고기압이 대표적인 온난 고기압의 일종이라고 할 수 있다.

정답 4 ③ 5 ② 6 ③

07 한랭 고기압에 대한 설명으로 바르지 못한 것은?

① 차가운 지면에 의한 공기의 냉각으로 생성된다.
② 중심지역의 온도가 낮고 대규모인 것은 시베리아 고기압이 대표적인데, 겨울철 대륙이 냉각되어 만들어진다.
③ 한랭 고기압은 보통 2km 정도의 대기 상층에서 주로 나타나는 현상이다.
④ 봄과 가을철에 한반도 부근을 통과하는 이동성 고기압은 대부분 한랭 고기압이다.

해설
한랭 고기압은 보통 2km 정도의 대기 하층에서 주로 나타나는 현상으로, 상공에는 남서기류가 나타나는 경우가 많고, 이 기류가 습윤한 공기를 상공으로 운반하기 때문에 한랭 고기압권 내에서도 구름이 많이 낄 수 있으며, 그 주변에는 비가 오기도 한다.

08 고기압의 특성에 대한 설명으로 바르지 못한 것은?

① 고기압이란 안티사이클론(Anticyclone)이라고 하며 주변보다 기압이 높다.
② 고기압에서는 내리공기의 흐름이 형성된다.
③ 상층에서는 공기가 흩어지고 단열팽창되어 기온이 내려가며 발산하게 된다.
④ 공기가 하강하면서 구름도 같이 밑으로 내려가게 되고, 내려 보내면서 응결점보다 다시 높아지면 구름은 소산되기 때문에 고기압에서는 맑은 하늘을 볼 수 있다.

해설
상층에서는 공기가 모이고, 모인 공기는 무거워서 중력의 영향을 받아 하강하는 동안 단열압축되어 기온이 오르고 발산하게 된다.

09 저기압에 대한 설명으로 옳지 않은 것은?

① 저기압이란 주변보다 상대적으로 기압이 낮은 지역이다.
② 북반구에서는 시계 방향으로 불어 나가며 남반구에서는 반시계 방향으로 불어 나간다.
③ 주위에서 바람이 불어 들어와 공기가 밀려 중심부의 상공으로 상승한다.
④ 상승기류가 생기며, 이로 인해 흐리고 눈, 비가 내리기 쉽다.

해설
북반구에서는 반시계 방향으로 불어 들어오고 남반구에서는 시계 방향으로 불어 들어온다.

7 ③ 8 ③ 9 ② 정답

10 저기압의 종류에 대한 설명으로 틀린 것은?

① 열대성 저기압은 주로 열대 해상에서 발생하며 그중에서 발달한 것이 태풍이다.
② 열대성 저기압은 북상함에 따라 점차 변형되어 전선을 동반한 온대성 저기압화가 된다.
③ 온대 저기압은 우리나라와 같은 중위도 지방에서 자주 발생하는 저기압이다.
④ 온대 저기압은 온난전선만을 동반하는 저기압이다.

해설
온대 저기압은 한랭전선과 온난전선을 동반하는 저기압이다.

11 저기압의 특성에 대한 설명으로 바르지 못한 것은?

① 저기압은 사이클론(Cyclone)이라 하고, 비・눈・번개・우박과 같이 흐린 날씨를 불러온다.
② 저기압에서는 공기가 수렴하며, 사방에서 모여든 공기가 서로 다른 공기와 만나면 더 이상 수평으로 흐르지 못하고 위로 상승하게 된다.
③ 위로 올라갈수록 온도가 낮아지면서 단열팽창하여 수증기가 응결점에 도달하면 구름이 만들어져 강수가 형성된다.
④ 지상에서 수렴된 공기가 상층에서는 더욱 수렴된다.

해설
저기압대에서 지상에서 공기가 수렴한다면 상층에서는 발산한다.

12 상층 발산에 대한 설명으로 틀린 것은?

① 상층 발산은 지상 고기압처럼 모든 방향으로 외곽을 향해 흐르지 않는다.
② 광범위하게 파동을 따라 일반적으로 서쪽에서 동쪽으로 흐른다.
③ 상층 발산을 초래하는 메커니즘은 속도 발산(Speed Divergence)으로 알려진 현상으로, 제트기류(Jet Stream) 근처에서 풍속이 극적으로 변한다.
④ 또 다른 공기의 상층 발산의 요인으로 무지향성 발산(Nondirectional Divergence)이 있다.

정답 10 ④ 11 ④ 12 ④

해설

상층 발산 중 또 다른 공기의 상층 발산의 요인으로 방향성 발산(Directional Divergence)이 있다.

13 수렴에 대한 설명으로 바르지 못한 것은?

① 상층 공기 발산 지역과 지면의 저기압성 순환 지역을 일반적으로 상층 골로부터 하류 쪽에 발달하게 된다.

② 중위도 지역에서 지상 저기압은 일반적으로 상층 골의 서쪽에서 형성된다.

③ 수렴과 고기압성 순환이 발견되는 제트기류 지역은 능선(Ridge)으로부터 하류 쪽에 위치한다.

④ 상층에 공기가 모이면 쌓이게 되고, 쌓인 공기는 무거워져 중력에 의해 아래로 하강하고 기압을 높여 단열압축되어 맑은 날을 지속시켜 준다.

해설

중위도 지역에서 지상 저기압은 일반적으로 상층 골의 동쪽에서 형성된다.

13 ② **정답**

CHAPTER

8 기단과 전선

1 기단과 전선

(1) 기 단

주어진 고도에서 온도와 습도 등 수평적으로 그 성질이 비슷한 큰 공기덩어리를 기단이라고 한다.

▮ 기압에 따른 기단의 영향

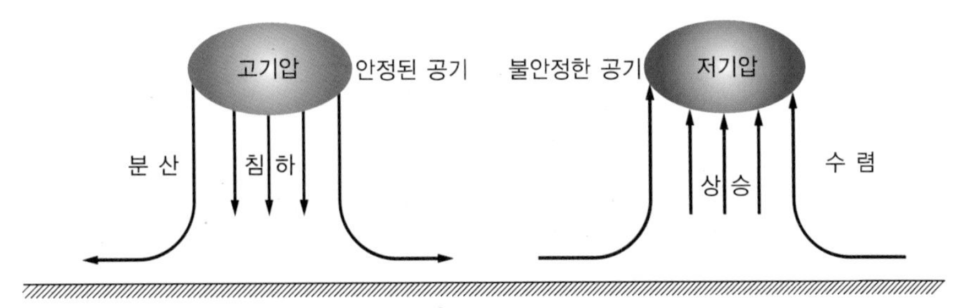

▮ 우리나라에 영향을 미치는 기단

① 기단의 형성[70]

㉠ 대규모의 공기덩어리가 일정한 성질을 가지려면, 기단이 생성되는 지역은 넓은 범위에 걸쳐 일정한 성질을 지닌 평지이며 바람이 약해야 한다. 따라서 기단은 넓은

---

70) https://terms.naver.com/entry.nhn?docId=1070773&cid=40942&categoryId=32299

대륙의 위나 해양의 위에서 발생하는데, 일반적으로 바람이 약한 저위도 지방과 고위도 지방에서 주로 형성된다. 따라서 고위도 지방에서는 시베리아 지역과 오호츠크해 지역에서, 저위도 지방에서는 북태평양 지역이나 양쯔강 지역에서 주로 생성된다. 특히, 정체성 고기압권이나 기압경도가 작은 거대한 저기압권에서 형성되기 쉽다. 반대로 중위도대는 편서풍이 강하고 저기압이나 전선 등이 자주 발생하기 때문에 기단이 형성되기 어렵다.

㉡ 발생지의 영향을 받아 대륙에서 발생된 기단은 건조하고, 해양에서 발생된 기단은 습하다. 보통 기단의 수평 방향의 범위는 수백~수천km이고, 높이는 일반적인 분류에서는 1~수km, 대기 대순환에 의한 분류에서는 8~20km이다. 기단의 형성과정은 다음과 같다.

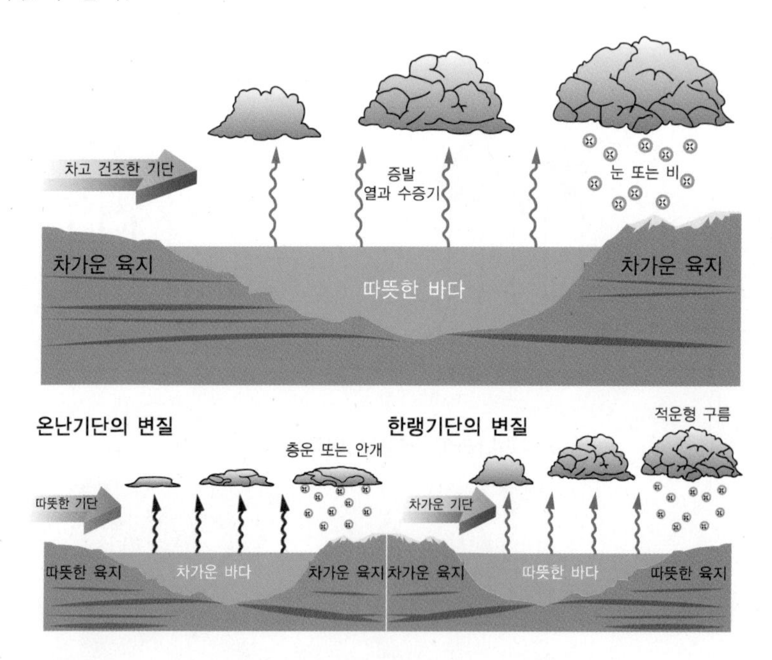

② 기단의 변질

㉠ 기단은 최초 발생한 지역에서 다른 지역으로 이동하면서 변질되기 시작하는데, 주로 온도와 수증기 함량이 변하게 된다.

㉡ 온도는 기단이 이동하여 지표의 온도가 발생지와 다를 때 가열이나 냉각과정을 통해 변한다.

㉢ 수증기 함량은 수증기의 연직운동을 통하여 비의 형태로 방출되거나 지표층에서 증발로 인해 유입된다.

㉣ 강제적인 상승기류도 기단을 변질시키는데, 대표적인 예로 습한 기류가 산맥을 타고 넘는 동안 비가 내려 습기가 줄어들고 가열되어 본래의 성질을 잃어버리는 경우가 있다.

③ 한반도기단

㉠ 한반도에 영향을 주는 기단은 총 5가지로 시베리아기단(한랭 건조), 오호츠크해기단(한랭 다습), 북태평양기단(고온 다습), 양쯔강기단(온난 건조), 적도기단(고온 다습)이 있으며, 각 기단마다 특징이 다르고 어느 기단이 지배적인가에 따라 날씨가 달라진다.

㉡ 우리나라의 여름철은 북태평양기단이 지배적이고, 장마가 시작되기 전에는 오호츠크해기단이 때때로 영향을 주며, 장마철에는 오호츠크해기단과 북태평양기단, 시베리아기단이 번갈아서 또는 혼합되어 지배적인 영향을 주게 된다. 이 밖의 계절에는 시베리아기단이 우세한데, 겨울철에는 시베리아에서 한반도까지 직접적으로 영향을 미치는 반면, 여름에 가까워질수록 중국 대륙을 통해 변질된 상태로 영향을 미친다.

④ 우리나라 주변에는 5개의 기단 중 주로 4개의 기단이 형성되어 있고, 각각의 기단 영향으로 봄, 여름, 가을, 겨울이 뚜렷한 4계절을 보이지만, 기단의 흐름이 정상적이지 않을 경우에 이상기상현상이 발생하기도 한다. 즉, 2009년 12월 수도권 한파와 폭설 동반으로 교통마비현상이 발생한 사례나 2018년 여름 폭염이 지속(이상고온현상)되는 현상이 대표적이다. 한편 2018년 12월 초에 때아닌 추위가 몰려온 것은 기상청 보도에 따르면 북극 한파의 영향인데, 이는 지구온난화현상 때문이다. 즉, 지구온난화로 인해 북극의 빙하가 녹고 태양열이 그대로 바다로 흡수되어 북극의 기온이 오르게 되어 북극 한기를 저지하고 있는 제트기류가 약해져서 찬 공기가 한반도 상공으로 들어왔기 때문이다. 2012년 북극의 빙하가 역대 최저점을 기록했고, 그 이후 한반도에 영하 10℃를 밑도는 강추위가 열흘 이상 지속되는 날이 많아지고 있다. 다음의 기상레이더를 보면 2018년 12월 초, 한반도가 북극 한파의 영향권에 들어가 있는 것을 알 수 있다.

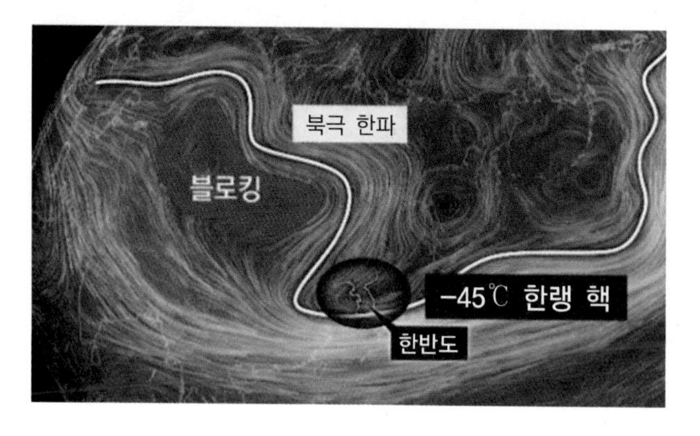

⑤ 기단의 종류

㉠ 시베리아기단

- 발원지 : 바이칼호를 중심으로 하는 시베리아 대륙 일대
- 분류 : 대륙성 한대기단(cP)
- 성격 : 한랭 건조
- 우리나라 겨울철 날씨에 영향을 준다.
- 9월부터 점차 강해져서 남하를 시작하고, 1월에 최성기에 이르며 3월에 점차 쇠약해진다.
- 일반적으로 날씨가 맑다.
- 남하 → 동해와 서해의 열·수분을 공급받음 → 불안정 → 대설, 악천후 발생

㉡ 북태평양기단

- 발원지 : 북태평양에서 형성
- 분류 : 해양성 열대기단(mT)
- 성격 : 고온 다습
- 우리나라 여름철 날씨에 영향을 준다.
- 북상 → 하층 냉각 → 안정화 → 더욱 북상 → 하층 포화 → 응결 → 안개 발생
- 7~8월경 남동해상에서 발생하는 바다안개(해무)의 원인이 된다.

㉢ 오호츠크해기단

- 발원지 : 오호츠크해
- 분류 : 해양성 한대기단(mP)
- 성격 : 한랭 습윤(다습)
- 우리나라 초여름 날씨에 영향을 준다(건기의 원인).
- 초여름에 우리나라로 세력이 확장되어 남쪽의 북태평양기단과 정체전선을 형성한다.

㉣ 양쯔강기단

- 발원지 : 중국 양쯔강 유역이나 티베트 고원 등의 아열대 지역
- 분류 : 대륙성 열대기단(cT)
- 성격 : 고온 건조
- 우리나라 봄, 가을 날씨에 영향을 준다.
- 구름이 형성되는 경우가 적어 대체로 날씨가 맑다.
- 이동성 고기압이며 우리나라 방면으로 이동한다.

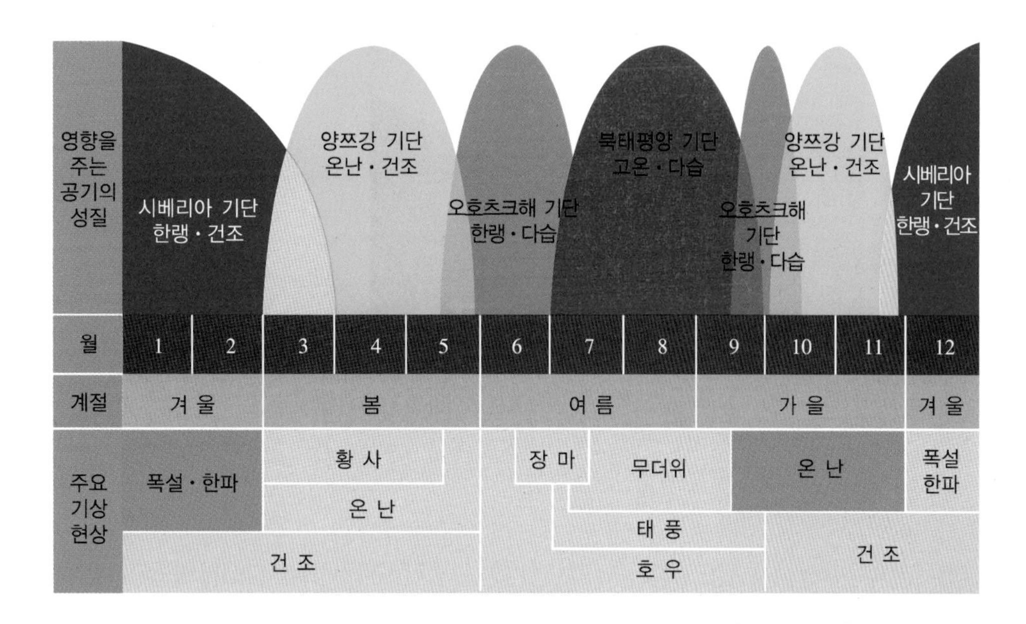

(2) 전 선

① 정 의

㉠ 서로 다른 2개의 기단이 만나면 바로 섞이지 않고 경계면을 이룬다.

㉡ 불연속면 : 서로 다른 2개의 기단이 만나는 불연속적인 성격을 가진 면이다.

㉢ 전선 : 서로 다른 2개의 기단이 만나는 경계면이 지표면과 만나는 선, 즉 불연속면과 지표면이 만나는 선이다.

㉣ 기단 내부의 성격 변화 : 완만하고 연속적으로 변화한다.

㉤ 전선지역의 성격 변화 : 기온은 불연속적이고, 기상요소는 시공간에 따라 급변한다.

㉥ 전선 발생 : 새로운 전선이 형성되는 것으로 기존의 전선이 더욱 강화되는 경우도 포함된다.

② 온난전선

㉠ 따뜻한 공기가 찬 공기 쪽으로 이동하여 만나게 되면 따뜻한 공기가 찬 공기 위로 올라가면서 전선을 형성한다.

㉡ 온난전선의 접근 : 일반적으로 구름, 강수(넓은 지역, 약한 비), 습도가 증가하고 기온이 상승한다.

㉢ 온난전선 통과 후 : 기온이 상승하고 구름이 감소하며 때때로 맑은 날씨를 보일 때도 있다.

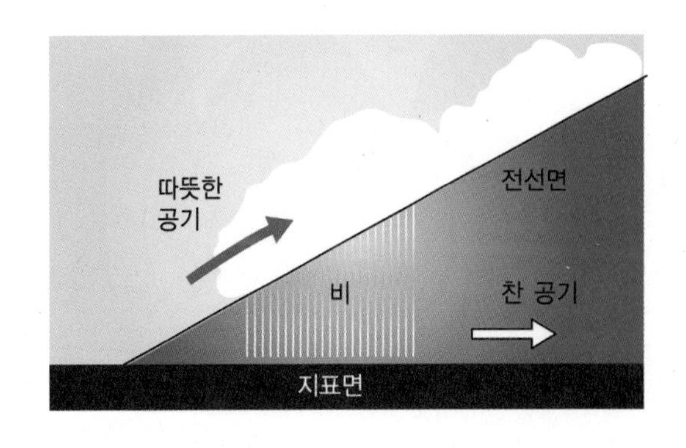

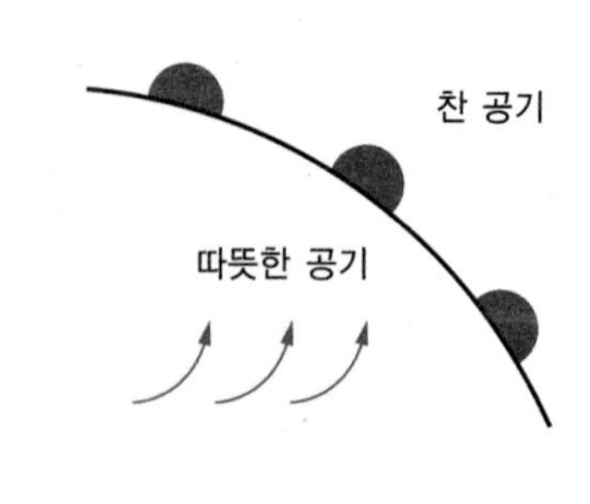

③ 한랭전선

㉠ 찬 공기가 따뜻한 공기 쪽으로 이동해 가서 그 밑으로 쐐기처럼 파고 들어가 따뜻한 공기를 강제적으로 상승시킬 때에 만들어지는 전선이다.

㉡ 한랭전선 접근 시 : 수직운(적운형 또는 적란운 등)이 발생하며 돌풍과 뇌우를 동반하기도 한다. 전선 통과 직후 좁은 지역에 짧은 시간 소나기가 내린다.

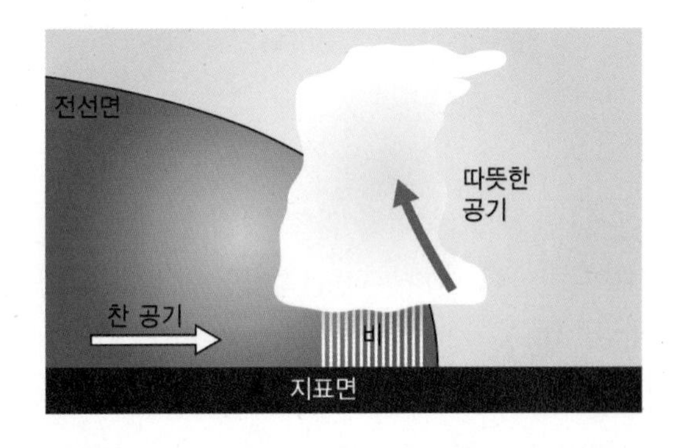

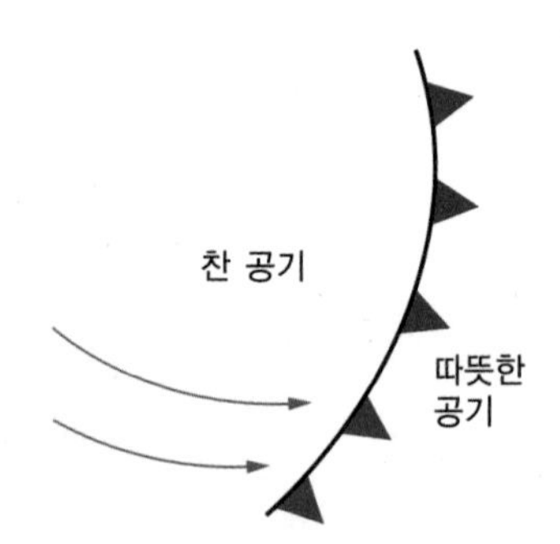

④ 폐색전선

㉠ 한랭전선과 온난전선이 서로 겹쳐진 전선이다.

㉡ 온난전선은 저기압의 남동쪽, 한랭전선은 저기압의 남서쪽에 형성된다.

㉢ 온난전선의 이동 속도 < 한랭전선의 이동 속도

㉣ 양 전선의 거리가 가장 가까운 중심 부근으로부터 한랭전선이 온난전선을 추월하여 점차 겹쳐진다.

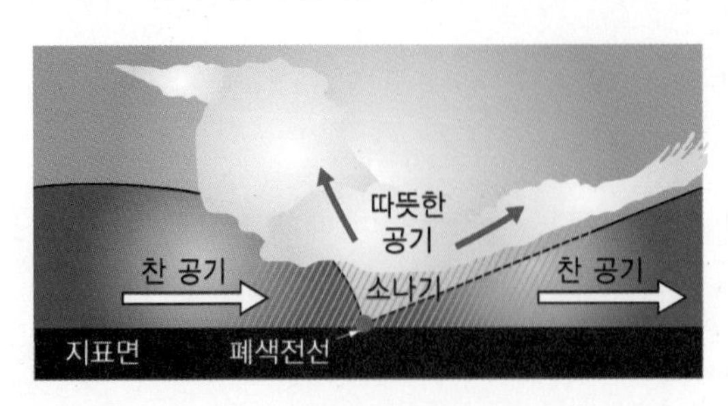

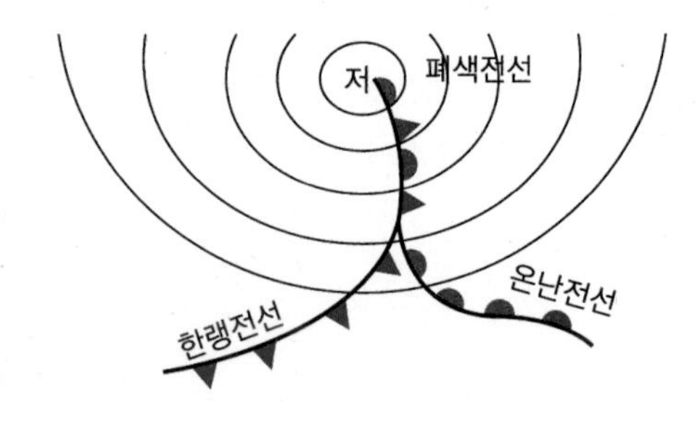

⑤ 정체전선(장마전선)

㉠ 온난전선과 한랭전선이 이동하지 않고 정체해 있는 전선이다.

㉡ 남북에서 온난기단과 한랭기단이 대립하는 형태이다.

㉢ 세력이 서로 비슷하여 크게 이동하지 않고 거의 정체되어 있다.

㉣ 나쁜 날씨가 지속된다.

㉤ 남북으로 놓이는 경우는 거의 없고, 보통 동서로 길게 놓인다.

▮ 정체전선과 일기도의 표기

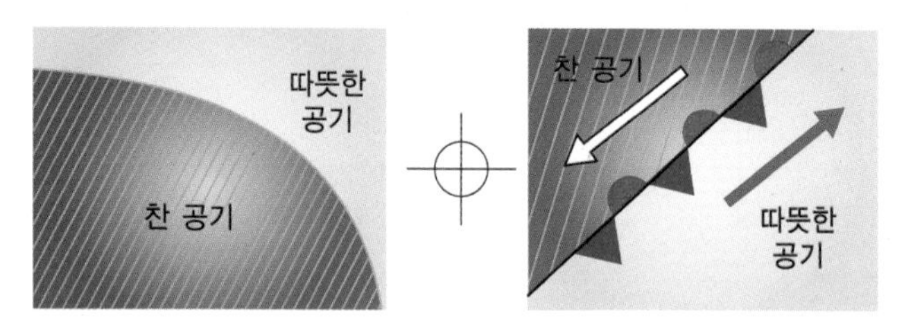

⑥ 온난전선과 한랭전선의 비교

㉠ 성질이 다른 기단이 만나 다양한 형태의 구름이 형성되고, 때로는 뇌우나 세찬 폭우를 동반하기도 하며, 다음과 같은 현상이 나타난다.

㉡ 조류학자들이 철새들의 이동시기를 조사했는데, 철새들은 이동 시 전선을 이용하였다. 늦가을 철에 한랭전선이 통과할 때 수십만 마리의 새가 이동하였다. 시베리아 지역은 늦가을 한랭전선이 통과한 후 급격히 추워져 기온이 떨어지면서 먹이 요구량은 늘어나고 추위로 인해 먹이 찾기가 어려워지기 때문에 자연적으로 철새들이 이동할 조건이 만들어진다. 한랭전선을 따라 강한 시베리아 고기압이 남쪽으로 확장하며, 이로 인해 지상부터 상층까지 강한 북서풍이 불게 되고, 철새들이 이 강한 바람을 타고 손쉽게 우리나라로 날아올 수 있는 것이다. '기러기가 빨리 오면 추위가 빨리 온다.'는 말처럼 기상장비가 없던 옛날 선조들은 철새의 움직임을 보고 자연의 이치를 습득하였을 것이다.

㉢ 비, 눈, 강풍 등 나쁜 날씨는 성질이 다른 공기덩어리가 만나는 경계지역에서 주로 발생하는데, 성질이 다른 큰 공기덩어리(기단)가 만나면 접촉면을 경계로 기상요소들이 급격히 달라진다. 이 접촉면을 전선면(Frontal Surface)이라고 하며, 이 면이 지면과 만나는 선을 전선(Front)이라고 한다. 전선은 수학적인 하나의 선이 아니라 어느 정도의 폭을 가진 물리적 성질(온도, 습도, 바람, 이슬점온도 등)이 다른 두 기단의 전이층이다. 보통 전이층의 폭은 수십km 이하이고, 지상 일기도에서는 하나의 선으로 표시된다. 또 경계층이 지면과 만나는 대역(帶域)을 전선대(Frontal Zone)라고 한다. 다음은 기단, 전선대, 전선의 수평 규모를 비교한 것이다.

▮ 기단, 전선대, 전선의 수평 규모

(단위 : km)

	기 단	전선대	전 선
길 이	1,000	1,000	1,000
폭	1,000	100	10

㉣ 전선의 기상요소 변화 중 가장 큰 것은 기온이다. 기온 변화의 양이나 변화율은 전선의 강도에 따라 다르다. 일반적으로 강한(폭이 좁은) 전선에서는 급격하고 큰 기온 변화가 나타나지만, 약한 전선의 경우 기온 변화는 완만하며 이슬점온도도 변화한다. 이슬점온도는 대략적인 대기의 상대습도를 나타내는 것으로 일반적으로 찬 공기는 따뜻한 공기보다 건조하기 때문에 이슬점온도는 따뜻한 공기보다 찬 공기에서 낮게 나타난다. 따라서 이슬점온도의 변화를 보면 전선의 이동과 종류를 알 수 있다.

㉤ 기온과 더불어 가장 큰 변화 중의 하나가 바람이다. 전선의 앞과 뒤의 불연속을 알 수 있는 것은 풍향 변화인데, 풍속은 온난전선보다는 한랭전선이 통과한 뒤 강해진다. 전선의 통과는 기압의 변화를 가져오는데, 전선이 관측소를 향해 접근하고 있을 때 기압은 감소한다. 전선이 통과한 후에는 급격히 또는 점차 증가한다. 다음 그림은 전선이 통과하면서 나타나는 기상요소의 불연속을 나타낸 것이다. 풍향과 풍속 중 붉은색은 온난전선이며, 파란색은 한랭전선이다. 공기가 이동하면서 나타나는 기상요소를 보면, 한랭전선이 통과한 후에는 기온과 이슬점온도는 하강하고, 기압은 상승하며, 바람은 남서풍에서 북서풍으로 급격히 변화하는 것을 알 수 있다.

▮ 전선 통과에 따른 기상요소의 변화

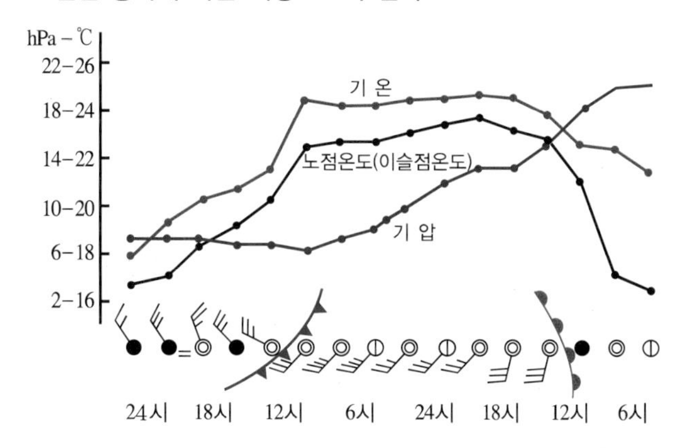

ⓑ 온난전선(Warm Front)은 다음 그림처럼 온난공기가 한랭공기 쪽으로 이동해 가면서 만들어지는 전선으로, 온난공기는 밀도가 한랭공기보다 작아서 따뜻한 공기는 한랭한 공기 위로 상승하기 때문에 온대 저기압 앞쪽에 위치한다. 온난전선이 통과할 때의 기압, 기온, 바람 등의 변화는 전선면의 기울기가 완만하기 때문에 한랭전선만큼 뚜렷하지 않을 때가 많다. 일반적인 온난전선의 경우 전선면 아래에 있는 한랭공기의 두께는 전선 부근에서 매우 얇기 때문에 지표면으로부터 가열, 증발 및 강수 등에 의하여 변질이 쉽게 일어나고 전선을 경계로 양쪽 기단의 성질 차이가 작아진다. 따라서 안정적인 온난전선상에서는 강한 폭우성 소나기가 내리지 않는 것이다.

▮ 온난전선 모식도

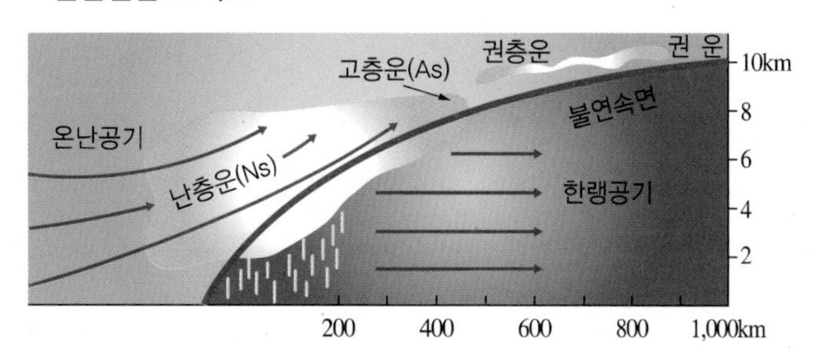

• 온난한 공기가 이동하면서 한랭공기 위로 상승하면 구름이 만들어지는데, 온난전선의 안정성 여부에 따라 구름의 형태도 매우 다르게 나타난다. 안정한 온난전선에서는 층운형 구름이 형성된다. 안정된 공기는 공기의 상승이 서서히 일어나고, 요란(搖亂)이 일어나지 않아서 수직적인 구름이 만들어지지 않아 층운형 구름인 층운, 난층운, 고층운, 권층운, 권운이 만들어지는 것이다. 전선에서 가까운 곳에는 난층운의 영향으로 비가 내리지만 그 전방인 고층운이나 권층운에는 비가 거의 내리지 않는다.

▮ 온난전선의 안정된 공기가 한랭공기의 경사면을 올라가면서 층운형의 구름 형성

• 반대로, 불안정한 온난공기는 심한 기상현상을 야기하는데, 불안정한 공기는 상승운동을 일으키며, 요란이 심해지면서 강한 상승기류로 인해 적란운, 고적운 등의 수직적인 구름이 만들어진다. 이러한 구름들은 뇌우나 세찬 폭우 등이 내리는 경우가 많다.

▮ 불안정한 온난공기가 한랭공기의 경사면을 올라가면서 적란운 형성

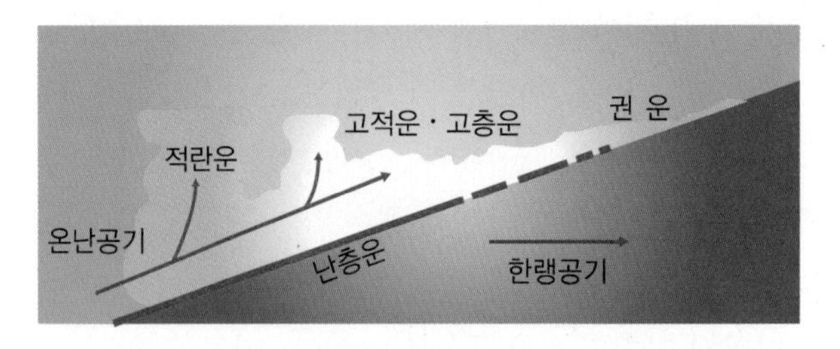

• 가장 많은 형태는 안정한 상태의 온난전선인데, 이는 저기압의 먼 전방에서부터 구름을 만들면서 광범위한 강수대를 만들어 지속적인 강수현상을 보인다. 하층에 만들어지는 층운과 안개현상도 주요 특징이다. 겨울철에는 어는 비나 얼음싸라기(Ice Pellets)가 발생하기도 하며, 전방으로는 저층 바람시어(Low Level Wind Shear)가 발생해 이착륙하는 유인 또는 무인항공기(무인비행기 포함)에 영향을 주기도 한다. 온난전선은 일반적으로 이동 속도가 느리고 전선면 경사도 완만한 특징이 있는데, 이동속도는 25km/h이고, 전선면의 경사는 1/150~1/200 정도이다. 전선의 전방에는 남동풍이 불고 통과 후에는 남서풍으로 변하며, 기압은 전선 통과 전에는 내려가고 전선 통과 후에는 거의 일정하다. 강수현상은 전선의 전방 약 400km 사이의 지역에서 발생하는데, 기온 및 이슬점온도는 전선 통과 후에는 어느 정도 상승하고 습도도 높아진다. 전선 전면에 전선안개가 발생해 비행 간 교통안전에 많은 영향을 준다. 충분히 발달한 온난전선의 접근 징후는 수일 전부터 나타나는데, 전선의 앞쪽 1,000km 정도의 지점에 권운이나 권층운이 퍼져 나오기 때문이다. 전선이 접근함에 따라 점차 구름의 두께가 증가하는데, 높이는 낮아지면서 고층운으로 변해 가고, 더 가까워지면 난층운으로 변하면서 비가 내리기 시작하며 온난전선이 통과하면 비는 그친다.

㉦ 한랭전선(Cold Front)은 한랭공기가 온난공기 쪽으로 이동할 때 만들어지는 전선으로서, 온난전선이 저기압의 전면부에 만들어진다면 한랭전신은 후반부에 위치한다. 한랭공기는 온난공기보다 밀도가 높아서 한랭공기가 온난공기 밑으로 파고들어가면서 전선이 생성된다. 한랭전선은 빠르게 이동하는 유형과 느리게 이동하는 유형으로 나누어진다.

- 고속으로 이동하는 전선이 전형적인 한랭전선이다. 다음 그림처럼 전선의 이동속도가 빠르기 때문에 전선의 기울기가 커지고, 한랭전선의 영향으로 온난공기는 전선 부근에서 급격히 상승하고 수직으로 발달하는 적운 또는 적란운이 주로 만들어진다. 수직적으로 발달하기 때문에 구름의 범위는 매우 좁지만 강수의 강도가 강해 집중호우가 발생할 수 있다. 전선이 통과하면 날씨는 곧 회복되지만, 강한 돌풍성의 바람은 전선 통과 후에도 상당히 오랜 시간 동안 지속된다.

▮ 고속으로 이동하는 한랭전선의 구름 형성

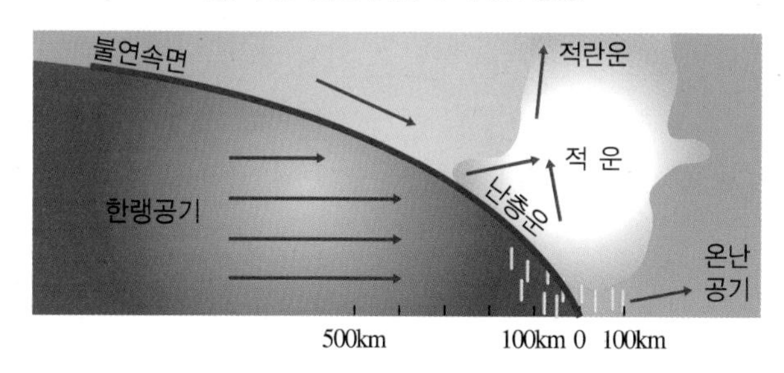

- 저속으로 이동하는 한랭전선은 온난공기가 안정한 경우가 대부분으로, 이때 전선 바로 위에 난층운이나 고층운과 같은 층운형의 구름이 만들어진다. 온난전선의 성격이 나타나면서 전선 전면에서 비가 내리기 시작하며, 전선이 통과한 다음에도 비는 내리지만 강도는 강하지 않다.

▮ 저속으로 이동하는 한랭전선의 구름형성

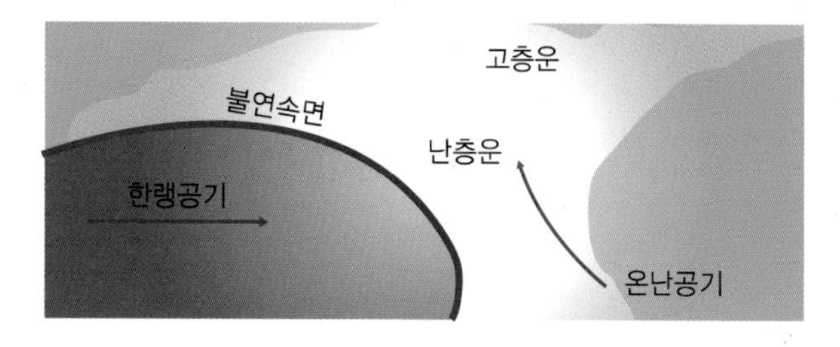

- 드물기는 하지만 저속으로 이동하는 한랭전선이 불안정한 온난공기를 만날 때가 있는데, 이 경우에는 다음 그림처럼 한랭전선 위로 불안정하고 습윤한 공기가 상승하면서 적란운이 만들어지기도 한다. 비는 전선이 통과한 후 한랭공기층에서 내리며, 하층의 난층운으로부터 줄기찬 폭우가 발생한다. 그리고 적란운으로부터 호우가 내리기도 한다.

▮ 저속으로 이동하는 한랭전선과 불안정한 온난공기가 만날 때의 구름 형성

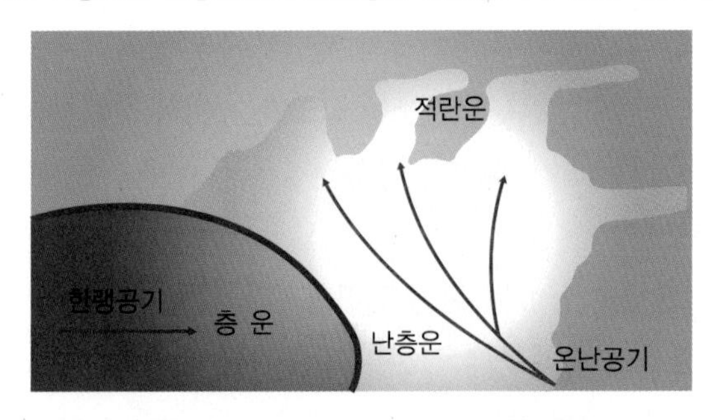

- 한랭전선에서 나타나는 위험한 기상은 전선 앞에 생기는 스콜선(Squall Line)과 전선을 따라 나타나는 적운형 구름이다. 이때 심한 요란, 윈드시어, 뇌우, 번개, 심한 소나기, 우박, 착빙, 토네이도 등이 발생한다. 한랭전선은 일반적으로 이동이 빠르고 경사가 급한데, 그 이동 속도는 35km/h이고 전선면의 경사는 1/100~1/150 정도이다. 전선 전면에서는 남서풍이 불지만 전선이 통과하고 나면 북서풍으로 급변한다. 기압은 전선 통과 전에는 하강하고 통과 후에는 급상승하고, 기온과 이슬점온도는 전선의 통과와 함께 급격히 떨어진다. 시계(視界)는 온난전선과 달리 전선이 통과한 후 좋아진다.

읽을거리 전선을 전쟁에 이용한 재미있는 이야기

• 적벽대전

삼국지의 압권은 적벽대전이다. 적벽대전이 벌어질 당시는 한겨울이었다. 오나라의 주유는 조조의 선단을 연환계로 묶어 두는 데 성공했는데, 조조의 배들을 불태우기 위해서는 남동풍이 불어야 했다. 그러나 중국의 겨울은 거의 북서풍이 불기 때문에 조조의 부하들이 화공을 대비해야 되지 않느냐고 했을 때 조조는 코웃음을 쳤다. 애가 탄 주유가 앓아누웠을 때 제갈공명이 나서서 칠성단을 쌓고 제사를 지내 남동풍을 불게 하겠다고 하였다. 그의 말대로 며칠 후 남동풍이 불었고 화공을 이용한 주유는 대승을 거두었다.

제갈공명이 남동풍을 불게 했을까? 그건 불가능한 일이다. 그렇다면 제갈공명은 남동풍이 불 것을 어떻게 알았을까? 제갈공명은 융중(隆中)에서 오랜 세월 동안 하늘과 천문을 관측했고 천기의 흐름을 예측할 수 있었기 때문에 남동풍이 분다는 것을 미리 안 것이다. 겨울철 중국은 북서풍이 주된 풍향이지만 일 년에 한 번 정도 남동풍이 불어오는데, 화남지방에서 강하게 발달한 저기압이 북동진해 올 때이다. 강한 저기압이 느리게 이동할 경우 먼저 접근하는 것이 온난전선인데, 온난전선은 전방에서부터 구름이 만들어지고, 온난전선의 기울기가 약한 경우 1,500km 이상의 전방에서 구름이 만들어지기 시작한다.

'달무리 지면 비'라는 속담은 온난전선의 특징을 잘 나타내고 있다. 기압골과 연관된 권층운에서 달무리현상이 발생하는데 달무리가 지면 비가 내릴 확률이 70%에 가깝다. 전방에서 권운과 권층운이 만들어지고 뒤로 오면서 고층운과 난층운이 생기게 되는 것이다. 난층운 지역부터 비가 내리기 시작하는데, 제갈공명은 천천히 이동하는 온난전선의 전방에서 만들어진 권운이나 권층운으로 남동풍을 예측한 것이다.

• 귀주대첩

적벽대전이 온난전선의 기상을 활용했다면 귀주대첩은 한랭전선의 특징을 이용하였다. 거란이 10만 대군으로 고려로 쳐들어오자 고려는 강감찬 장군을 상원수로 맞아 싸우게 했다. 개경까지 진격한 거란군은 도중에 고려군의 공격으로 세력이 약해져 있었고, 정월의 맹추위와 함께 식량 보급 수송이 끊어져서 어쩔 수 없이 후퇴할 수밖에 없었다. 이렇게 거란군을 몰살시킨 곳이 귀주이다. 고려사에는 이때 갑자기 남풍이 불면서 비가 내렸다는 기록이 있는데, 당시 기마 병력이 주력이었던 거란군과 산지가 아닌 평지에서 결전을 벌인 것, 그리고 남쪽에 진을 친 것 등은 이해되지 않는 대목이지만, 그때의 고려사 기록과 같은 기상현상이 발생했다면 강감찬의 전략은 이해가 된다. 한랭전선의 이동이 빠른 경우, 즉 활강형 한랭전선이 형성되면 귀주대첩에서와 같은 기상현상이 나타나기도 한다. 활강형 한랭전선 전방에서는 수직적인 구름이 발생하면서 강한 풍향의 급변과 함께 비가 내린다. 남풍을 등에 지고 공격해 들어간

고려군은 백석천 일대에서 거센 바람이 거란군 쪽을 향해 불자 화살을 집중적으로 퍼부었다. 귀주대첩에서 거란의 10만 대군 중 살아서 돌아간 사람은 2천여 명뿐이었다고 한다. 강감찬 장군은 여덟살이란 어린 나이에 이미 천문과 지리에 밝았다고 전해지고 있다. 그 당시에는 한랭전선이라는 것은 몰랐겠지만 이런 기상현상이 발생할 것을 예측한 것이라고 유추해 볼 수 있다.

CHAPTER

8 적중예상문제

01 **겨울철 복사냉각에 의한 한랭한 공기가 축적되어 형성된 한랭 건조한 기단은?**

① 북태평양기단　　② 시베리아기단
③ 양쯔강기단　　④ 오호츠크해기단

해설

시베리아 기단
겨울에 고위도 내륙인 시베리아 대륙에서 형성되는 한랭 건조한 기단이다. 북서계절풍, 겨울철 추위 및 봄철의 꽃샘추위의 원인이 되며 시베리아 고기압의 발달과 함께 형성된다.

02 **장마가 시작되기 이전의 우리나라 기후에 영향을 미치며, 장마 전에 장기간 나타나는 건기의 원인이 되는 기단은?**

① 북태평양기단　　② 시베리아기단
③ 양쯔강기단　　④ 오호츠크해기단

해설

오호츠크해기단은 오호츠크해에서 발원하여 장마가 시작되기 전에 우리나라 기후에 영향을 미치는 기단이다. 장마 전에 나타나는 건기의 원인이며 한랭 습윤한 해양성 기단으로 오호츠크해의 면적이 넓지 않아서 우리나라에 짧은 기간 동안 영향을 미친다. 초여름 시베리아기단의 약화로 인하여 오호츠크해기단이 확장하면서 북태평양기단과 접하게 되면 경계면에 장마전선이 형성된다.

03 **남북에서 온난기단과 한랭기단이 대립하는 전선은?**

① 정체전선　　② 대류성 한랭전선
③ 북태평양 고기압　　④ 폐색전선

해설

정체전선은 두 기단이 인접했을 때 상호 간섭 없이 본래의 특성을 그대로 지니며 움직임이 거의 없는 전선의 형태를 말한다.

정답　1 ②　2 ④　3 ①

04 다음 중 한랭전선에 대한 설명으로 틀린 것을 고르면?

① 적운형 또는 적란운 구름이 형성된다.
② 따뜻한 기단 위에 형성된다.
③ 좁은 지역에 소나기나 강한 바람, 우박, 번개가 형성된다.
④ 온난전선에 비해 이동 속도가 빠르다.

해설
한랭전선은 이동하는 차가운 공기군의 전방부분을 말하며, 지표면에서 차가운 공기는 더운 공기를 흡수하거나 차가운 공기로 대치된다. 전선 표면지역에서는 일반적으로 한랭전선이 온난전선을 상층부로 밀어 올려 대기는 불안정하게 되며 이에 따라 우박, 번개, 소나기, 강한 바람이 형성된다.

05 찬 기단이 따뜻한 기단 쪽으로 이동할 때 생기는 전선은?

① 한랭전선
② 온난전선
③ 정체전선
④ 폐색전선

해설
한랭전선은 찬 공기가 따뜻한 공기 쪽으로 이동해 가서 그 밑으로 쐐기처럼 파고 들어가 따뜻한 공기를 강제적으로 상승시킬 때에 만들어지는 전선이다.

06 기단의 형성에 대한 설명으로 틀린 것은?

① 기단이 생성되는 지역은 넓은 범위에 걸쳐 일정한 성질을 지닌 평지이며 바람이 약해야 한다.
② 기단은 넓은 대륙의 위나 해양의 위에서 발생한다.
③ 바람이 약한 중위도 지방과 고위도 지방에서 주로 형성된다.
④ 기단은 시베리아 지역과 오호츠크해 지역, 북태평양 지역이나 양쯔강 지역에서 주로 생성된다.

해설
바람이 약한 저위도 지방과 고위도 지방에서 주로 형성된다.

4 ② 5 ① 6 ③ 정답

07 기단에 대한 설명으로 옳지 않은 것은?

① 주어진 고도에서 온도와 습도 등 수평적으로 그 성질이 비슷한 큰 공기덩어리를 기단이라고 한다.
② 발생지의 영향을 받아 대륙에서 발생된 기단은 습하고, 해양에서 발생된 기단은 건조하다.
③ 보통 기단의 수평 방향의 범위는 수백~수천km이고, 높이는 일반적인 분류에서는 1~수km이다.
④ 대기 순환에 의한 분류에서는 8~20km이다.

해설
발생지의 영향을 받아 대륙에서 발생된 기단은 건조하고, 해양에서 발생된 기단은 습하다.

08 기단의 변질에 대한 설명으로 바르지 못한 것은?

① 최초 발생한 지역에서 다른 지역으로 이동하면서 변질되기 시작하는데, 주로 온도와 수증기 함량이 변하게 된다.
② 온도는 기단이 이동하여 지표의 온도가 발생지와 다를 때 가열이나 냉각과정을 통해 변한다.
③ 수증기 함량은 수증기의 연직운동을 통하여 비의 형태로 방출되거나 지표층에서 증발로 인해 유입된다.
④ 하강기류도 기단을 변질시키는데, 습한 기류가 산맥을 타고 넘는 동안 비가 내려 습기가 줄어들고 가열되어 본래의 성질을 잃어버리는 경우가 있다.

해설
강제적인 상승기류도 기단을 변질시키는데, 대표적인 예로 습한 기류가 산맥을 타고 넘는 동안 비가 내려 습기가 줄어들고 가열되어 본래의 성질을 잃어버리는 경우가 있다.

09 한반도 기단에 대한 설명으로 옳지 않은 것은?

① 한반도에 영향 주는 기단은 시베리아기단(한랭 건조), 오호츠크해기단(한랭 다습), 북태평양기단(고온 다습), 양쯔강기단(온난 건조), 적도기단(고온 다습)이다.
② 여름철은 북태평양기단이 지배적이다.
③ 장마가 시작되기 전에는 북태평양기단이 때때로 영향을 준다.

정답 7 ② 8 ④ 9 ③

④ 장마철에는 오호츠크해기단과 북태평양기단, 시베리아기단이 번갈아서 또는 혼합되어 지배적인 영향을 주게 된다.

해설

장마가 시작되기 전에는 오호츠크해기단이 때때로 영향을 준다.

10 시베리아기단에 대한 설명으로 바르지 못한 것은?

① 발원지는 바이칼호를 중심으로 하는 시베리아 대륙 일대이다.
② 대륙성 한대기단(cP)으로 한랭 건조하다.
③ 우리나라 겨울철 날씨에 영향을 준다.
④ 일반적으로 날씨가 흐리다.

해설

시베리아기단은 일반적으로 날씨가 맑다.

11 북태평양기단에 대한 설명으로 바르지 않은 것은?

① 발원지는 북태평양이다.
② 해양성 열대기단(mT)으로 고온 다습하다.
③ 우리나라 봄, 가을 날씨에 영향을 준다.
④ 7~8월경 남동해상에서 발생하는 해무의 원인이 된다.

해설

북태평양기단은 우리나라 여름철 날씨에 영향을 준다.

12 오호츠크해기단에 대한 설명으로 틀린 것은?

① 발원지는 오호츠크해이다.
② 해양성 한대기단(mP)으로 한랭 습윤(다습)하다.
③ 우리나라 초여름 날씨에 영향을 준다(건기의 원인).
④ 초가을에 우리나라로 세력이 확장되어 북쪽의 시베리아기단과 정체전선을 형성한다.

해설

오호츠크기단은 초여름에 우리나라로 세력이 확장되어 남쪽의 북태평양기단과 정체전선을 형성한다.

10 ④ 11 ③ 12 ④ 정답

13 양쯔강기단에 대한 설명으로 옳지 않은 것은?

① 발원지는 중국 양쯔강 유역이나 티베트 고원 등의 아열대 지역이다.
② 대륙성 열대기단(cT)으로 고온 다습하다.
③ 우리나라 봄, 가을 날씨에 영향을 준다.
④ 구름이 형성되는 경우가 적어 대체로 날씨가 맑다.

해설
양쯔강기단은 대륙성 열대기단(cT)으로 고온 건조하다.

14 온난전선에 대한 설명으로 틀린 것은?

① 따뜻한 공기가 찬 공기 쪽으로 이동하여 만나게 되면 따뜻한 공기가 찬 공기 위로 올라가면서 전선을 형성한다.
② 온난전선이 접근하면 구름, 강수(넓은 지역, 약한 비), 습도가 증가하고 기온이 상승한다.
③ 온난전선이 접근하면 구름, 강수(넓은 지역, 약한 비), 습도가 증가하나, 기온은 하강한다.
④ 온난전선 통과 후에는 기온이 상승하고 구름이 감소하며 때때로 맑은 날씨를 보일 때도 있다.

해설
온난전선이 접근하면 일반적으로 구름, 강수(넓은 지역, 약한 비), 습도가 증가하고 기온이 상승한다.

15 한랭전선에 대한 설명으로 옳지 않은 것은?

① 찬 공기가 따뜻한 공기 쪽으로 이동해 가서 그 밑으로 쐐기처럼 파고들어 간다.
② 따뜻한 공기를 강제적으로 상승시킬 때에 만들어지는 전선이다.
③ 한랭전선 접근 시에는 층운형(층운, 층적운 등)이 발생하며 돌풍과 뇌우를 동반하기도 한다.
④ 전선 통과 직후 좁은 지역에 짧은 시간 소나기가 내린다.

해설
한랭전선 접근 시에는 수직운(적운형 또는 적란운 등)이 발생하며 돌풍과 뇌우를 동반하기도 한다.

정답 13 ② 14 ③ 15 ③

16 다음 중 폐색전선에 대한 설명으로 바르지 못한 것은?

① 온난전선의 이동 속도가 한랭전선의 이동 속도보다 빠르다.
② 온난전선은 저기압의 남동쪽, 한랭전선은 저기압의 남서쪽에 형성된다.
③ 폐색전선은 한랭전선과 온난전선이 서로 겹쳐진 전선이다.
④ 양 전선의 거리가 가장 가까운 중심 부근으로부터 한랭전선이 온난전선을 추월하여 점차 겹쳐진다.

해설
폐색전선은 한랭전선과 온난전선이 서로 겹쳐진 전선으로 한랭전선의 이동 속도가 온난전선의 이동 속도보다 빠르다.

17 다음 중 정체전선(장마전선)에 대한 설명으로 틀린 것은?

① 온난전선과 한랭전선이 이동하지 않고 정체해 있는 전선이다.
② 남북에서 온난기단과 한랭기단이 대립하는 형태이다.
③ 세력이 서로 비슷하여 크게 이동하지 않고 거의 정체되어 있다.
④ 동서로 놓이는 경우는 거의 없고, 보통 남북으로 길게 놓인다.

해설
정체전선(장마전선)은 남북으로 놓이는 경우는 거의 없고, 보통 동서로 길게 놓이며, 나쁜 날씨가 지속된다.

18 다음 중 전선의 폭으로 맞는 것은?

① 5km
② 10km
③ 15km
④ 20km

해설
전선의 길이는 1,000km이고 폭은 10km이며, 전선대의 길이는 1,000km이고 폭은 100km이며, 기단의 길이와 폭은 1,000km이다.

19 전선의 이동과 종류를 파악하는 요소로 바른 것은?

① 이슬점온도
② 상대습도
③ 절대습도
④ 기 압

16 ① 17 ④ 18 ② 19 ① 정답

해설

이슬점온도는 대략적인 대기의 상대습도를 나타내는 것으로 일반적으로 찬 공기는 따뜻한 공기보다 건조하기 때문에 이슬점온도는 따뜻한 공기보다 찬 공기에서 낮게 나타난다. 따라서 이슬점온도의 변화를 보면 전선의 이동과 종류를 알 수 있다.

20 다음 중 층운형 구름이 형성되기 위한 조건에 해당하는 것은?

① 안정한 온난공기
② 불안정한 온난공기
③ 안정한 한랭공기
④ 불안정한 한랭공기

해설

안정한 온난전선에서는 층운형 구름이 형성된다. 안정된 공기는 공기의 상승이 서서히 일어나고, 요란(搖亂)이 일어나지 않아서 수직적인 구름이 만들어지지 않아 층운형 구름인 층운, 난층운, 고층운, 권층운, 권운이 만들어진다.

21 다음 중 적란운 구름이 형성되기 위한 조건은?

① 안정한 온난공기
② 불안정한 온난공기
③ 안정한 한랭공기
④ 불안정한 한랭공기

해설

불안정한 온난공기는 심한 기상현상을 야기하는데, 불안정한 공기는 상승운동을 일으키며, 요란이 심해지면서 강한 상승기류로 인해 적란운, 고적운 등의 수직적인 구름이 만들어진다. 이러한 구름들은 뇌우나 세찬 폭우 등이 내리는 경우가 많다.

22 다음 중 온난전선의 접근징후로 볼 수 있는 것은?

① 적 운
② 적란운
③ 권 운
④ 층 운

해설

온난전선의 접근 징후는 수일 전부터 나타나는데, 전선의 앞쪽 1,000km 정도의 지점에 권운이나 권층운이 퍼져 나오기 때문이다. 전선이 접근함에 따라 점차 구름의 두께가 증가하는데, 높이는 낮아지면서 고층운으로 변해가고, 더 가까워지면 난층운으로 변하면서 비가 내리기 시작하며 온난전선이 통과하면 비는 그친다.

정답 20 ① 21 ② 22 ③

23 고속으로 이동하는 한랭전선의 영향으로 발생하는 구름으로 볼 수 있는 것은?

① 적 운
② 고층운
③ 권 운
④ 층 운

해설
전선의 이동속도가 빠르기 때문에 전선의 기울기가 커지고, 한랭전선의 영향으로 온난공기는 전선 부근에서 급격히 상승하고 수직으로 발달하는 적운 또는 적란운이 주로 만들어진다.

24 저속으로 이동하는 한랭전선의 영향으로 발생하는 구름으로 볼 수 없는 것은?

① 난층운
② 적 운
③ 고층운
④ 층 운

해설
저속으로 이동하는 한랭전선은 온난공기가 안정한 경우가 대부분으로, 이때 전선 바로 위에 난층운이나 고층운과 같은 층운형의 구름이 만들어진다.

23 ① 24 ② **정답**

CHAPTER

9 뇌우 및 난기류 등

1 뇌우 및 난기류

(1) 뇌우(Thunderstorm)

① 뇌우의 특징

[71]

㉠ 적란운 또는 거대한 적운에 의해 형성된 폭풍우로, 항상 천둥과 번개를 동반하는데 이는 상부는 양으로 대전되고, 하부는 음으로 대전되는 적란운의 특성 때문이다.

㉡ 천둥과 번개는 구름 내의 양과 음인 두 전하의 방전에 의한 경우가 많고, 어느 지역에 적란운이 접근하면 구름 아래 지상이 양전하로 대전되면서 구름과 지표면 사이에 뇌전이 발생하고 낙뢰 피해가 발생하기도 한다.

㉢ 뇌우의 지속기간은 비교적 짧으나 갑자기 강한 바람이 불고, 몇 분 동안에 기온이 10℃ 이상 낮아지기도 한다.

㉣ 습도는 거의 100%에 이르고, 때로는 우박도 동반한다. 우리나라에서는 주로 여름철, 특히 내륙지방에서 자주 일어나는데 소나기와 차별되는 것은 급격한 상승기류에 의해 형성되고 천둥과 번개를 동반한다는 점이다.

② 뇌우의 생성조건

㉠ 불안정 대기 : 대기가 불안정하다는 것은 상층이 차갑고, 하층이 따뜻하기 때문이다. 하층이 따뜻해지고 상하층 간 대류작용으로 고도까지 상승되면, 그때부터 공기는 자유롭게 상승하게 된다. 이러한 고도까지 공기를 상승시켜 주기 위해서는 대기가 불안정한 상태, 즉 조건부 불안정이나 대류 불안정 상태여야 한다.

㉡ 상승운동 : 상승작용이 일어나야 지표 부근의 따뜻한 공기가 자유롭게 상승하여 고도에 도달할 수 있다. 상승작용은 대류에 의한 일사, 지형에 의한 강제 상승, 전선상에서의 온난공기 상승, 저기압성 수렴, 상층 냉각에 의한 대기 불안정으로 인한 상승, 이류 등의 여러 요인이 있다.

---

71) http://cafe.naver.com/0404busan/2109

㉢ 높은 습도 : 수증기가 물방울이 되어 구름이 형성되면 잠열이 방출되기 때문에 공기는 더욱 불안정해져 상승작용이 촉진된다.

③ 뇌우의 종류

㉠ 기단뇌우(Air-mass Thunderstorm) [72)]

- 어느 정도 균일한 기단 내에서 발견되는 뇌우로 산발적이다.
- 주간 가열의 결과 국지적으로 발달하는 것과 같이 감률이 큰 곳에서 오후에 잘 발생한다.

[73)]

- 여름철 맑은 날에 내륙이나 산악지대에서 발생하는 경우가 많으며, 강한 일사에 의하여 지표 부근의 습한 공기가 가열되면 강한 상승기류가 발달해서 뇌운이 된다. 또 상층의 공기가 복사냉각되고 하층의 공기가 상대적으로 데워지면서 열적 불안정 상태가 되어 뇌우를 일으키는 경우도 있다.

72) https://rtocare.tistory.com/entry/%EB%87%8C%EC%9A%B0%EB%82%9C%EB%A5%98%EC%99%80-%EC%B2%AD%EC%B2%9C%EB%82%9C%EB%A5%98

73) http://blog.daum.net/xorud1350/21

㉡ 선형뇌우(Line Thunderstorm)

- 낮은 고도의 바람 방향으로 선형이나 띠 모양으로 배열된다.
- 선형뇌우는 낮 시간이면 언제라도 발달하지만 오후에 많이 발생하는 경향이 뚜렷하다.

74)

㉢ 전선뇌우(Frontal Thunderstorm)

- 전선은 대량의 찬 공기와 따뜻한 공기를 분리시키는 경사진 기층으로, 온난한 공기가 대류적으로 불안정하면 뇌우는 발달한다.
- 전선뇌우는 온난기단과 한랭기단이 서로 만났을 때 찬 공기는 하층으로 파고들고, 따뜻한 공기는 그 위로 밀려 올라가서 상승기류를 형성한다. 온난전선에서는 따뜻한 기단이 전진해 와서 찬 기단 위로 서서히 올라가며, 한랭전선에서는 찬 기단이 전진해 와서 따뜻한 기단 밑으로 파고들어 급격한 상승기류를 일으킨다. 일반적으로 한랭전선 쪽이 뇌우를 발생시킬 확률이 높아서 강한 뇌우는 한랭전선에 동반되는 경우가 많다. 여름철 이외의 뇌우는 대부분 한랭전선이 통과할 때 발생한다.

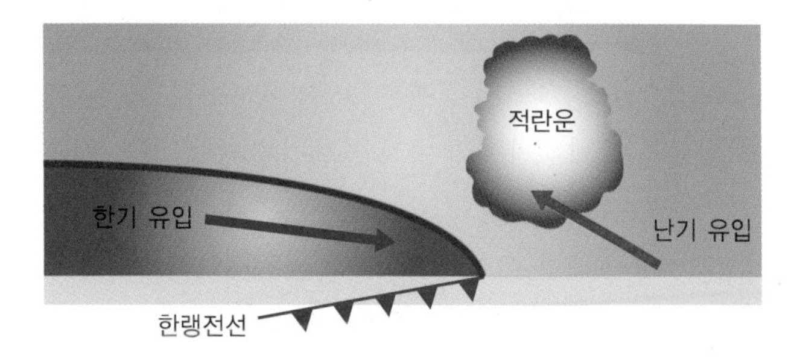

74) http://blog.daum.net/_blog/BlogTypeView.do?blogid=0UasL&articleno=23&categoryId=3®dt=20101018193135

• 전선뇌우는 산발적이기는 하지만 전선을 따라 이동하고, 일반적인 전선 운역에 속한다.

75)

㉣ 기타 뇌우

기상관측 관련 기술과 장비가 발달하지 못했을 때는 뇌우의 종류를 기단뇌우와 악뇌우(Severe Thunderstorm)로만 구분하였다. 그러나 과학기술이 진보하고 장비가 발달함에 따라 뇌우의 발생에서 소멸에 이르는 생명주기를 좀 더 정확하게 관측할 수 있게 되었고, 그 세력범위도 더 넓게 포착할 수 있기 때문에 좀 더 세분화된 분류법이 만들어졌다.

76)

기상학적으로 뇌우의 종류를 나눌 때 세포(Cell)라는 단위를 사용하는데, 이전의 기단뇌우와 악뇌우의 이분법적 분류법에서 벗어나 근래에는 4가지 종류의 단세포뇌우, 다세포뇌우군, 다세포뇌우선, 슈퍼세포뇌우로 구분한다. 단세포뇌우와 다세포뇌우군 및 뇌우선의 경우 슈퍼세포뇌우와는 분리되어 보통뇌우(Ordinary Cell)로 구분한다. 또한, 슈퍼세포뇌우의 변종에 따라 고강수 슈퍼세포뇌우와 저강수 슈퍼세포뇌우로 분류하기도 한다.

75) http://blog.daum.net/_blog/BlogTypeView.do?blogid=0UasL&articleno=23&categoryId=3®dt=20101018193135

76) http://homocyborg.tistory.com/39

- 단세포뇌우(Single Cell Thunderstorm)는 발생하는 지역이 국지적이다. 무더운 여름에 온도가 높아진 지표면의 공기가 불안정해지면서 대류현상을 일으킬 때 발생하는 일반적인 뇌우로, 산간지방의 경사면을 따라 상승기류를 만들어내는 공기 흐름에 의해서도 발생하고 해안지방에서는 야간에 자주 발생한다. 일반적으로 심한 악기상을 동반하지 않아서 식별하기 어려운 부분이 있고, 그 지속시간도 20~30분 정도로 짧으며, 마이크로버스트 중 다운버스트와 작은 크기의 우박과 약한 토네이도 및 장대비 등의 악천후를 발생시킬 수 있기 때문에 유인항공기를 포함한 무인항공기 운항 시 주의해야 한다. 내륙지역에서 여름철 야간에 주로 관측되는 뇌우가 대부분 단세포뇌우이다.
- 다세포뇌우군(Multi Cell Cluster Thunderstorm)은 가장 일반적인 형태의 뇌우로서, 여러 개의 단세포뇌우가 뭉쳐진 형태로 다세포뇌우군에 속한 모든 단세포뇌우들은 그 위치에 따라서 생명주기의 특정단계를 보여 준다. 뇌우의 이동 방향을 따라서 앞부분에서는 생성단계의 뇌우가 있고, 가운데에서는 성숙단계의 뇌우를 볼 수 있으며, 가장 뒷부분의 뇌우는 소멸단계에 접어든 것이다. 수많은 뇌우들이 뭉쳐 있기 때문에 집중호우가 내릴 수 있으며, 돌발적 홍수(Flash Flood)가 발생할 가능성이 높다. 단세포뇌우보다 식별하기 쉬운 편인데, 돌발적 홍수와 다운버스트 그리고 보통 크기의 우박 및 약한 토네이도를 동반할 수 있다.

읽을거리

• 다세포 뇌우군

2016년 여름(8월말)에 강원도 화천지역과 충남 서산지역에 주먹 크기(8~10cm)만한 우박과 뇌우가 발생했는데 이것이 대표적인 다세포뇌우군 현상이다. 당시 화천군에서 악기상 전투실험 임무를 수행 중이었는데 뇌우를 동반한 주먹 크기의 우박이 30분에서 1시간 정도 집중호우와 함께 내렸다. 레이더 장비의 철수 여부를 심각하게 고민하다가 뇌우에 직접 맞을 것을 우려해 작은 나뭇가지 숲에서 1시간 정도 피신한 경험이 있다.
이러한 다세포뇌우군을 포함한 뇌우를 접하게 된다면 큰 나무 주변을 피하고 작은 나무숲 주변으로 주변보다 상대적으로 낮은 지형에 포복(엎드려 있기)하고 있어야 안전하다.
다음은 토네이도를 동반한 다세포뇌우군을 촬영한 사진이다.

- 다세포뇌우선(Multi Cell Line Thunderstorm)은 일반적으로 스콜라인이라고 많이 알려져 있는데, 여러 개의 뇌우가 평행하게 선을 이루고 있는 것으로 기존에는 악뇌우의 선이라고도 하였다. 주로 한랭전선을 따라서 형성되거나 전선의 앞부분에서 관측된다. 열대성 사이클론의 바깥쪽 비구름 띠 주변에 형성되는 경우도 있으며, 앞으로 나아가는 다세포뇌우선의 앞부분에는 주로 돌풍전선(Gust Front)이 형성되며, 때에 따라서는 구름의 둑(Cloud Bank)도 돌풍전선과 함께 만들어지기도 한다. 굉장히 많은 상승기류와 하강기류가 밀집되어 있기 때문에 이 기류들이 만나는 중간지점에서 수많은 악천후를 동반하는 것이다. 다세포뇌우선이 동반하는 악천후 중 가장 위협적인 것은 다운버스트이고 그 외에도 거스트 토네이도나 탁구공만한 우박을 동반하기도 한다.
- 슈퍼세포뇌우(Super Cell Thunderstorm)는 다른 뇌우들과 비교했을 때 발생 확률은 가장 낮지만 발생과 동시에 엄청난 피해를 일으키기 때문에 각별한 유의가 필요하다. 다세포뇌우와 다른 점은 뇌우 속에 회전성 상승기류(Rotational Updraft)가 있다는 것으로, 이 상승기류는 매우 강하기 때문에 중규모의 사이클론과 혼돈되고 상층부에 모루구름(적락운의 상부가 섬유 모양으로 넓고 편평하게 퍼져 있는 나팔꽃 모양의 구름)을 만들어낸다. 대부분의 토네이도는 슈퍼세포뇌우에서 발생한다고 알려져 있는데, 그 외에도 돌풍과 굉장히 큰 우박을 동반하기도 한다.

▮ 뇌우구름의 일종인 슈퍼셀(Supercell) [77]

77) http://rtocare.tistory.com/entry/%EB%87%8C%EC%9A%B0%EB%82%9C%EB%A5%98%EC%99%80-%EC%B2%AD%EC%B2%9C%EB%82%9C%EB%A5%98

④ 뇌우의 단계

㉠ 적운단계 : 폭풍우가 발달하기 위해서는 많은 구름이 필요하다. 적운단계에서는 지표면 하부의 가열로 상승기류를 형성한다.

㉡ 성숙단계 : 적운단계에서 형성된 구름은 상승기류에 의해서 뇌우가 최고의 강도에 달했을 때 구름 속에서 상승 및 하강기류가 형성되어 비가 내리기 시작하는데 이 시기가 폭풍우의 성숙단계이다.

㉢ 소멸단계 : 폭풍우는 강우와 함께 하강기류가 지속적으로 발달하여 수평 또는 수직으로 분산되면서 급격히 소멸단계에 접어든다. 소멸단계에서는 강한 하강기류가 발생하고 강우가 그치면서 하강기류도 감소하고 폭풍우도 점차 소멸한다.

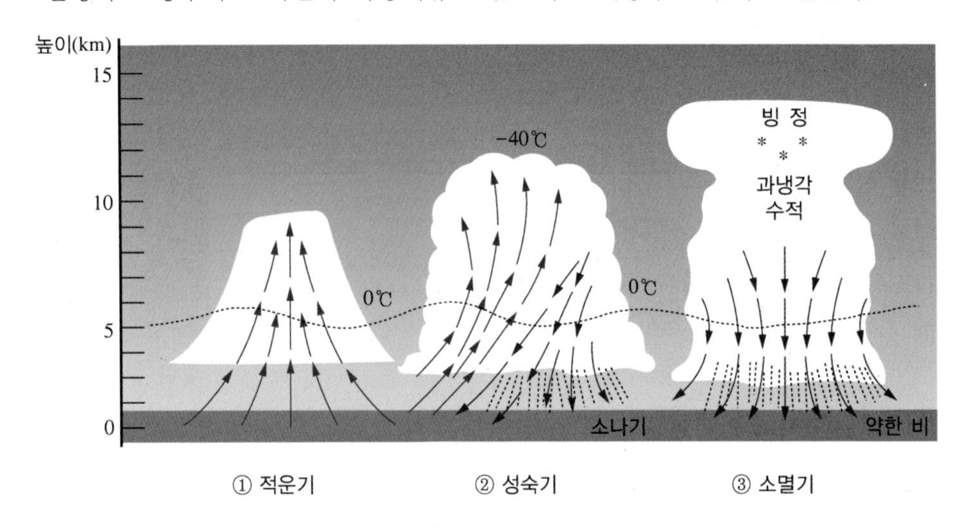

⑤ 위험뇌우[78)]

㉠ 필요조건

뇌우와 뇌우에서 발달하는 다운버스트, 돌풍전선, 토네이도 등의 현상은 뇌우 발달에 적합한 상황을 만드는 대규모 순환 속에서 나타난다. 뇌우가 형성되기 위해서는 두 가지 조건이 필요한데, 첫째는 대기의 잠재 불안정이 크고, 둘째는 초기 상승작용이 있어야 한다. 잠재 불안정층은 조건부 불안정일 뿐만 아니라 수분도 많이 포함하고 있어야 한다. 즉, 공기가 상당한 고도로 상승한다면 심각한 대류로 뇌우가 발생하게 된다. 뇌우가 존재하는 대부분의 대규모 및 중규모 순환은 저층에서 따뜻하고 습윤한 공기를 유입시킬 때 대기가 잠재 불안정이 된다. 또한 잠재 불안정은 김온감률이 크기 때문에 상층에서 한랭공기가 유입될 때 불안정해질 수 있다. 초기 상승은 지표 가열, 산악지형, 전선, 저고도 수렴과 상층 발산 등에 의해서 일어난다. 따라서 뇌우는 수분이 많은 지역, 그리고 상승기류가 강한 지역에서 생성되기 쉽다.

78) 항공기상학 P.280(교학연구사 / 홍성길 지음)

ⓒ 불안정 판단

뇌우 형성 여부의 판단을 위해 잠재 불안정 조건을 평가하기 위한 실제적인 방법은 안정도지수(Stability Index)를 평가하는 것이다. 가장 일반적인 것 중의 하나가 치올림지수(Lifted Index)이다. 이것은 관측된 500hPa의 실제 온도와 공기덩어리가 경계층에서부터 500hPa 고도까지 상승했을 때 나타나는 온도와의 차이다. 이때 관측된 실제의 500hPa 온도가 그 고도까지 상승한 공기덩어리의 온도보다 더 차갑다면, 불안정 상태이므로 뇌우 가능성이 있다고 평가하고 그 지수값에 따라 뇌우강도를 예측한다. 치올림지수와 뇌우강도의 관계는 다음과 같다.

▮ 치올림지수(Lifted Index)와 뇌우강도

치올림지수	뇌우강도
−2～0	Weak(작음)
−5～−3	Moderate(보통)
≤−6	Strong(큼)

치올림지수는 발생 확률이 아니라 뇌우강도로 표현한다. 만약 뇌우가 발생한다면 치올림지수는 뇌우가 얼마나 강할 것인가를 나타낸다. 기단성 뇌우는 치올림지수가 작은 수이지만 양의 값일 때 발생할 수 있다.

⑥ 뇌우 비행 시 유의사항

㉠ 접근하는 뇌우를 마주하며 이착륙하지 않는다.

㉡ 건너편을 볼 수 있더라도 뇌우 아래로 비행하지 않는다.

㉢ 기상레이더 없이 구름 속을 비행하지 않는다.

㉣ 뇌우 속에 나타나는 요란 표시의 시각적 외양을 믿지 않는다.

㉤ 어떤 뇌우일지라도 20mile 이상은 피한다.

㉥ 구름 위의 풍속 매 10knot당 1,000ft 고도 이상으로 높은 뇌우 꼭대기를 비켜간다.

㉦ 비행 구역의 6/10이 뇌우로 덮여 있다면 전 구간을 피한다.

㉧ 선명하고 잦은 번개가 의미하는 것은 심한 뇌우일 가능성이 크다는 것을 명심한다.

㉨ 꼭대기가 35,000ft이거나 더 높은 뇌우를 눈으로 보았거나 레이더로 탐지했다면 아주 위험하다는 것을 인지한다.

㉩ 빙결고도 이하 또는 −15° 이상의 고도라면 위험한 착빙을 피한다.

㉪ 최소 시간으로 뇌우 구역을 통과하도록 침로를 계획한다.

㉫ 비행규정에 맞는 요란기류의 속도를 준수한다.

㉬ 기상레이더를 위아래로 움직여 다른 뇌우를 확인한다.

㉭ AUTO PILOT 장치는 해제한다.

(2) 번개와 천둥

① 뇌우는 천둥(Thunder)이 동반된 폭풍우현상으로, 천둥은 번개(Lightning)에 의해 만들어지기 때문에 천둥과 번개의 현상은 같이 발생한다.

㉠ 구름 외부의 뇌우난류는 위치에 따라 성격이 다르게 나타나는데, 뇌우구름 아래의 난류는 구름 내부보다는 약하지만, 좁은 면적에서 급격하게 발생하는 경우가 많아 항공기 안전에 매우 위험하다. 주로 나타나는 난류의 종류는 다운버스트, 마이크로버스트 등으로 강한 하강기류는 돌풍이나 윈드시어를 동반하는 경우가 많다. 뇌우구름 아래의 난류는 강한 윈드시어, 낮은 구름 높이, 저시정(低視程) 등과 결합되면 매우 위험해진다.

▮ 천둥과 번개를 동반한 폭풍우 현상(뇌우) [79]

㉡ 강한 뇌우가 발생한 곳으로부터 20mile 이내의 지역에서도 하강기류로 인한 난류가 발생할 수 있기 때문에 이런 지역으로는 비행하지 않아야 한다. 또 VIP Level 5 이상인 곳이나 적란운이 떠 있는 곳 아래로 비행해서는 안 된다.

㉢ 뇌우구름 주위의 난류는 대류지역을 벗어난 곳에서 나타나는 난류로서, 뇌우구름 내부나 아래의 난류에서는 비나 뇌우 등이 보이는 반면, 뇌우구름 주위의 난류는 이러한 기상현상이 보이지 않고 대부분 맑은 공기 속에서 발생한다. 또는 대류운 옆에 위치한 구름 속의 난류일 경우도 있다.

㉣ 뇌우구름 주위의 맑은 영역에서의 하강기류는 1~2m/sec 정도로 항공기 안전에 큰 위협이 되지 않지만, 맑은 하늘에서도 강한 난류가 발생하는 경우가 종종 있다. 이런 난류의 원인은 잘 밝혀지지 않았기 때문에 항공기는 뇌우구름에서 상당히 멀리 떨어져 비행하는 것이 안전하다.

㉤ 뇌우구름 꼭대기 근처에는 여러 가지 순환이 있는데, 권계면 근처까지 발달한 뇌우구름의 경우 구름 상공에서 강한 난류가 만들어지며, 상승하는 기류와 안정한 성층권 강풍과의 상호작용으로 난류는 더 강해진다. 예를 들어, 뇌우구름 위나 풍하측의

79) http://rtocare.tistory.com/entry/%EB%87%8C%EC%9A%B0%EB%82%9C%EB%A5%98%EC%99%80-%EC%B2%AD%EC%B2%9C%EB%82%9C%EB%A5%98

연직 윈드시어, 난류 맴돌이(Turbulent Eddy) 등이 대표적이다. 따라서 항공기는 뇌우구름 상공을 비행하는 것은 절대적으로 피해야 하고, 뇌우구름 상부에서 퍼져 나오는 모루구름(나팔꽃 모양) 속의 비행도 피해야 한다.

▮ 뇌우구름 상부에서 퍼져 나온 모루구름 [80]

② 번 개

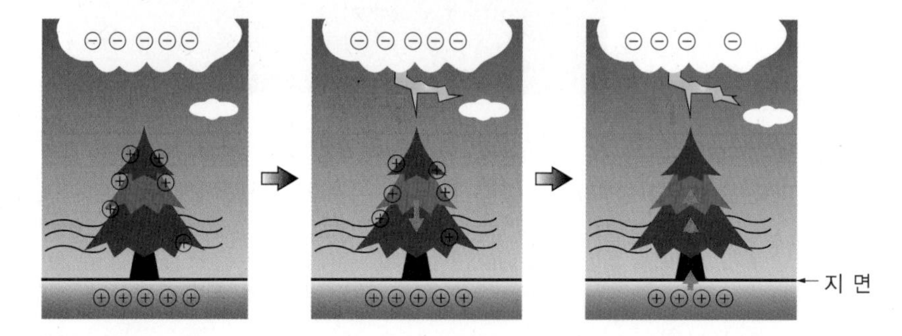

㉠ 번개는 적란운이 발달하면서 구름 내부에 축적된 음전하와 양전하 사이 또는 구름 하부의 음전하와 지면의 양전하 사이에서 발생하는 불꽃방전이다.

㉡ 번개는 구름 내부, 구름과 구름 사이, 구름과 주위 공기 사이, 구름과 지면 사이의 방전을 포함하여 다양한 형태로 발생한다.

㉢ 번개의 발생 : 번개는 여러 가지 과정으로 인해 일정한 공간 내에서 전하가 분리되고 큰 전하차가 있을 때 발생한다. 관측에 의하면 적란운 상부에는 양전하가, 하부에는 음전하가 축적되며, 지면에는 양전하가 유도된다. 적란운 속의 전하 분리에 의해 구름 하부에 음전하가 모이면 이 음전하의 척력과 인력에 의해 지면에 양전하가 모이게 된다. 지면의 양전하와 구름 하부의 음전하 사이에 전하차가 증가하면 구름 하부와 지면 사이에서 전기방전, 즉 낙뢰 또는 벼락이 발생한다.

---

80) Jeff Kubina at Flickr.com 뇌우난류와 청천난류

㉣ 번개의 확률은 다음의 표를 보면 VIP Level 1 이상에서 증가하기 시작하고, 큰 우박은 VIP Level 4 이상에서 나타난다. 항공기는 뇌우구름 내부를 통과하지 않는 것이 좋으나, 불가피하게 뇌우구름 안으로 들어갔을 때는 난류지역을 빨리 통과할 수 있도록 속도를 높여야 하며, 계속 수평비행(Wing-level Flight)으로 고도를 유지해야 한다. [81)]

▌VIP(Video Integrator Processor) Level과 추정 난류강도

VIP Level	강 도	추정 난류강도
1	약(Weak)	약~중 정도의 난류 가능성
2	보통(Moderate)	약~중 정도의 난류 있음
3	강(Strong)	심한 난류 가능성
4	매우 강(Very Strong)	심한 난류 있음
5	격렬(Intense)	조직화된 지상 돌풍을 동반한 심한 난류
6	매우 격렬(Extreme)	대규모의 지상 돌풍을 동반한 심한 난류

③ 천 둥

㉠ 번개가 지나가는 경로를 따라 발생된 방전은 수cm에 해당하는 방전 통로의 공기를 순식간에 15,000~20,000℃ 정도까지 가열시킨다. 이러한 갑작스러운 가열로 공기는 폭발적으로 팽창되고, 이 팽창에 의해 만들어진 충격파가 그 중심에서 멀리 퍼져 나가면서 도중에 음파로 바뀌어 천둥으로 들려온다.

㉡ 번개는 발생하는 순간 볼 수 있으나 음파의 속도는 빛의 속도보다 느리기 때문에 번개가 친 후 얼마 지나서 천둥소리를 듣게 된다.

㉢ 번개가 치는 곳의 위치는 번개를 관측한 후 천둥소리가 들릴 때까지의 시간을 계산하여 대략적으로 알아낼 수 있다.

---

81) http://rtocare.tistory.com/entry/%EB%87%8C%EC%9A%B0%EB%82%9C%EB%A5%98%EC%99%80-%EC%B2%AD%EC%B2%9C%EB%82%9C%EB%A5%98

(3) 우 박

① 적운과 적란운 속에서의 상승운동에 의해 빙정입자가 직경 2cm 이상의 강수입자로 성장하여 떨어지는 얼음덩어리이다.

▮ 우 박

▮ 우박에 의해 손상된 항공기[82)]

② 우박의 형성

㉠ 빙정과정으로 형성된 작은 빙정입자는 적란운 속의 강한 상승기류에 의해 더 높은 고도로 수송된다. 수송되는 과정에서 얼음입자가 과냉각 수적과 충돌하면서 얼게 되는데 이러한 흡착과정으로 빙정입자가 성장한다. 이때 적란운 속의 상승기류가 구름 속에 떠 있는 빙정입자를 지탱할 수 있을 정도로 충분히 강하다면 이 빙정입자는 상당한 크기로 성장하여 우박이 된다.

㉡ 이 상승기류가 충분히 강하다면 우박은 다시 적란운을 통하여 위쪽으로 옮겨지며, 지상으로 떨어질 정도로 커질 때까지 계속 성장한다. 우박은 강력한 상승기류가 있는 적란운의 정상 부근에서 적란운 밖으로 떨어질 수 있다.

㉢ 우박과 함께 소나기, 번개, 천둥, 돌풍 등이 동반되기 때문에 인명 피해, 농작물 파손, 가옥 파괴 등의 막대한 재산 피해를 가져온다.

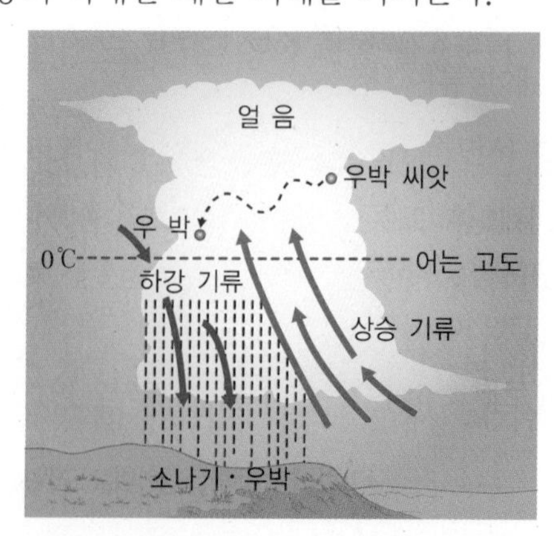

82) http://hopebridge.tistory.com/268

(4) 태풍(열대성 저기압)

① 태풍의 정의

㉠ 북태평양 남서부 열대해역(북위 5~25°와 동경 120~170° 사이)에서 주로 발생하여 북상하는 중심기압이 매우 낮은 열대성 저기압이다.

㉡ 중심부의 최대 풍속이 33m/sec 이상일 때이다.

▮ 태풍의 구조 83)

㉢ 태풍의 눈 부근의 구름벽이나 나선 모양의 구름띠에서는 강한 소낙성 비가 내리고, 그 사이사이에서는 층운형 구름에서 약한 비가 지속적으로 내린다. 강우의 분포는 대칭이 아니라 태풍 진행 방향의 오른쪽에서 더 많은 비가 내리며, 구름벽과 나선 모양의 구름띠는 시간에 따라 쉴 새 없이 변한다. 구름벽은 똑바로 서 있는 것도 있지만 높이에 따라 바깥쪽으로 기울어져 깔때기 모양을 한 것도 있다. 다음 그림은 태풍의 지상 기압, 비, 바람 그리고 태풍 중심 부근의 연직 속도와 구름벽, 나선 모양의 구름띠를 종합적으로 나타낸 태풍의 형성도이다.

㉣ 폭풍 전야의 고요처럼 태풍이 접근하기 바로 전에는 날씨가 맑고 조용하며, 바닷가에는 너울이 밀려온다. 태풍이 접근해 오면 기압은 내려가고 점차 바람이 불기 시작한다. 처음에는 높은 구름인 권운, 권층운이 생성되다가 다음은 중층운인 고층운, 고적운, 그리고 거대한 적운 순으로 나타나며, 태풍이 통과할 때 내리는 총강우량은 태풍의 이동 속도나 발달 상태 그리고 통과하는 지형에 따라 크게 달라진다. 많은 비를 동반하는 태풍은 많은 피해를 주기도 하지만 수자원 공급에 큰 역할을 하는 등의 이점도 있다. 거대한 적운으로 이루어진 나선 모양의 구름띠가 강한 비를 내리고 태풍이 통과하고 난 후에는 기압이 급강하하기 시작한다. 어두운 구름벽이 밀려오면서 비와 바람은 최대 강도에 도달한다.

83) http://blog.daum.net/_blog/BlogTypeView.do?blogid=0UasL&articleno=1097&categoryId=20®dt=20130206074018

㉢ 강풍과 폭우가 갑자기 사라지면서 날씨가 맑아지면, 이는 태풍의 눈 속으로 들어온 것이다. 태풍의 눈 속은 찌는 듯이 무덥고 숨막히게 답답한 느낌을 주는데 높이는 15km이고 지름이 30~50km인 원형 경기장 한가운데 서서 백색의 구름벽이 천천히 회전하는 것을 보고 있는 것 같다고 한다. 반대쪽 구름벽을 뚫고 나가면 들어올 때 일어난 현상이 거꾸로 나타나며 태풍의 영향권에서 빠져 나오게 된다.

② **태풍의 종류** : 북태평양 남서부인 필리핀 부근 해역에서 발생하여 동북아시아를 내습하는 태풍(Typhoon), 서인도제도에서 발생하여 플로리다를 포함한 미국 동남부에 피해를 주는 허리케인(Hurricane), 인도양에서 발생하여 그 주변을 습격하는 사이클론(Cyclone), 호주 부근 남태평양에서 발생하는 윌리윌리 등은 대표적인 열대성 저기압으로 폭풍우를 동반한다.

▮ 태풍의 지역별 이름 84)

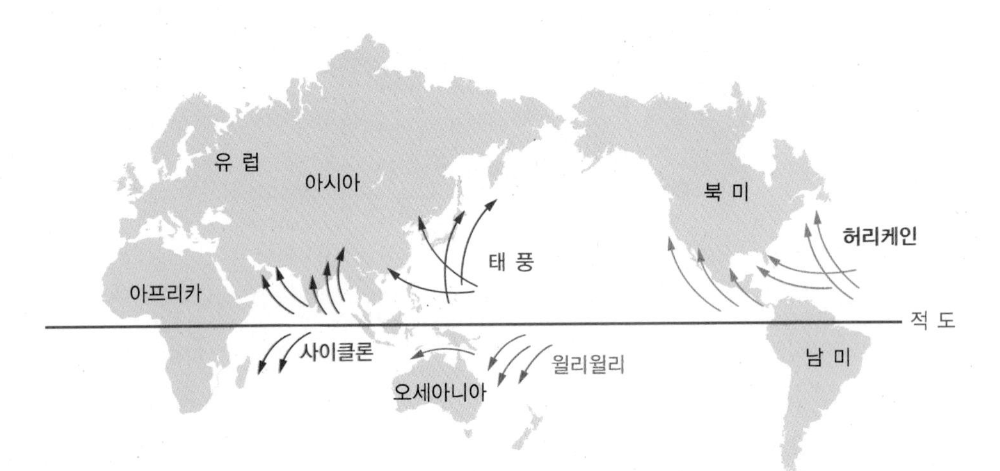

▮ 나라별 제출한 태풍 이름 85)

국가명	1조	2조	3조	4조	5조
캄보디아	담레이	콩레이	나크리	크로반	사리카
	보 파	크로사	마이삭	찬 투	네 삿
중 국	하이쿠이	위 투	펑 선	두쥐안	하이마
	우 쿵	하이옌	하이선	뎬 무	하이탕
북 한	기러기	도라지	갈매기	무지개	메아리
	소나무	버 들	노 을	민들레	날 개
홍 콩	카이탁	마 니	풍 웡	초이완	망 온
	샨 샨	링 링	돌 핀	라이언록	바 냔

84) https://post.naver.com/viewer/postView.nhn?volumeNo=9330899&memberNo=1677427
85) http://typ.kma.go.kr/TYPHOON/down/2011/%C5%C2dz%C0%C7%C0%A7.pdf

국가명	1조	2조	3조	4조	5조
일 본	덴 빈	우사기	간무리	곳 푸	도카게
	야 기	가지키	구지라	곤파스	하 토
라오스	볼라벤	파 북	판 폰	참 피	녹 텐
	리 피	파사이	찬 홈	남테운	파카르
마카오	산 바	우 딥	봉 퐁	인 파	무이파
	버빙카	페이파	린 파	말 로	상 우
말레이시아	즐라왓	스 팟	누 리	멜로르	므르복
	룸비아	타 파	낭 카	므란티	마와르
미크로네시아	에위니아	피 토	실라코	네파탁	난마돌
	솔 릭	미 탁	사우델로르	라 이	구 촐
필리핀	말릭시	다나스	하구핏	루 핏	탈라스
	시마론	하기비스	몰라베	말라카스	탈 림
한 국	개 미	나 리	장 미	미리내	노 루
	제 비	너구리	고 니	메 기	독수리
태 국	쁘라삐룬	위 파	메칼라	니 다	꿀 랍
	망 쿳	람마순	앗사니	차 바	카 눈
미 국	마리아	프란시스코	히고스	오마이스	로 키
	우토르	마트모	아타우	에어리	비센티
베트남	손 띤	레끼마	바 비	꼰 선	선 까
	짜 미	할 롱	밤 꼬	송 다	사올라

③ 태풍의 발생조건

㉠ 전향력이 적절히 큰 위도 5° 이상의 열대해역에서 평균 해수면 온도가 26~27℃ (26.5℃) 이상이어야 한다.

㉡ 대기 불안정이나 지면은 저기압이고 상층 대기는 고기압 상태 등을 유지해야 한다.

㉢ 수증기가 다량 포함된 불안정한 해상으로, 풍속이 상층으로 갈수록 크게 변동해서도 안 된다.

㉣ 우리나라의 경우 주로 7~8월경에 많이 발생하며, 북위 5~20°, 동경 110~180° 해역에서 연중 발생한다.

④ 태풍의 눈

㉠ 태풍의 중심부로, 보통 직경이 약 20~40km이다.

㉡ 중심 부근에서는 기압경도력과 원심력이 커지므로 전향력과 마찰력도 함께 커지게 된다. 이로 인해 5m/sec 이하의 미풍이 불게 되고 비도 내리지 않으며 날씨도 부분적으로 맑다.

86)

⑤ 태풍의 진로

㉠ 저위도의 무역풍대에서는 서북서~북서진하고, 중·고위도에서는 편서풍을 타고 북동진한다.

㉡ 북태평양 고기압 가장자리를 따라 시계 방향으로 진행한다(북태평양 고기압의 위치, 세력의 변화에 따라 이동 방향과 속도가 결정됨).

㉢ 기압의 하강이 가장 심한 지역을 따라 진행하는 경향이 있다(전향점 부근에서는 잘 적용되지 않음).

㉣ 전선대나 기압골을 타고 진행하는 경향이 있다.

㉤ 저기압 상호 간에는 흡인하는 경향이 있다(앞쪽에 저기압이 있을 때 그 방향으로 전향함).

㉥ 고기압이 태풍의 전면에 위치하면 태풍의 속도는 느려지고 큰 각도로 전향하는 경우가 많다.

㉦ 태풍의 중심 추정 : 대양에서 바람을 등지고 양팔을 벌리면 북반구에서는 왼손 전방 약 23° 방향에 있다고 보는 바위스발롯의 법칙(Buys Ballot's Law)을 많이 이용한다.

86) https://post.naver.com/viewer/postView.nhn?volumeNo=12917394&memberNo=40087179

▮ 우리나라에 영향을 주는 태풍의 진로

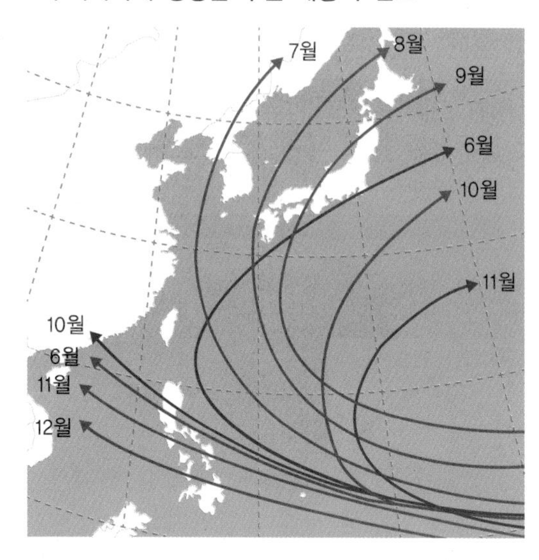

▮ 태풍역 내의 거리와 풍속의 분포

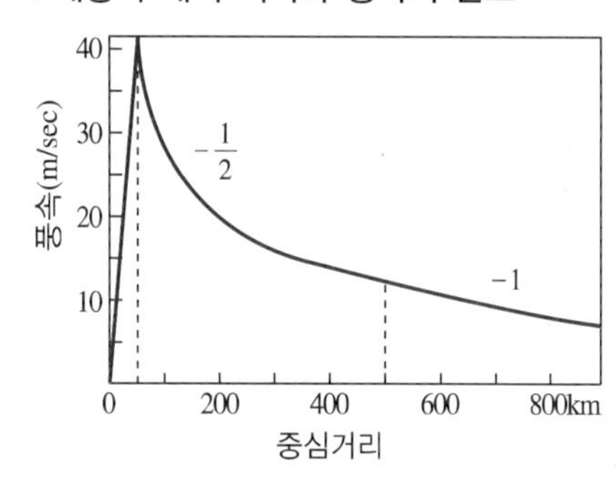

▮ 태풍 통과 시 기압과 바람의 변화

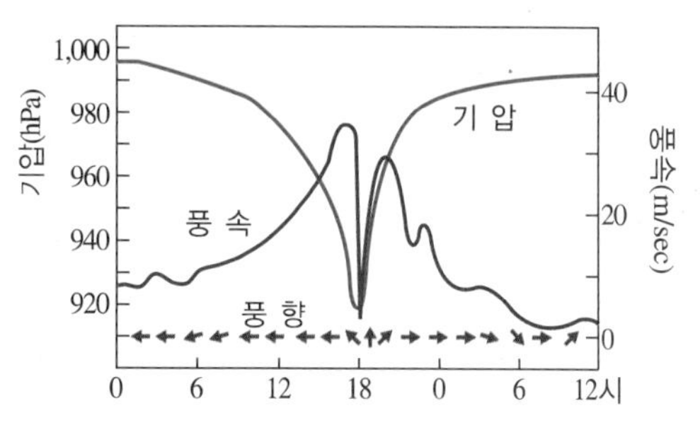

⑥ 위험 반원과 가항 반원(안전 반원)

㉠ 개 요

- 태풍 진행 방향의 오른쪽은 바람이 강하고 왼쪽은 약하다.
- 오른쪽 반원 : 태풍의 바람 방향과 바람의 이동 방향이 비슷하여 풍속이 증가한다.
- 왼쪽 반원 : 두 방향이 상쇄되어 풍속이 약화된다.

㉡ 위험 반원 : 태풍 진행 방향의 오른쪽 반원이다.

- 왼쪽 반원에 비해 기압경도가 크다.
- 풍파가 심하고 폭풍우가 일며 시정이 좋지 않다.

㉢ 가항 반원(안전 반원) : 태풍 진행 방향의 왼쪽 반원이다.

- 오른쪽 반원에 비해 기압경도가 작다.
- 비교적 바람이 약하다.

▮ 위험 반원과 안전 반원

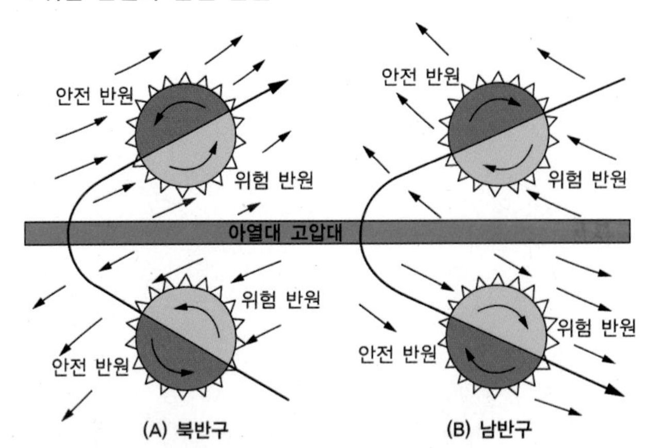

⑦ **태풍의 일생** : 태풍의 일생은 발생기, 발달기, 최성기, 쇠약기, 소멸기의 5단계이며 단계에 따라 태풍의 규모나 성질이 달라진다.

㉠ 발생기 : 회오리 시작

- 소용돌이가 태풍강도에 도달하기 전까지의 단계이다.
- 중심기압은 1,000hPa 정도이다.
- 바람이 점차 강해지며 구름이 밀집하고 해상에 너울이 발생한다.

㉡ 발달기 : 중심기압 하강

- 중심기압이 최저가 되기 전 및 풍속이 최대가 되기 전까지의 단계이다.
- 소용돌이가 태풍으로 성장하거나 소멸된다.
- 성장하면 등압선이 거의 원형이고, 기압이 급격히 하강한다.
- 중심 부근에 두꺼운 구름띠가 형성되고, 태풍의 눈이 생성된다.
- 보통 서~북서쪽으로 20km/h 속도로 이동한다.

㉢ 최성기 : 바람이 강함

- 태풍이 가장 발달한 단계이다.
- 중심기압은 더 이상 하강하지 않는다.
- 풍속이 더 이상 증가하지 않는다.
- 폭풍 영역이 수평으로 확장되어 넓어진다.
- 막대한 공기덩어리가 회오리 속으로 빨려 들어간다.
- 북쪽으로 이동하다가 편서풍대에 접어들면서 이동 속도가 급격히 증가한다.

㉣ 쇠약기 : 비가 강함

- 쇠약해져 소멸되거나 중위도 지방에 도달하여 온대 저기압으로 변하는 시기이다.
- 전향점을 지나 북~북동쪽으로 이동하고 수증기의 공급이 급속히 감퇴한다.
- 중심기압이 점차 높아진다.
- 대칭성을 잃어버린다.

㉤ 소멸기 : 온대성 저기압으로 전환되어 소멸됨

태풍은 육지에 상륙하면 급격히 쇠약해진다. 그 이유는 태풍의 에너지원은 따뜻한 해수로부터 증발되는 수증기가 응결할 때 방출되는 잠열이기 때문에, 동력이 되는 수증기(바닷물)의 공급이 중단되면서 점점 약해지는 것이다. 즉, 해수면 온도가 낮은 지역까지 올라오면 그 세력이 약해지며, 육지에 상륙하면 더욱 수증기를 공급받지 못하게 에너지 손실이 커져서 빠른 속도로 약화된다. 다음 그림은 태풍의 일생으로 태풍이 어떻게 생성되어 발달되고 최고로 성장한 후에 쇠약해지며, 소멸되는가를 나타낸 것이다.

▮ 태풍의 일생 87)

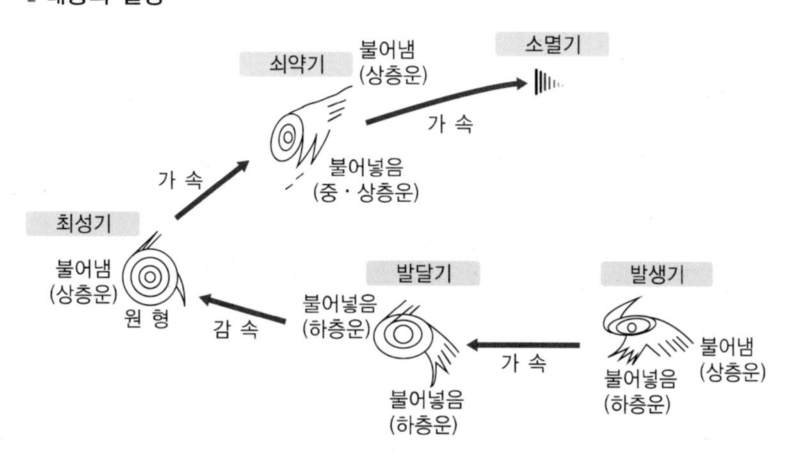

㉥ 태풍의 크기

단 계	풍속 15m/s 이상 반경
소 형	300km 미만
중 형	300~500km 미만
대 형	500~800km 미만
초대형	800km 이상

㉦ 태풍의 강도 88)

단 계	최대 풍속
약	17m/s(34knots) 이상~25m/s(48knots) 미만
중	25m/s(48knots) 이상~33m/s(64knots) 미만
강	33m/s(64knots) 이상~44m/s(85knots) 미만
매우 강	44m/s(85knots) 이상

⑧ 태풍에 수반되는 현상

㉠ 풍 랑

- 태풍에 의해 강한 바람이 불기 시작한 지 약 12시간 후에 최고 파고에 가까워진다.
- 대체로 풍속의 제곱에 비례하지만 바람이 불어오는 거리와도 관계가 있으므로 비례상수는 장소에 따라 다르다.

㉡ 너 울

- 진행 방향에 대해서 약간 오른쪽으로 기울어진 부분에서 가장 잘 발달한다.

87) https://blog.naver.com/dev119/140042413034
88) 기상청(www.kma.go.kr) 태풍 자료실

- 너울의 전파 속도는 파장이 긴 것일수록 빨리 전해진다.
- 너울의 진행 속도는 보통 태풍 진행 속도의 2~4배이고, 태풍보다도 너울이 선행하여 연안지방에 여러 가지의 태풍 전조현상을 일으킨다.
- 파도 중에 직접적으로 일어난 파도가 아닌 바람에 의해 일어난 물결을 말하는 것으로 풍랑과 연안쇄파의 사이에서 관측된다. 풍랑이 발생역(發生域)인 저기압이나 태풍의 중심 부근을 떠나서 잔잔한 해면이나 해안에 상륙한 경우 또는 바람이 갑자기 그친 후의 남은 파도 등이 이에 해당하는 것으로, 너울은 감쇄해 가는 파도라고 할 수 있으며 일반적으로 그 장소와는 다른 방향을 가진다.
- 풍랑과는 달리 너울은 파도의 마루가 둥그스름하고 파도의 폭이 산 모양으로 꽤 넓으며 파고가 완만하게 변화하여 이어지는 파고가 거의 같다. 그러므로 하나의 파도에 주목하면 장시간 추적이 가능하다. 너울은 쇠퇴해 가는 파도이기 때문에 진행함에 따라 파고가 낮아지며, 진행하는 데 따라서 파장과 주기가 길어진다. 그 이유는 발생역에서는 파장과 주기에 대해서 넓은 스펙트럼을 지니고 있으나, 진행함에 따라 장주기의 성분파가 차차 탁월해지기 때문이다.
- 발생역에서 풍랑의 주기는 6~10초이지만, 2,000~3,000해리를 진행하면 너울의 주기가 15~20초로 길어진다. 기상청에서 사용하는 양적 예보법(量的豫報法)이 개발되어 있으나 아직 해결되지 않은 점이 있어서 풍랑을 예보하는 것보다 어려운 실정이다. 다음은 풍랑과 너울, 연안쇄파를 나타낸 것이다.

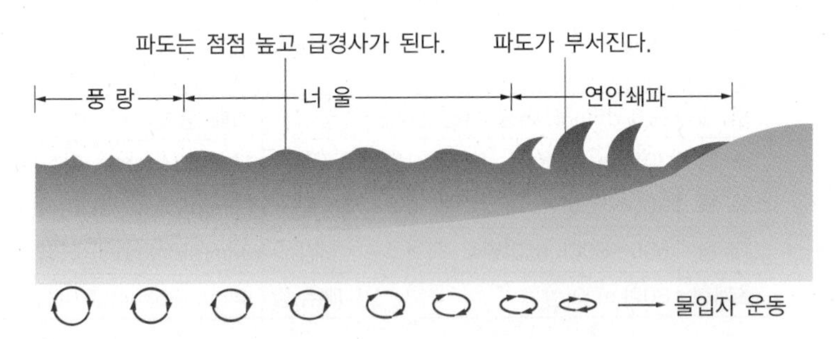

㉢ 고조(폭풍해일)

- 동해안에서는 태풍의 중심이 남해안이나 서해안에 상륙하여 동해 쪽으로 이동하고 있어서 강한 북동 또는 동풍계의 바람이 불 때나 태풍이 동해 해상에 있을 때 나타난다. 또한, 남해안이나 서해안에서는 태풍의 중심이 해안에 상륙할 무렵이나 상륙 후 해안 쪽에 직각으로 강한 바람이 불어올 때 잘 나타나서 연안지방에 큰 피해를 준다.
- 이러한 폭풍해일의 원인은 태풍 같은 강한 저기압권에서 균형을 유지하기 위해 해면이 부풀어 올라서 해수면이 이상적으로 높아진 현상으로, 실제로는 만조 시가 겹쳐지고 풍랑의 작용이 더해져서 발생한다. 주요한 폭풍해일의 원인은 다음과 같다.

- 태풍 또는 강한 저기압권 안팎의 기압차에 의하여 해면이 균형을 유지하기 위하여 부풀어 오르며, 그 높이는 cm로 나타내며 태풍권 외와의 기압차(hPa)의 수치와 거의 일치한다. 즉, 중심기압 960hPa의 태풍인 경우는 중심 부근의 해면은 태풍권 내에 비하여 50cm(1,010－960)쯤 높아진다.
- 부풀어 오른 해면의 모양은 태풍의 이동과 더불어 진행하는데, 그 속도가 해면에서의 너울 속도에 가까우면 공명작용(共鳴作用 : 진폭이 뚜렷하게 증가하는 현상)에 의하여 더 부풀어 오른다. 공명작용에는 만(灣)의 파도의 특성과도 관계가 있다.
- 폭풍 때문에 해수가 해안으로 밀려와 해면이 높아진다. 이와 같은 기상의 원인에 의한 해수면의 변화를 기상조석이라고 한다. 실제로 폭풍해일은 기상조석에 천문조석(태풍 내습 시와 만조 시가 겹치면 해수면은 더 높아진다) 및 풍랑작용이 더해진 것이다.

읽을거리

2009년 7월에 개봉한 영화 해운대는 고조(폭풍해일)에 대한 내용이다. 영화 해운대는 고조(폭풍해일)가 부산 앞바다인 해운대를 덮치고, 그 안에서 생존하려는 사람들이 사투를 벌인다는 내용으로, 심한 폭풍해일은 수십 층에 달하는 건물도 집어 삼킬 만큼 큰 위력을 갖고 있다. 일본에서 발생한 쓰나미도 대표적인 고조(폭풍해일)라고 할 수 있는데, 쓰나미(1963년에 열린 국제과학회의에서 쓰나미가 국제 용어로 공식 채택)는 지진해일을 뜻하는 일본어로서, 해안(津 : 진)을 뜻하는 일본어 '쓰(Tsu)'와 파도(波 : 파)의 '나미(Nami)'가 합쳐진 '항구의 파도'라는 뜻으로 선착장에 파도가 밀려온다는 의미이다. 주요 발생원인이 지진에 의한 것만 다를 뿐 파도의 모양이나 위력은 폭풍해일과 유사하다.
다음 사진은 태풍에 의해 발생한 1991년 10월에 미국 뉴저지주의 몬머스 해변을 덮친 폭풍해일이다. 89)

89) https://terms.naver.com/entry.nhn?docId=1158606&cid=40942&categoryId=32299

㉣ 구 름

- 털구름이 생성되어 온 하늘로 퍼짐
- 구름의 움직임이 빠르며, 습기가 많고 무덥다.

⑨ 우리나라의 태풍

㉠ 우리나라 주변은 7~9월에 가장 많이 통과한다.

㉡ 북태평양 고기압의 영향으로 북서쪽으로 진행하다가 북동쪽으로 전향한다(80%).

㉢ 이동 속도는 전향하기 전에는 느리다가 전향하고 난 뒤에는 빨라진다.

㉣ 진행 방향의 오른쪽인 위험 반경에 자주 드는 남해안, 동해안에 태풍 피해가 빈번하다.

▮ 태풍의 일반 경로

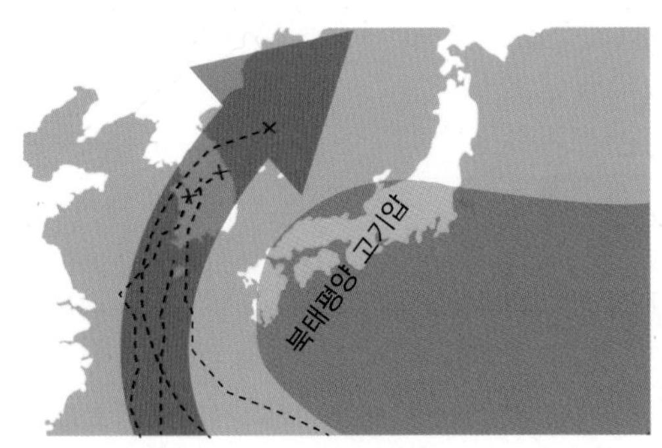

⑩ 태풍 피해를 최소화하는 방법

㉠ 북태평양에서 발생하는 열대 저기압을 감시한다.

㉡ 진로와 세기를 추적, 예보할 수 있는 조기예보체제를 구축하여 미리 대처한다.

㉢ 태풍 피해 방제시설을 완비한다.

⑪ 태풍 발생 4가지 조건과 지역별 발생 횟수

㉠ 따뜻한 바닷물

해수면 온도가 26.5℃ 이상인 열대해양(인도양, 태평양, 북대서양)에서만 발생하며, 태풍의 반지름은 가장 작은 경우도 300km나 된다. 이 지역에서 혼합층(해양에서 상하층이 잘 혼합되는 층) 깊이를 100m로 가정한 경우, 해수온도가 1℃ 상승하면 해당 지역의 해양에너지는 1.2×1,020J만큼 상승하게 된다. 이는 히로시마 원자폭탄의 약 10만 배에 해당하는 규모지만 해양에너지가 전적으로 태풍에 공급되는 건 아니다. 이 중 일부만 잠열의 형태로 태풍에너지로 변환된다.

㉡ 충분한 수증기

대기에 수증기가 충분해야 한다. 태풍을 형성하고 있는 구름 무리는 태풍에 에너지를 공급하는 주요 공급원인데, 만약 수증기가 없으면 구름이 크게 발달할 수 없기 때문이다. 상승하는 공기가 이슬점온도 이하로 응결되면서 잠열을 방출해야 지속적으로 강한 상승기류가 유지된다.

㉢ 상하층 바람의 강도

상층과 하층 바람의 강도(세기) 차이가 작아야 한다. 태풍의 수직구조는 태풍의 눈을 중심축으로 하여 대칭형을 형성하고 있다. 상층 바람이 하층보다 빠르면 태풍의 연직구조가 깨져 태풍이 잘 발달할 수 없기 때문에, 태풍이 피사의 탑보다 더 급하게 기울어져서 형체를 유지하지 못한다.

㉣ 대기의 회전 방향

대기는 전반적으로 반시계(CCW ; Counter Clock Wise) 방향으로 회전해야 한다. 북반구에서 태풍을 포함한 모든 저기압은 반시계 방향으로 회전하며 발달하기 때문에 대기의 대규모 흐름이 같은 방향이면, 태풍 발달 초기에 그 회전을 더 빠르게 할 수 있다. 북서태평양에서 태풍의 주요 발생 구역인 남중국해와 필리핀해 인근에는 기후학적으로 저기압성 회전이 항상 존재한다. 이러한 저기압성 회전은 태풍 발생의 충분조건은 아니지만 따뜻한 해수면 온도와 함께 매우 중요한 필요조건이다.

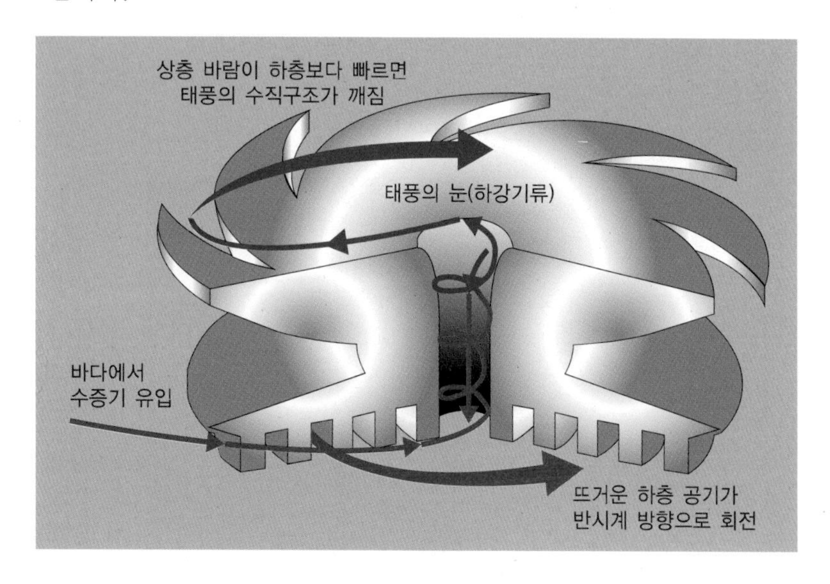

ⓜ 대양별 태풍 주요 발생시기 및 평균 발생횟수는 다음과 같다.

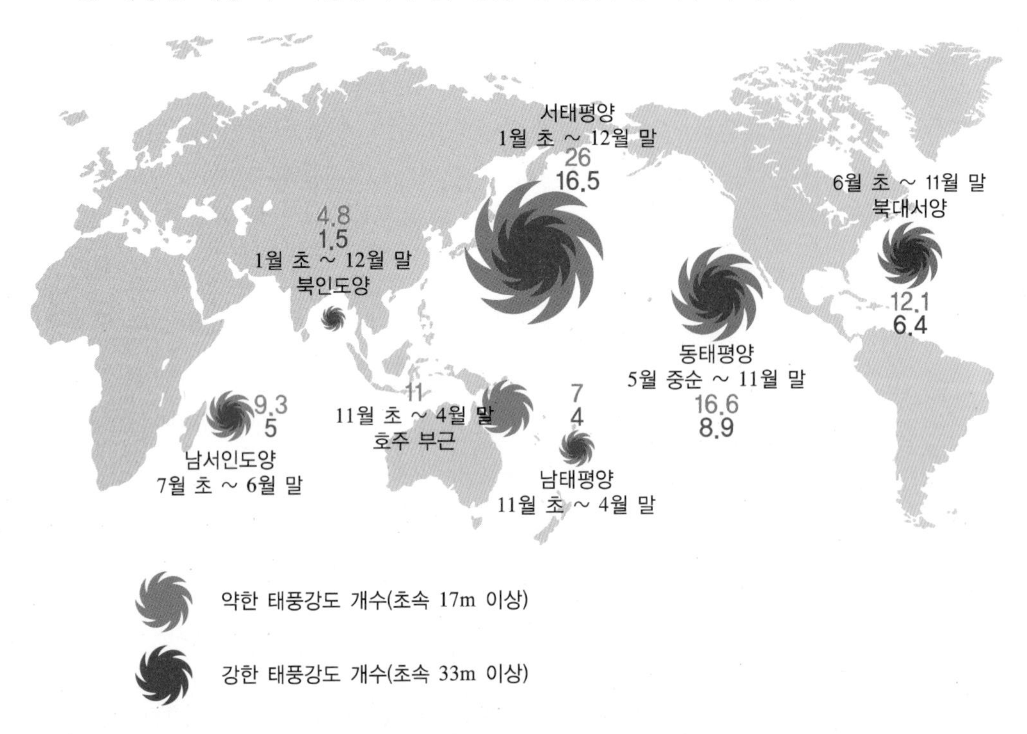

⑫ 태풍의 힘(태풍의 강도와 자연현상)[90)]

㉠ 태풍은 우리나라 여름에서 초가을 사이에 반드시 발생하여 짧은 시간에 큰 피해를 주거나 내륙 상륙 전 또는 내륙에 상륙하자마자 소멸된다. 우리나라에 가장 큰 피해를 입힌 태풍은 루사(2002년)와 매미(2003년)로 피해액은 각각 51,479억원, 42,225억원이다.

㉡ 태풍은 북태평양 남서부에서 발달해 강한 비바람을 동반한 채 아시아 동부로 불어닥치는 열대 저기압으로, 보통 중심 최대 풍속이 초속 17m가 넘고 주로 저위도지역

90) https://news.joins.com/article/370765

의 수온이 높은 바다에서 발생한다.

ⓒ 열대 저기압 가운데 대서양 서쪽에서 발달하는 것을 허리케인이라고 하고, 인도양·아라비아해·벵골만에 생기는 것은 사이클론이라고 한다. 세계적으로 한 해 평균 80개쯤의 열대 저기압이 생성되며, 그 가운데 태풍은 30개 정도이다. 발생부터 소멸까지 1주일~1개월 정도 걸리는데, 일반적으로 형성 → 발달 → 성숙 → 쇠퇴 → 소멸의 단계를 거친다. 태풍 에너지의 위력은 1945년 일본 나가사키에 떨어진 원자폭탄의 1만 배에 이른다.

ⓔ 다음은 태풍이 발생하는 모습을 나타낸 것으로, 타 현상의 에너지와 강도를 비교한 것이다.

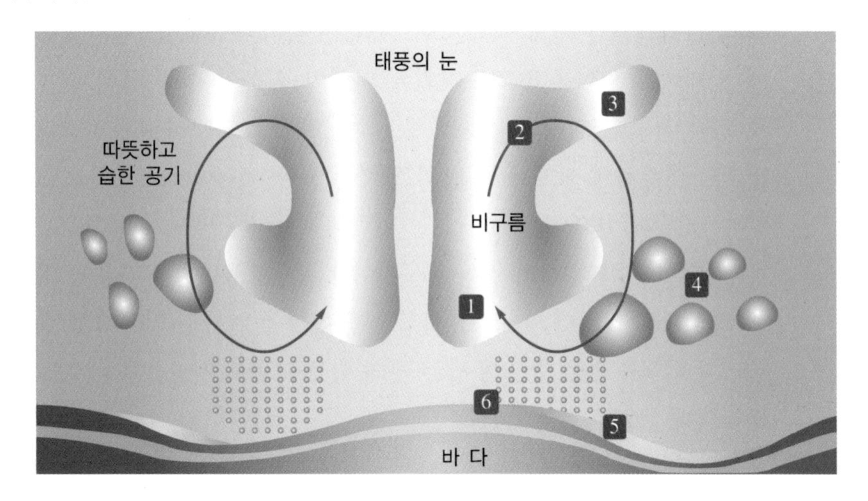

▮ 태풍과 다른 현상의 에너지 비교

구 분	강 도
태 풍	1
1950년 세계 열소비량	100
나가사키 원자폭탄	1만분의 1
벼 락	10억분의 1
돌 풍	10조분의 1

▮ 태풍의 크기(초속 15m 이상의 바람이 부는 반경)

소 형	300km 미만
중 형	300~500km 미만
대 형	500~800km 미만
초대형	800km 이상

ⓜ 과학적으로 태풍은 거대한 수증기 덩어리에 포함된 열에너지가 운동에너지(회전)로 바뀌는 현상이다. 고온다습한 공기가 반시계 방향으로 돌며 중심으로 모여들어 발달하므로, 지구의 자전효과가 어느 정도 큰 위도 5° 이상의 적도에서 주로 발생한

다. 보통 북태평양 남서쪽 해상 북위 5~20°, 동경 110~180°에서 발생하며, 태풍이 만들어지려면 해수면의 온도가 27℃ 이상이고, 편동풍(적도를 사이에 둔 남북 저위도 지대에서 서쪽에서 동쪽으로 약간 치우쳐서 부는 바람)이 불어야 한다.

ⓑ 이렇게 발달한 태풍은 원형에 가깝고 한가운데는 바람이 약하고 구름이 적어 하늘을 볼 수 있는 '태풍의 눈'이 있다. 발달기에 태풍의 눈 지름은 30~50km에 이르며, 눈 바깥 주변의 50~200km 부근에는 강한 상승기류가 나타나 바람이 가장 세다.

ⓢ 저기압인 태풍은 위도가 낮은 지역에서 발생하여 주변의 고기압을 밀어내고 북쪽으로 진행하다 없어진다. 이는 온도가 높은 곳에서 낮은 곳으로 이동한다는 뜻이다. 지구 전체의 에너지 분포를 보면 태양열을 많이 받는 저위도(적도 인근)에서는 열이 넘치고, 태양열을 적게 받는 고위도에서는 열이 부족하다. 열이 계속 불균형을 이루면 극지역은 얼어붙고 적도지역은 가열이 심하여 지구 생태계가 위기에 봉착할 수 있다. 이러한 열적 불균형을 해소하기 위해 적도의 따뜻한 바람과 바닷물은 극지방으로 이동하게 되고, 극지방의 찬바람과 바닷물은 적도 부근으로 이동하며 순환하는 것이다. 비와 눈이 내리고, 바람이 부는 등 날씨가 변하는 것도 열 균형을 이루기 위해 자연현상이 일어나는 것이다. 즉, 대류와 이류작용에 의해 열적 불균형이 해소되는 것이다. 태풍도 적도 부근에서 출현하는 열에너지 덩어리가 지구의 에너지 평형을 맞추기 위해 남는 곳의 열을 고위도 지방으로 나르는 대기현상 중에 하나이다.

ⓞ 일반적으로 태풍이 발현하여 한반도 지역으로 경로가 예측된다면, 우선 예상 피해만 생각하지만, 태풍에는 긍정적인 요소도 있다는 점을 명심해야 한다. 대표적으로 수자원의 주요 공급원이며, 더위를 식히는 역할도 한다. 또한, 태풍은 저위도(적도) 지역에서 축적된 대기 중의 에너지를 고위도(북극) 지방으로 운반시켜 지구 남북의 온도 균형을 유지시킨다. 태풍의 거대한 소용돌이는 바닷물을 섞어서 순환시킴으로써 밑에 있던 플랑크톤을 해수면(표면)에서 분해시켜 바다 생태계를 활성화시키는 역할도 한다.

(5) 난류(Turbulence)

① 난류의 특징

㉠ 난류는 지표면의 부등가열과 기복, 수목, 건물 등에 의하여 생긴 회전기류와 급변하는 바람의 결과로 불규칙한 변동을 하는 대기의 흐름이다.

㉡ 난류는 시공간적으로 여러 규모의 종류가 있는데, 바람이 강하게 부는 날 운동장에서 맴도는 조그만 소용돌이부터 대기 상층의 수십km에 달하는 난류가 있으며, 시간

적으로도 수 초에서 수 시간까지 분포한다. 지상에서는 난류가 스콜(Squall)이나 돌풍(Gust) 등에서 나타난다.

㉢ 난류를 만나면 비행 중인 항공기는 동요하게 된다. 즉, 난류는 간단히 '항공운항 중의 동요'로 정의할 수 있다.

② 난류 발생의 역학적 요인

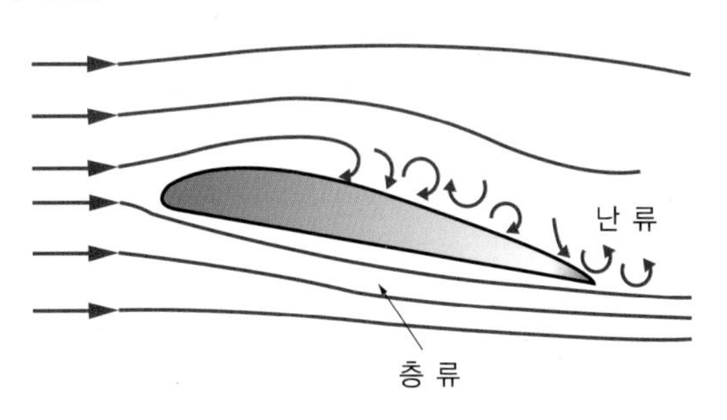

㉠ 수평기류가 시간적으로 변하거나 공간적인 분포가 다를 경우, 윈드시어(Wind Shear)가 유도되고 소용돌이가 발생하며, 지형이 복잡한 하층에서부터 큰 상층까지 윈드시어가 발생할 가능성이 크다.

㉡ 열역학적 요인으로는 공기의 열적 성질의 변질 및 이동으로 현저한 상승·하강기류가 존재할 때 난류가 발생하며, 열적인 변동이 큰 대류권 하층에서 빈번하다.

㉢ 열과 수증기를 상층으로 이동시키는 역할을 하며 난류가 강하면 공기층 내에서 상하의 혼합이 잘된다.

③ 난류의 강도

㉠ 난류의 강도는 객관적으로 결정하기는 곤란하지만 수직 방향 가속도의 정도는 중력 가속도를 사용하여 표시한다.

㉡ 비행기가 받는 충격은 비행기의 속도와 크기, 중량, 안정도 등의 특성에 좌우된다.

㉢ 난류의 강도와 보고의 기준[91)]

강 도	항공기 반응	기내의 반응	보고용어의 정의
Light (약)	• 순간적으로 약간의 영향을 주는 난류로, 고도나 자세가 약간 변화 Light Turbulence*(약한 난류)로 보고함 • 고도나 자세가 다소의 변화 없이 빠르고 다소 부드러운 요동의 원인이 된 난류는 Light Chop(약간 흔들림)으로 보고함	• 탑승자는 안전벨트에 약한 장력을 느낌 • 고정되지 않은 물체는 약간 움직일 수 있음 • 식사 서비스가 가능하지만 걷기에 약간의 어려움을 느낄 수 있음	• Occasional(가끔) : 기간의 1/3 미만 • Intermittent(단속) : 기간의 1/3~2/3 • Continuous(계속) : 기간의 2/3 초과

91) 항공기상학 p.304(교학연구사 / 홍성길 지음)

강 도	항공기 반응	기내의 반응	보고용어의 정의
Moderate (보통)	• 약한 난류와 비슷하게 느끼지만 강도가 더 강함 • 고도와 자세의 변화가 발생하지만 항공기 조종이 가능함 • 대기 속도 변화의 원인이 됨 • Moderate Turbulence*(보통 난류)로 보고함 • Light Chop과 유사하지만 강도가 더 강함 • 항공기의 고도나 자세의 변화 없이 급격한 흔들림이나 요동의 원인이 됨 • Moderate Chop(보통 흔들림)으로 보고함	• 탑승자들은 안전벨트에 어느 정도 장력을 느낌 • 고정되지 않은 물체는 움직임 • 식사 서비스나 걷기가 어려움	• 조종사는 위치, 시간(Z), 강도, 구름 내부/부근 여부, 고도, 항공기 종류, 난류 지속시간을 보고 • 지속시간은 두 지점 사이나 한 지점의 시간에 근거하며, 모든 지점은 인식 가능해야 함 예 a) Over Omaba, 1232Z, Moderate Turbulence in cloud, Flight Level 310, B707 b) Frome 50 miles south of Albuquerque to 30 miles north of Phoenix, 12102 to 1250Z, Occasional Moderate Chop, Flight Level 330, DC8.
Severe (강)	• 고도나 자세에 갑작스런 큰 변화를 일으키는 난류로, 큰 기류 변화의 원인이 됨 • 항공기는 순간적으로 통제력을 상실함 • Severe Turbulence*(강한 난류)로 보고함	• 탑승자는 안전벨트에 격심한 힘을 받음 • 고정되지 않은 물체는 나뒹굴고, 식사 서비스나 걷기는 불가능	
Extreme (매우 강)	• 항공기가 급격하게 이리저리 요동하고 실제적으로 통제가 불가능함 • 구조적 손상의 원인이 됨 • Extreme Turbulence*(매우 강한 난류)로 보고함	–	

※ 뇌우를 포함하여 적운형의 구름과 관련이 없는 고고도 난류(보통 해발 15,000ft 이상)는 적절한 강도나 Light 또는 Moderate의 Chop(흔들림)이 선행되는 청천난류(CAT)로 보고되어야 함

④ 난류의 종류

㉠ 대류에 의한 난류(Convective Turbulence) : 대류권 하층의 기온 상승으로 대류가 일어나면, 더운 공기는 상승하고 상층의 찬 공기는 보상류로서 하강하는 대기의 연직 흐름이 생겨 난류가 발생된다.

㉡ 기계적 난류(Mechanical Turbulence)

- 지면이 거칠거나 장애물의 마찰 때문에 바람의 경사나 풍속의 차이가 크게 나타난다.
- 바람이 산, 언덕, 절벽, 건물 등을 넘어서 불 때 생기는 일련의 소용돌이(Eddy), 즉 불규칙한 흐름을 말한다.

■ 기계적 난류의 예

㉢ 항적에 의한 난류(Vortex Wake Turbulence)

- 비행 중인 여러 비행체의 후면에서 발생하는 소용돌이로, 인공난류(Man-made Turbulence)라고도 한다.
- 대형 항공기가 이착륙한 직후의 활주로에는 많은 소용돌이가 남아 있으며, 이런 상태가 존속될 경우 이착륙하는 소형 항공기는 그 영향을 받게 된다.

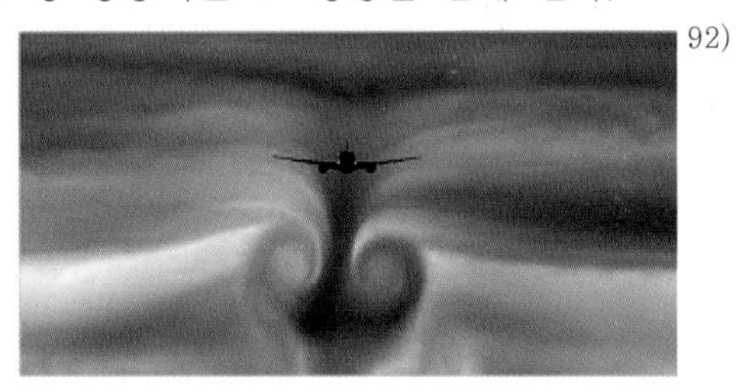
92)

㉣ 대기난류 93)

지구에는 난류와 층류, 즉 규칙 없는 흐름과 규칙 있는 공기의 흐름이 섞여서 흐르고 있다. 층류에 비해 운동량, 열, 연기 등의 확산능력이 압도적으로 큰 난류는 규칙적인 흐름 속에서 가지각색의 복잡한 '와'를 포함한 개념으로 설명할 수 있기 때문에 '난와'라고도 한다. 대기에서는 그 상태가 시간적으로나 공간적으로 끊임없이 운동하고 불규칙하여 대부분 난류라고 생각하여 대기난류라고 한다. 이러한 대기 속의 난류는 시공간적인 규모에 따라서 달라지는데, 규모가 작은 대기의 난류는 풍향·풍속계에 의해서도 기록되며, 지표면 부근 경계층(1km 이내)에서 가장 뚜렷하게 나타난다. 또한, 지표면의 각종 지형지물의 영향에 따라 다른 형태의 난류로 발생하며 대기의 안정도에 의해서도 크게 달라진다. 다음은 층류와 난류를 나타낸 것이다.

---

92) http://www.wasco.co.kr/bbs/zboard.php?id=report&page=50&sn1=&divpage=1&sn=off&ss=on&sc=on&select_arrange=hit&desc=desc&no=1025&PHPSESSID=07e423b8aa7bfb82d68a06d486f26c08
http://www.fotothing.com/hsk2012/photo/5a2feeee8509e5d2699dd0f24db782c6/

93) https://m.blog.naver.com/jhc9639/220176677828

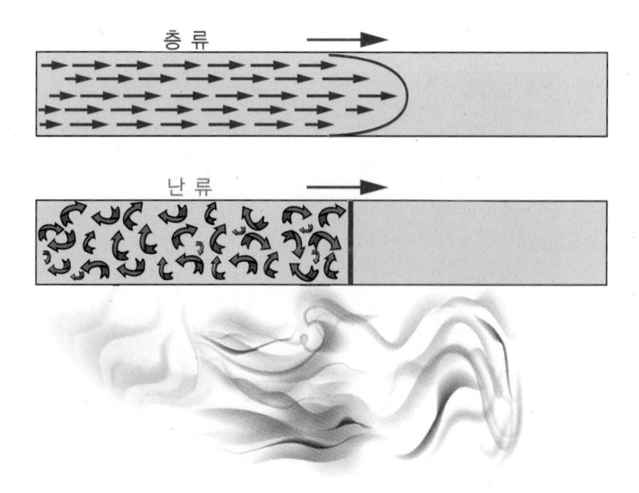

• 유체의 난류를 판단할 때 쓰이는 용어가 '레이놀즈수'(유체의 흐름에서 점성에 의한 힘이 층류가 되게 작용하고 관성에 의한 힘은 난류를 일으키는 방향으로 작용하는데, 관성력과 점성력의 비를 취한 것)인데, 예전에는 1,000 이상이면 층류에서 난류로 바뀐다고 하였지만, 현재는 2,100 이하면 층류, 4,000 이상이면 난류, 그 사잇값을 천이유동이라고 학계에서는 알려져 있다.

• 난류와 관련된 용어
  - 난류 혼합 : 난류의 작용에 의해 대기량이 평균화되는 것
  - 난류운 : 난류층 상부에 생기는 구름
  - 난류권 : 중간권계면에서 열권하부의 풍속이나 풍향의 시공간적 변동이 크고 난류가 탁월한 부분
  - 등방성 난류 : 등방성이란 물질의 물리적 성질이 방향이 바뀌어도 일정한 성질을 띠는 것으로, 즉 방향과 관계없이 물질의 물리적 성질은 일정하다. 이 성질을 갖는 난류를 등방성 난류라고 하며, 아주 작은 영역의 난류에서는 이 성질이 성립되는데, 이때 이 난류의 에너지 스펙트럼은 다음과 같다.

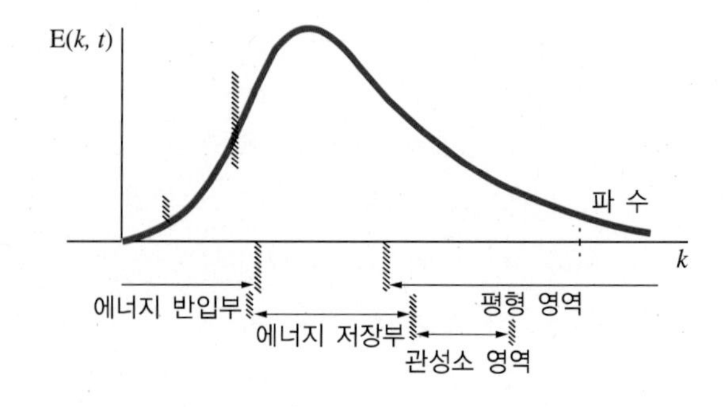

(6) 윈드시어

① 윈드시어의 특징

㉠ 윈드시어는 Wind(바람)와 Shear(자르다)가 결합된 용어로, 바람의 진행 방향에 대한 수직 또는 수평 방향의 풍속 변화이며, 풍속과 풍향이 갑자기 바뀌는 돌풍현상이다.

94)

㉡ 윈드시어에는 수평거리에 따른 바람의 변화로 나타나는 수평 윈드시어, 연직거리에 따른 바람의 변화로 나타나는 연직 윈드시어가 있으며, 두 가지 현상이 동시에 결합하여 나타나기도 한다.

② 윈드시어의 발생원인과 유의사항

㉠ 서로 다른 공기덩어리의 경계에서 생기는 기단 전선면 전후 또는 해륙풍이 부는 곳에서 해풍과 육풍이 바뀌는 시점에서 발생한다.

- 한랭전선에 의한 하층 윈드시어는 전선이 비행장을 통과한 후에 발생하며, 일반적으로 한랭전선에서의 하층 윈드시어 지속시간은 2시간 이하로 볼 수 있다. 온난전선에서의 윈드시어 지속시간은 6시간 정도이다.

  예 온난전선으로 인한 하층 윈드시어

  온난전선 상층의 강한 바람은 풍향과 풍속을 크게 변화시키며, 항공기는 온난전선 위를 비행할 때 뒷바람을 받다가 착륙을 위해 지상으로 내려오면서 온난전선 전면으로 들어오면 맞바람을 받게 되고 이로 인해 짧은 순간에 풍향의 급격한 변화를 맞게 된다.

  다음 그림처럼 윈드시어로 인해 원래 계획된 착륙지점보다 훨씬 먼 거리에 착륙하게 되는데, 이는 항공기 안전에 상당한 위협이 되며, 특히 온난전선으로 인한 윈드시어는 온난전선에서 발생하는 낮은 실링(Ceiling, 구름의 최저 고도)이나 저시정(低視程)과 복합적으로 나타나 조종사에게 더 큰 위험으로 다가온다.

---

94) https://blog.naver.com/great_air/220963071745

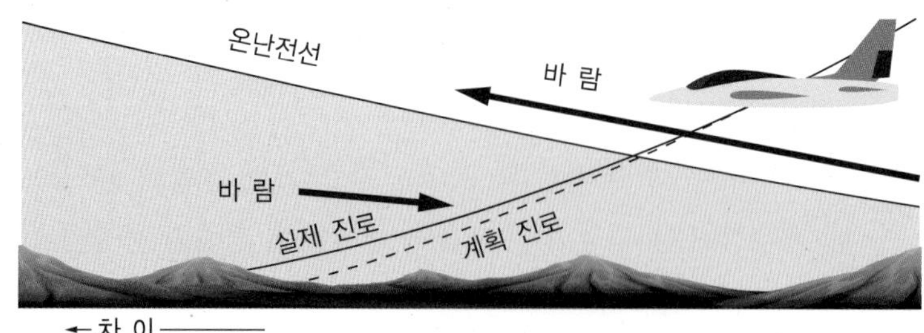

㉡ 장애물이나 지형에 의한 풍향·풍속의 변환 지점, 대기 하층의 강풍으로 인한 저층 제트와 심한 기온역전에 의해서 발생한다.

㉢ 적란운 밑에서 지상까지 강한 하강기류가 지표에 부딪쳐 사방으로 발산되면서 생기는 돌풍현상인 마이크로버스트로 인해 발생한다.

- 마이크로버스트(Microburst)는 작은 규모의 다운버스트(Downburst)에 의해 만들어진 강한 하층 윈드시어다. 다운버스트는 비교적 넓은 지역에서 나타나는 강한 하강기류로, 크기에 따라 마이크로버스트(바람의 확장범위가 2.5mile 이하)와 매크로버스트(Macroburst, 2.5mile 이상)로 구분된다.
- 마이크로버스트는 직경 4km의 영역 내외에서 나타나고, 제트기류의 강풍 속도에 의해 증폭되기도 한다. 마이크로버스트가 생기는 원인인 뇌우구름(뇌운)이 발달하면서 성숙기에 이르면 찬 하강기류가 주로 발생하는데, 이 차가운 하강기류가 지표에 닿기 시작하면서 회전과 압축에 의해 풍속이 증가한다. 이 바람이 마이크로버스트의 원인이다.
- 마이크로버스트는 대류활동과 연관되어 나타나는 특수한 윈드시어라고 할 수 있으며, 비교적 단순한 형태의 요란으로 뇌우현상에 동반되는 경우가 많다. 그러나 천둥과 번개를 동반하지 않는 소규모의 대류운에서 나타나기도 한다.
- 하강기류는 일반적으로 눈에 보이는 비를 동반하지만, 때로는 비가 지표에 도달하기 전에 증발되는 경우가 있다. 이럴 때는 하강기류가 눈에 보이지 않아 조종사가 대처를 하지 못해 큰 항공기 사고가 발생하기도 한다. 하강기류는 지표에 도달하면서 수평적으로 퍼지게 된다. 대류운의 운저(Cloud Base) 아래에서 윈드시어가 발달하는 것은 비가 내리면서 발생하는 하강기류 때문이다. 마이크로버스트는 기단뇌우, 다세포뇌우, 거대세포뇌우 등 모든 종류의 뇌우에서 발생할 수 있다.

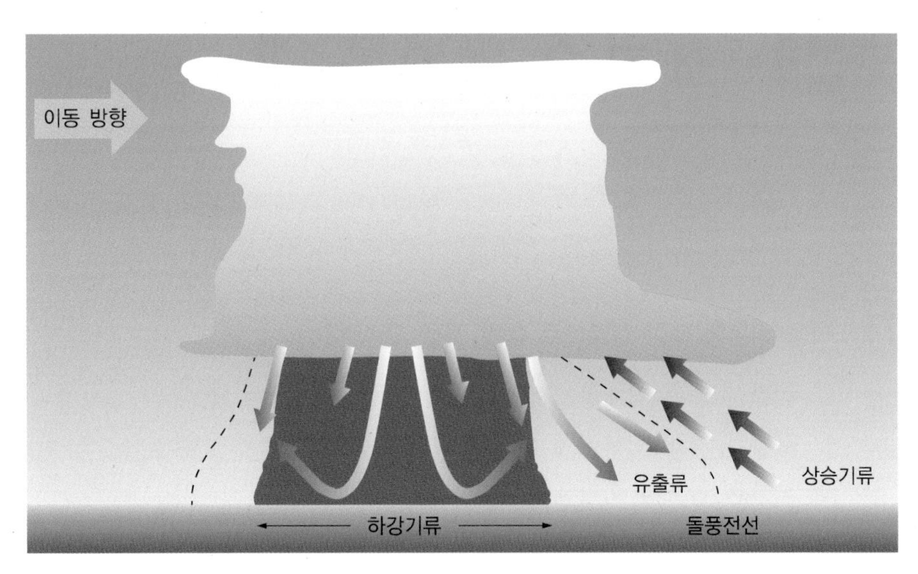

- 마이크로버스트는 뇌우 중심역 바로 아래에서 가장 심하게 나타나며 위의 그림처럼 돌풍전선은 뇌우의 진행 방향 앞쪽까지 차가운 하강기류가 퍼져 나와 만들어진다. 돌풍전선에서 심한 난류는 연직 윈드시어가 10kts/100ft, 수평 윈드시어가 40kts/mile 정도이다.

㉣ 고지대 산 주변에서 주로 발생한다(한라산, 후지산 등).

㉤ 착륙 시 양쪽 활주로 끝 모두가 배풍을 지시하면 저고도 윈드시어로 인식하고 복행(다시 날아오름)을 실시해야 한다.

③ 윈드시어의 강도[95]

㉠ 다음 표는 저층의 연직 윈드시어의 강도 분류를 나타낸 것이다. 주어진 거리에서 풍향도 변한다면 풍속만 변할 때보다는 실제 윈드시어가 항상 크다.

▮ 저층 윈드시어(LLWS ; Low-Level Wind Shear)의 강도

LLWS의 강도	시어의 크기(kt/100ft)
Light(약)	<4.0
Moderate(보통)	4.0~7.9
Strong(강)	8.0~11.9
Severe(매우 강)	≥ 12

㉡ 윈드시어는 대기 속도 변동이 100ft당 15~20kts(10m당 5~7kts)로 일어날 때 심각한 상황이 된다.

※ LLWS는 최종 접근로 또는 이륙로와 이륙 중의 급상승로를 따라 지상으로부터 2,000ft 이내의 연직 윈드시어로 정의한다.

95) 항공기상학(교학연구사 / 홍성길 지음 p.294)

CHAPTER

9 적중예상문제

01 다음 뇌우에 대한 설명으로 틀린 것을 고르면?

① 적란운 또는 거대한 적운에 의해 형성된 폭풍우이다.
② 구름과 지표면 사이에 뇌전이 발생하고 낙뢰 피해가 발생하기도 한다.
③ 뇌우는 반드시 회피해야 한다.
④ 우리나라에서는 주로 가을철에, 특히 해안지방에서 자주 일어난다.

해설

뇌우의 지속기간은 비교적 짧으나 갑자기 강한 바람이 불고, 몇 분 동안에 기온이 10℃ 이상 낮아지기도 한다. 습도는 거의 100%에 이르고, 때로는 우박도 동반하는데 우리나라에서는 주로 여름철에, 특히 내륙 지방에서 자주 일어난다.

02 다음 뇌우의 종류 중 낮은 고도의 바람 방향으로 선형이나 띠 모양으로 배열되는 것은?

① 기단뇌우
② 선형뇌우
③ 전선뇌우
④ 지형성뇌우

해설

선형뇌우(Line Thunderstorm)는 낮은 고도의 바람 방향으로 선형이나 띠 모양으로 배열된다. 선형뇌우는 낮 시간이면 언제라도 발달하지만 오후에 많이 발생하는 경향이 뚜렷하다.

03 다음 뇌우의 생성 조건 중 가장 거리가 먼 것은?

① 불안정 대기
② 높은 습도
③ 강한 상승작용
④ 안정적인 대류 작용

해설

뇌우의 생성조건에는 불안정 대기, 상승운동, 높은 습도 등이 있다.

1 ④ 2 ② 3 ④ 정답

04 태풍의 접근 징후를 설명한 것으로 옳지 않은 것은?

① 아침, 저녁에 너울이 선행한다.
② 털구름이 나타나 온 하늘로 퍼진다.
③ 기압이 급격히 높아지며 폭풍우가 온다.
④ 구름이 빨리 흐르며 습기가 많고 무덥다.

해설

태풍이 접근하면 기압이 낮아지고 일교차가 없어진다.

05 다음 열대성 저기압의 발생 해역별 명칭 중 틀린 것은?

① 태풍(Typhoon) : 북서태평양 필리핀 근해
② 허리케인(Hurricane) : 북대서양, 카리브해, 멕시코만, 북태평양 동부
③ 사이클론(Cyclone) : 인도양, 아라비아해, 벵골만 등
④ 윌리윌리(Willy-Willy) : 필리핀 근해

해설

윌리윌리(Willy-Willy)는 호주 부근 남태평양이다.

06 북태평양 남서부에서 발생하여 중심풍속이 33m/s 이상의 강풍을 동반하는 열대성 저기압을 부르는 명칭은?

① 태 풍
② 사이클론
③ 허리케인
④ 윌리윌리

해설

태풍은 북태평양 남서부 열대 해역(북태평양 서부 5~20°)에서 주로 발생하여 북상하는 중심 기압이 매우 낮은 열대성 저기압으로 중심 부근 최대풍속이 17m/s 이상의 강한 폭풍우를 동반한다.
세계기상기구(WMO)는 열대저기압 중에서 중심 부근 최대풍속이 33m/sec 이상을 태풍(TY), 25~32m/sec를 강한 열대폭풍(STS), 17m/sec 미만을 열대저압부(TD)로 구분한다. 우리나라도 태풍을 이렇게 구분하지만, 일반적으로는 최대풍속이 17m/sec 이상인 열대저기압 모두를 태풍이라고 한다.

정답 4 ③ 5 ④ 6 ①

07 다음 중 윈드시어(Wind Shear)에 대한 내용으로 옳지 못한 것은?

① Wind Shear는 갑자기 바람의 방향이 급변하는 것으로 풍속의 변화는 없다.
② Wind Shear는 모든 고도에서 발생하며 수평, 수직적으로 일어날 수 있다.
③ 저고도 기온 역전층 부근에서 Wind Shear가 발생하기도 한다.
④ 착륙 시 양쪽 활주로 끝 모두가 배풍을 지시하면 저고도 Wind Shear로 인식하고 복행을 해야 한다.

해설

윈드시어는 짧은 거리에서 바람 속도와 방향이 급격하게 변화하는 현상이다. 항공기의 비행 경로와 속도에 영향을 줄 수 있고 어느 고도와 어느 방향에서나 발생할 수 있기 때문에 항공기는 급격한 상승기류나 하강기류 또는 극심한 수평 바람 분력의 변화에 직면할 수 있는 매우 위험한 요소이다.

윈드시어의 발생요인

- 돌풍전선
- 전 선
- 복사역전층 상부의 하층 제트기류
- 해륙풍
- 고지대 산주변(제주공항의 한라산, 나리타공항의 후지산)

08 뇌우의 특징에 대한 설명으로 바르지 못한 것은?

① 적란운 또는 거대한 적운에 의해 형성된 폭풍우로, 항상 천둥과 번개를 동반하는데 이는 상부는 음으로 대전되고, 하부는 양으로 대전되는 적란운의 특성 때문이다.
② 천둥과 번개는 구름 내의 양과 음인 두전하의 방전에 의한 경우가 많다.
③ 지역에 적란운이 접근하면 구름 아래 지상이 양전하로 대전되면서 구름과 지표면 사이에 뇌전이 발생하고 낙뢰 피해가 발생하기도 한다.
④ 뇌우의 지속기간은 비교적 짧으나 갑자기 강한 바람이 불고, 몇 분 동안에 기온이 10℃ 이상 낮아지기도 한다.

해설

뇌우는 적란운 또는 거대한 적운에 의해 형성된 폭풍우로, 항상 천둥과 번개를 동반하는데 이는 상부는 양으로 대전되고, 하부는 음으로 대전되는 적란운의 특성 때문이다.

09 다음 중 뇌우의 종류에 해당하지 않는 것은?

① 기단뇌우　　② 폭풍뇌우
③ 선형뇌우　　④ 전선뇌우

7 ① 8 ① 9 ② **정답**

해설

① 기단뇌우(Air-mass Thunderstorm) : 어느 정도 균일한 기단 내에서 발견되는 뇌우로 산발적이며 주간 가열의 결과 국지적으로 발달하는 것과 같이 감률이 큰 곳에서 오후에 잘 발생한다.
③ 선형뇌우(Line Thunderstorm) : 낮은 고도의 바람 방향으로 선형이나 띠 모양으로 배열되며 낮 시간이면 언제라도 발달하지만 오후에 많이 발생하는 경향이 뚜렷하다.
④ 전선뇌우(Frontal Thunderstorm) : 대량의 찬 공기와 따뜻한 공기를 분리시키는 경사진 기층으로, 온난한 공기가 대류적으로 불안정하면 뇌우는 발달한다.

10 다음 중 어느 정도 균일한 기단 내에서 발견되는 뇌우는?

① 기단뇌우 ② 폭풍뇌우
③ 선형뇌우 ④ 전선뇌우

해설

기단뇌우(Air-mass Thunderstorm)는 어느 정도 균일한 기단 내에서 발견되는 뇌우로 산발적이며, 주간 가열의 결과 국지적으로 발달하는 것과 같이 감률이 큰 곳에서 오후에 잘 발생한다.

11 다음 중 온난기단과 한랭기단이 서로 만났을 때 발생하는 뇌우는?

① 기단뇌우 ② 폭풍뇌우
③ 선형뇌우 ④ 전선뇌우

해설

전선뇌우(Frontal Thunderstorm)는 대량의 찬 공기와 따뜻한 공기를 분리시키는 경사진 기층으로, 온난한 공기가 대류적으로 불안정하면 뇌우는 발달한다. 전선뇌우는 온난기단과 한랭기단이 서로 만났을 때 찬 공기는 하층으로 파고들고, 따뜻한 공기는 그 위로 밀려 올라가서 상승기류를 형성한다.

12 다세포 뇌우에 대한 설명으로 바르지 못한 것은?

① 다세포 뇌우군(Multi Cell Cluster Thunderstorm)은 가장 일반적인 형태의 뇌우로서, 여러 개의 단세포뇌우가 뭉쳐진 형태이다.
② 수많은 뇌우들이 뭉쳐 있기 때문에 집중호우가 내릴 수 있다.
③ 돌발적 홍수(Flash Flood)가 발생할 가능성은 낮다.
④ 단세포 뇌우보다 식별하기 쉬운 편인데, 돌발적 홍수와 다운버스트 그리고 보통 크기의 우박 및 약한 토네이도를 동반할 수 있다.

정답 10 ① 11 ④ 12 ③

해설

다세포 뇌우는 뇌우의 이동 방향을 따라서 앞부분에서는 생성단계의 뇌우가 있고, 가운데서는 성숙단계의 뇌우를 볼 수 있으며, 가장 뒷부분의 뇌우는 소멸단계에 접어든 것이다. 수많은 뇌우들이 뭉쳐 있기 때문에 집중호우가 내릴 수 있으며, 돌발적 홍수(Flash Flood)가 발생할 가능성이 높다. 단세포 뇌우보다 식별하기 쉬운 편인데, 돌발적 홍수와 다운버스트 그리고 보통 크기의 우박 및 약한 토네이도를 동반할 수 있다.

13 단세포 뇌우에 대한 설명으로 틀린 것은?

① 발생하는 지역이 국지적이다.

② 여름에 온도가 높아진 지표면의 공기가 불안정해지면서 대류현상을 일으킬 때 발생하는 일반적인 뇌우이다.

③ 산간지방의 경사면을 따라 상승기류를 만들어 내는 공기 흐름에 의해서도 발생하고 해안지방에서는 야간에 자주 발생한다.

④ 심한 악기상을 동반하여 식별하기 용이하고, 지속시간은 20~30분 정도이다.

해설

단세포 뇌우는 심한 악기상을 동반하지 않아서 식별하기 어려운 부분이 있고, 그 지속시간도 20~30분 정도로 짧다. 마이크로버스트 중 다운버스트와 작은 크기의 우박과 약한 토네이도 및 장대비 등의 악천후를 발생시킬 수 있기 때문에 유인항공기를 포함한 무인항공기 운항 시 주의해야 한다. 내륙지역에서 여름철 야간에 주로 관측되는 뇌우가 대부분 단세포 뇌우이다.

14 다음 중 다세포 뇌우선에 대한 설명으로 옳지 않은 것은?

① 일반적으로 스콜라인이라고 알려져 있다.

② 여러 개의 뇌우가 평행하게 선을 이루고 있는 것으로 기존에는 악뇌우의 선이라고도 하였다.

③ 주로 한랭전선을 따라서 형성되거나 전선의 앞부분에서 관측된다.

④ 열대성 사이클론의 바깥쪽 비구름 띠 주변에 형성되는 경우도 있으며, 앞으로 나아가는 다세포 뇌우선의 앞부분에는 주로 스콜라인(Squall Line)이 형성된다.

해설

열대성 사이클론의 바깥쪽 비구름 띠 주변에 형성되는 경우도 있으며, 앞으로 나아가는 다세포 뇌우선의 앞부분에는 주로 돌풍전선(Gust Front)이 형성되며, 때에 따라서는 구름의 둑(Cloud Bank)도 돌풍전선과 함께 만들어지기도 한다. 굉장히 많은 상승기류와 하강기류가 밀집되어 있기 때문에 이 기류들이 만나는 중간지점에서 수많은 악천후를 동반하는 것이다. 다세포 뇌우선이 동반하는 악천후 중 가장 위협적인 것은 다운버스트이고 그 외에도 거스트 토네이도나 탁구공만한 우박을 동반하기도 한다.

13 ④ 14 ④ 정답

15 슈퍼세포 뇌우에 대한 설명으로 바르지 못한 것은?

① 다른 뇌우들과 비교했을 때 발생 확률은 가장 낮지만 발생과 동시에 엄청난 피해를 일으키기 때문에 각별한 유의가 필요하다.
② 상층부에 조개구름(상층운 중 권적운으로 조개모양의 구름)을 만들어 낸다.
③ 다세포 뇌우와 다른 점은 뇌우 속에 회전성 상승기류(Rotational Updraft)가 있다는 것으로, 이 상승기류는 매우 강하기 때문에 중규모의 사이클론과 혼돈되기도 한다.
④ 부분의 토네이도는 슈퍼세포 뇌우에서 발생한다고 알려져 있는데, 그 외에도 돌풍과 굉장히 큰 우박을 동반하기도 한다.

해설

슈퍼세포 뇌우는 상층부에 모루구름(적란운의 상부가 섬유 모양으로 넓고 편평하게 퍼져 있는 나팔꽃 모양의 구름)을 만들어 낸다.
일반적인 구름의 종류는 다음과 같다.

구름의 종류		
일반형	상층운	권운(새털구름), 권적운(조개구름), 권층운(무리구름)
	중층운	고층운(차일구름), 고적운(양떼구름)
	하층운	층운(안개구름), 층적운(두루마리구름), 난층운(비구름)
	수직형	적운(뭉게구름), 적란운(쌘비구름)
특수형	상위형	웅대적운, 열탑, 열대성 저기압, 슈퍼셀, 안개
	수반형	모루구름, 유방운, 아치구름, 구름벽, 미류운(꼬리구름), 깔때기구름
	일반형	야광운, 진주운, 편운, 삿갓구름, 렌즈구름, 파상운, 모닝글로리, 거친물결구름
	그 외	Fallstreak Hole
	인공생성	비행운, 스모그, 버섯구름

모양에 따라서는 10가지로 분류되며, 적란운과 난층운은 비를 뿌리는 구름이다.

운형 분류표	
상층운	권운(새털구름), 권적운(조개구름), 권층운(무리구름)
중층운	고층운(차일구름), 고적운(양떼구름)
하층운	층운(안개구름), 층적운(두루마리구름), 난층운(비구름)
수직형	적운(뭉게구름), 적란운(쌘비구름)

정답 15 ②

16 다음 중 뇌우의 단계에 해당하지 않는 것은?

① 수렴 단계
② 적운 단계
③ 성숙 단계
④ 소멸 단계

해설

뇌우의 단계는 적운 - 성숙 - 소멸 단계로 형성된다. 각 단계별 특징을 살펴보면 다음과 같다.

- 적운 단계 : 폭풍우가 발달하기 위해서 많은 구름이 필요하며, 적운 단계에서는 지표면 하부의 가열로 상승기류를 형성한다.
- 성숙 단계 : 적운 단계에서 형성된 구름은 상승기류에 의해서 뇌우가 최고의 강도에 달했을 때 구름 속에서 상승 및 하강기류가 형성되어 비가 내리기 시작하는데, 이 시기가 폭풍우의 성숙단계이다.
- 소멸 단계 : 폭풍우는 강우와 함께 하강기류가 지속적으로 발달하여 수평 또는 수직으로 분산되면서 급격히 소멸 단계에 접어든다. 강한 하강기류가 발생하고 강우가 그치면서 하강기류도 감소하고 폭풍우도 점차 소멸한다.

17 뇌우의 단계 중 지표면 하부의 가열로 상승기류를 형성하는 단계는?

① 수렴 단계
② 적운 단계
③ 성숙 단계
④ 소멸 단계

해설

적운 단계 : 폭풍우가 발달하기 위해서는 많은 구름이 필요하며, 적운 단계에서는 지표면 하부의 가열로 상승기류를 형성한다.

16 ① 17 ② 정답

18 위험뇌우 치올림지수가 −2~0일 때의 뇌우강도 가능성은?

① Weak(작음)
② Moderate(보통)
③ Strong(큼)
④ Very Strong(매우 큼)

해설

치올림지수는 발생 확률이 아니라 뇌우강도로 표현한다. 만약 뇌우가 발생한다면 치올림지수는 뇌우가 얼마나 강할 것인가를 나타낸다. 기단성 뇌우는 치올림지수가 작은 수이지만 양의 값일 때 발생할 수 있으며, 치올림지수는 다음과 같이 Weak(작음) – Moderate(보통) – Strong(큼) 등 3단계로 구분한다.

19 위험뇌우 치올림지수가 −5~−3일 때의 뇌우강도 가능성은?

① Weak(작음)
② Moderate(보통)
③ Strong(큼)
④ Very Strong(매우 큼)

해설

치올림지수(Lifted Index)와 뇌우강도

치올림지수	뇌우강도
−2~0	Weak(작음)
−5~−3	Moderate(보통)
≤−6	Strong(큼)

20 위험뇌우 치올림지수가 ≤−6 때의 뇌우강도 가능성은?

① Weak(작음)
② Moderate(보통)
③ Strong(큼)
④ Very Strong(매우 큼)

해설

치올림지수(Lifted Index)와 뇌우강도

치올림지수	뇌우강도
−2~0	Weak(작음)
−5~−3	Moderate(보통)
≤−6	Strong(큼)

정답 18 ① 19 ② 20 ③

21 뇌우에 대한 설명으로 바르지 않은 것은?

① 뇌우는 천둥(Thunder)이 동반된 폭풍우현상으로, 번개(Lightning)는 천둥에 의해 만들어지기 때문에 번개와 천둥현상은 순차적으로 발생한다.
② 구름 외부의 뇌우난류는 위치에 따라 성격이 다르게 나타난다.
③ 뇌우구름 아래의 난류는 구름 내부보다는 약하지만, 좁은 면적에서 급격하게 발생하는 경우가 많아 항공기 안전에 매우 위험하다.
④ 뇌우구름 아래의 난류는 강한 윈드시어, 낮은 구름 높이, 저시정(低視程) 등과 결합되면 매우 위험해진다.

해설
뇌우는 천둥(Thunder)이 동반된 폭풍우현상으로, 천둥은 번개(Lightning)에 의해 만들어지기 때문에 천둥과 번개의 현상은 같이 발생한다.

22 번개에 대한 설명으로 바르지 않은 것은?

① 번개는 적란운이 발달하면서 구름 내부에 축적된 음전하와 양전하 사이 또는 구름 하부의 음전하와 지면의 양전하 사이에서 발생하는 불꽃방전이다.
② 번개는 구름 내부, 구름과 구름 사이, 구름과 주위 공기 사이, 구름과 지면 사이의 방전을 포함하여 다양한 형태로 발생한다.
③ 적란운 상부에는 음전하가, 하부에는 양전하가 축적되며, 지면에는 양전하가 유도된다.
④ 지면의 양전하와 구름 하부의 음전하 사이에 전하차가 증가하면 구름 하부와 지면 사이에서 전기방전, 즉 낙뢰 또는 벼락이 발생한다.

해설
적란운 상부에는 양전하가, 하부에는 음전하가 축적되며, 지면에는 양전하가 유도된다. 적란운 속의 전하 분리에 의해 구름 하부에 음전하가 모이면 이 음전하의 척력과 인력에 의해 지면에 양전하가 모이게 된다.

23 적운과 적란운 속에서 직경 2cm 이상의 강수입자로 성장하여 떨어지는 얼음덩어리는?

① 빙 정 ② 얼 음
③ 우 박 ④ 결 정

해설
적운과 적란운 속에서의 상승운동에 의해 빙정입자가 직경 2cm 이상의 강수입자로 성장하여 떨어지는 얼음덩어리를 우박이라고 한다.

21 ① 22 ③ 23 ③ **정답**

24 우박에 대한 설명으로 바르지 못한 것은?

① 빙정과정으로 형성된 작은 빙정입자는 적란운 속의 강한 상승기류에 의해 더 높은 고도로 수송된다.

② 수송되는 과정에서 얼음입자가 과냉각 수적과 충돌하면서 얼게 되는데 이러한 흡착과정으로 빙정입자가 성장한다.

③ 이때 적란운 속의 상승기류가 구름 속에 떠 있는 빙정입자를 지탱할 수 있을 정도로 충분히 강하다면 이 빙정입자는 상당한 크기로 성장하여 우박이 된다.

④ 우박은 소나기, 번개, 천둥, 돌풍 등을 동반하지 않기 때문에 인명 피해, 농작물 파손, 가옥 파괴 등의 피해가 경미하다.

해설

우박과 함께 소나기, 번개, 천둥, 돌풍 등이 동반되기 때문에 인명 피해, 농작물 파손, 가옥 파괴 등의 막대한 재산 피해를 가져온다.

25 태풍의 정의에 대한 설명으로 바르지 못한 것은?

① 북태평양 남서부 열대해역(북위 5~25°와 동경 120~170° 사이)에서 주로 발생하여 북상하는 중심기압이 매우 높은 열대성 고기압이다.

② 중심부의 최대 풍속이 33m/sec 이상일 때이다.

③ 태풍의 눈 부근의 구름벽이나 나선 모양의 구름띠에서는 강한 소낙성 비가 내리고, 그 사이사이에서는 층운형 구름에서 약한 비가 지속적으로 내린다.

④ 강우의 분포는 대칭이 아니라 태풍 진행 방향의 오른쪽에서 더 많은 비가 내리며, 구름벽과 나선모양의 구름띠는 시간에 따라 쉴 새 없이 변한다.

해설

북태평양 남서부 열대해역(북위 5~25°와 동경 120~170° 사이)에서 주로 발생하여 북상하는 중심기압이 매우 낮은 열대성 저기압이다.

정답 24 ④ 25 ①

26 태풍으로 인해 발생하는 현상에 대한 설명으로 바르지 못한 것은?

① 태풍이 접근하기 바로 전에는 날씨가 맑고 조용하며, 바닷가에는 너울이 밀려온다.
② 태풍이 접근해 오면 기압이 올라가면서 점차 바람이 불기 시작한다.
③ 처음에는 높은 구름인 권운, 권층운이 생성되다가 다음은 중층운인 고층운, 고적운 그리고 거대한 적운 순으로 나타난다.
④ 많은 비를 동반하는 태풍은 많은 피해를 주기도 하지만 수자원 공급에 큰 역할을 하는 등 이점도 있다.

해설
태풍이 접근해 오면 기압은 내려가고 점차 바람이 불기 시작한다. 거대한 적운으로 이루어진 나선 모양의 구름띠가 강한 비를 내리고 태풍이 통과하고 난 후에는 기압이 급강하하기 시작한다. 어두운 구름벽이 밀려오면서 비와 바람은 최대 강도에 도달한다.

27 다음 중 태풍의 눈에 대한 설명으로 틀린 것은?

① 태풍의 중심부이다.
② 보통 직경이 약 50~80km이다.
③ 중심 부근에서는 기압경도력과 원심력이 커지므로 전향력과 마찰력도 함께 커지게 된다.
④ 5m/sec 이하의 미풍이 불게 되고 비도 내리지 않으며 날씨도 부분적으로 맑다.

해설
태풍의 눈은 보통 직경이 약 20~40km이다.

28 태풍의 진로에 대한 설명으로 옳지 않은 것은?

① 저위도의 무역풍에서는 서북서~북서진하고, 중·고위도에서는 편서풍을 타고 북동진한다.
② 북태평양 고기압 가장자리를 따라 시계 방향으로 진행한다.
③ 기압의 하강이 가장 심한 지역을 따라 진행하는 경향이 있다.
④ 전선대나 기압골에 반하여 진행하는 경향이 있다.

26 ② 27 ② 28 ④ 정답

해설

태풍의 진로를 보면 전선대나 기압골을 타고 진행하는 경향이 있으며, 저기압 상호 간에는 흡인하는 경향이 있다(앞쪽에 저기압이 있을 때 그 방향으로 전향함). 또한, 고기압이 태풍의 전면에 위치하면 태풍의 속도는 느려지고 큰 각도로 전향하는 경우가 많다.

29 위험 반원에 대한 설명으로 바르지 못한 것은?

① 태풍 진행 방향의 왼쪽 반원이다.
② 가항 반원(안전 반원)에 비해 기압경도가 크다.
③ 풍파가 심하고 폭풍우가 일며 시정이 좋지 않다.
④ 태풍의 바람 방향과 바람의 이동 방향이 비슷하여 풍속이 증가한다.

해설

태풍의 오른쪽 반원은 태풍의 바람 방향과 바람의 이동 방향이 비슷하여 풍속이 증가하여 위험 반원이라고 하며, 왼쪽 반원은 두 방향이 상쇄되어 풍속이 약화되므로 가항 반원(안전 반원)이라고 한다.

30 태풍의 일생 5단계에 속하지 않는 것은?

① 발생기 ② 최소기
③ 발달기 ④ 쇠약기

해설

태풍의 일생은 발생기, 발달기, 최성기, 쇠약기, 소멸기의 5단계이며 단계에 따라 태풍의 규모나 성질이 달라진다.

31 태풍의 일생 중 발생기에 대한 설명으로 바르지 못한 것은?

① 회오리가 시작된다.
② 소용돌이가 태풍강도에 도달하기 전까지의 단계이다.
③ 중심기압은 2,000hPa 정도이다.
④ 바람이 점차 강해지며 구름이 밀집하고 해상에 너울이 발생한다.

해설

발생기의 중심기압은 1,000hPa 정도이다.

정답 29 ① 30 ② 31 ③

32 태풍의 일생 중 발달기에 대한 설명으로 바르지 못한 것은?

① 중심기압이 하강한다.
② 중심기압이 최저가 되기 전 및 풍속이 최대가 되기 전까지의 단계이다.
③ 소용돌이가 태풍으로 성장하거나 소멸된다.
④ 성장하면 등압선이 거의 직선형이고, 기압이 급격히 하강한다.

해설
발달기에 태풍으로 성장하면 등압선이 거의 원형이고 기압이 급격히 하강하며, 중심 부근에 두꺼운 구름띠가 형성되고, 태풍의 눈이 생성된다. 보통 서~북서쪽으로 20km/h 속도로 이동한다.

33 태풍의 일생 중 최성기에 대한 설명으로 바르지 못한 것은?

① 바람이 강하며, 태풍이 가장 발달한 단계이다.
② 중심기압이 더 이상 상승하지 않는다.
③ 풍속이 더 이상 증가하지 않으며, 폭풍 영역이 수평으로 확장되어 넓어진다.
④ 막대한 공기덩어리가 회오리 속으로 빨려 들어간다.

해설
최성기에는 중심기압이 더 이상 하강하지 않으며, 북쪽으로 이동하다가 편서풍대에 접어들면서 이동속도가 급격히 증가한다.

34 태풍의 일생 중 쇠약기에 대한 설명으로 바르지 못한 것은?

① 비가 약하며, 쇠약해져 소멸되거나 중위도 지방에 도달하여 온대 고기압으로 변하는 시기이다.
② 전향점을 지나 북~북동쪽으로 이동하고 수증기의 공급이 급속히 감퇴한다.
③ 중심기압이 점차 높아진다.
④ 대칭성을 잃어버린다.

해설
쇠약기에는 비가 강하며, 쇠약해져 소멸되거나 중위도 지방에 도달하여 온대 저기압으로 변하는 시기이다.

32 ④ 33 ② 34 ① 정답

35 너울에 대한 설명 중 바르지 못한 것은?

① 태풍 진행 방향에 대해서 약간 왼쪽으로 기울어진 부분에서 가장 잘 발달한다.

② 너울의 진행 속도는 보통 태풍 진행 속도의 2~4배이고, 태풍보다도 너울이 선행하여 연안지방에 여러 가지의 태풍 전조현상을 일으킨다.

③ 직접적으로 일어난 파도가 아닌 바람에 의해 일어난 물결을 말하는 것으로 풍랑과 연안쇄파 사이에서 관측된다.

④ 풍랑과는 달리 너울은 파도의 마루가 둥그스름하고 파도의 폭이 산 모양으로 꽤 넓으며 파고가 완만하게 변화하여 이어지는 파고가 거의 같다.

해설

너울은 태풍 진행 방향에 대해서 약간 오른쪽으로 기울어진 부분에서 가장 잘 발달한다. 너울은 쇠퇴해 가는 파도이기 때문에 진행함에 따라 파고가 낮아지며, 진행하는 데 따라서 파장과 주기가 길어진다. 그 이유는 발생역(發生域)에서는 파장과 주기에 대해서 넓은 스펙트럼을 지니고 있으나, 진행함에 따라 장주기의 성분파가 차차 탁월해지기 때문이다.

36 고조(폭풍해일)의 원인에 대한 설명 중 틀린 것은?

① 태풍 같은 강한 저기압권에서 균형을 유지하기 위해 해면이 부풀어 올라서 해수면이 이상적으로 높아진 현상이다.

② 중심기압 960hPa의 태풍인 경우 중심 부근의 해면은 태풍권 내에 비하여 50 (1,010-960)cm쯤 낮아진다.

③ 부풀어 오른 해면의 모양은 태풍의 이동과 더불어 진행하는데, 그 속도가 해면에서의 너울 속도에 가까우면 공명작용에 의하여 더 부풀어 오른다.

④ 폭풍해일은 기상조석에 천문조석 및 풍랑작용이 더해진 것이다.

해설

태풍 또는 강한 저기압권 안팎의 기압차에 의하여 해면이 균형을 유지하기 위해 부풀어 오르며, 그 높이는 cm로 나타내고 태풍권 외와의 기압차(hPa)의 수치와 거의 일치한다. 즉, 중심기압 960hPa의 태풍인 경우 중심 부근의 해면은 태풍권 내에 비하여 50(1,010-960)cm쯤 높아진다.

37 태풍 발생 4가지 조건에 해당하지 않는 것은?

① 차가운 바닷물　② 충분한 수증기
③ 상하층 바람의 강도　④ 대기의 회전 방향

정답 35 ① 36 ② 37 ④

해설

태풍은 해수면 온도가 26.5℃ 이상인 열대해양(인도양, 태평양, 북대서양)에서만 발생하며, 태풍의 반지름은 가장 작은 경우도 300km나 된다. 또한, 대기에 수증기가 충분해야 하며, 상하층 바람의 강도는 작아야 하고 대기는 전반적으로 반시계(CCW ; Counter Clock Wise) 방향으로 회전해야 한다.

38 난류 발생의 역학적 요인으로 옳지 않은 것은?

① 수평기류가 시간적으로 변하거나 공간적인 분포가 다를 경우, 윈드시어(Wind Shear)가 유도되고 소용돌이가 발생한다.

② 지형이 복잡한 하층에서부터 큰 상층까지 윈드시어가 발생할 가능성이 크다.

③ 열역학적 요인으로는 공기의 열적 성질의 변질 및 이동으로 현저한 상승·하강기류가 존재할 때 난류가 발생하며, 열적인 변동이 큰 대류권 상층에서 빈번하다.

④ 열과 수증기를 상층으로 이동시키는 역할을 하며 난류가 강하면 공기층 내에서 상하의 혼합이 잘된다.

해설

난류 발생의 열역학적 요인으로는 공기의 열적 성질의 변질 및 이동으로 현저한 상승·하강기류가 존재할 때 난류가 발생하며, 열적인 변동이 큰 대류권 하층에서 빈번하다.

39 난류의 강도 중 식사 서비스가 가능하지만 걷기에 약간의 어려움을 느낄 수 있는 강도는?

① Light(약)　② Moderate(보통)

③ Severe(강)　④ Extreme(매우 강)

해설

난류의 강도 중 Light(약)는 탑승자의 경우 안전벨트에 약한 장력을 느끼며, 고정되지 않은 물체는 약간 움직일 수 있고, 식사 서비스가 가능하지만 걷기에 약간의 어려움을 느낄 수 있다.

40 항공기가 급격하게 요동하고 실제적으로 통제가 불가능하며 구조적 손상의 원인이 되는 난류의 강도는?

① Light(약)　② Moderate(보통)

③ Severe(강)　④ Extreme(매우 강)

38 ③ 39 ① 40 ④ **정답**

해설

난류의 강도 중 Extreme(매우 강)은 항공기가 급격하게 이리저리 요동하고 실제적으로 통제가 불가능하며, 구조적 손상의 원인이 될 수 있어서 Extreme Turbulence(매우 강한 난류)로 보고한다.

41 저층 윈드시어 중 4.0~7.9의 강도에 해당하는 것은?

① Light(약)

② Moderate(보통)

③ Strong(강)

④ Severe(매우 강)

해설

저층 윈드시어는 Light(약 : < 4.0), Moderate(보통 : 4.0~7.9), Strong(강 : 8.0~11.9), Severe (매우 강 ≥ 12)로 구분한다. 윈드시어는 대기 속도 변동이 100ft당 15~20kts(10m당 5~7kts)로 일어날 때 심각한 상황이 된다.

정답 41 ②

CHAPTER

10 기상관측과 전문(METAR)

1 기상예보, 항공기상보고(METAR/TAF)

(1) 기상예보

① 비행 전 반드시 확인하여야 할 사항 중 하나는 비행하고자 하는 지역에 해당하는 기상 정보를 미리 입수하는 것이다.

② 기상 정보를 제공하는 기관은 기상청(www.kma.go.kr)과 항공기상청(amo.kma.go.kr) 등이 있지만, 비행장치 운용자들이 손쉽게 이용할 수 있는 것은 기상청에서 운용하고 있는 디지털 예보이다.

③ 디지털 예보

㉠ 디지털 예보는 한반도와 그에 따른 해상을 중심으로 생산한 예보를 디지털화하여 제공하는 서비스로, 시공간적으로 구체적인 숫자, 문자, 그래픽, 음성 등의 형태로 '언제, 어디에, 얼마나'와 같이 다양하고 상세한 예보 정보를 제공하는 새로운 개념의 일기예보체계이다.

㉡ 기존의 예보가 시, 도, 군 단위의 예보 구역별로 생산되던 것을 디지털 예보에서는 읍, 면, 동의 행정 구역별로 3시간 간격의 상세 예보로 정량화하여 제공된다. 이렇게 제공되는 상세한 예보는 다양한 기상 정보로 활용할 수 있다.

(2) 항공기상보고

① 항공정기기상보고(METAR)

㉠ 정시 10분 전에 1시간 간격으로 실시하는 관측이다(지역항공항행협정에 의거하여 30분 간격으로 수행하기도 함. 예 인천).

㉡ 보고 형태, ICAO 관측소 식별문자, 보고일자 및 시간, 변경 수단, 바람 정보, 시정, 활주로 가시거리, 현재 기상, 하늘 상태, 온도 및 노점, 고도계, 비고(Remarks)가 포함된다.

㉢ 비행장 밖으로 전파한다.

② 특별관측보고(SPECI)

㉠ 정시관측 외 기상현상의 변화가 커서 일정한 기준에 해당할 때 실시하는 관측·보고이다.

㉡ 비행장 밖으로 전파한다.

③ 사고관측·보고(Accident Observation & Report) : 항공기의 사고를 목격하거나 사고 발생을 통지받았을 때 정시관측의 모든 기상요소에 대하여 행하는 관측으로, 모든 계기 기록에 시간을 표시해야 한다.

(3) 터미널 공항예보(TAF)

① 어떤 공항에서 일정한 기간 동안에 항공기 운항에 영향을 줄 수 있는 지상풍, 수평시정, 일기, 구름 등의 중요 기상 상태에 대한 예보이다.

② 특정 시간(일반적으로 24시간) 동안 공항의 예측된 기상 상태를 요약한 것으로 목적지 공항에 대한 기상 정보를 얻을 수 있는 주요 기상정보매체이다.

③ TAF는 METAR 전문에서 상용된 부호를 사용하고, 일반적으로 1일 네 차례(0000Z, 0600Z, 1200Z, 1800Z) 보고된다.

(4) 현재 일기예보(공항기상 정보 : METAR 중 FORECAST)[96]

① 전문형식 : W'W'

작성 예 : SPECI RKSS 211025Z 31015G27KT 280V350 3000 1400N R24/P2000 +SHRA

② 관측시각 현재, 공항 또는 그 주변(반경 8km 이내)의 시계 내에 있는 일기현상이다.

③ 대기 중의 물현상, 먼지현상, 전기현상, 빛현상을 관측한다.

④ WMO CODE TABLE 4678(WMO No.306)의 수식어(강도, 상태)와 기상현상부호를 결합하여 표시한다.

㉠ 강도, 상태, 기상현상 순서로 최대 3개까지 보고할 수 있다(예 -DZ, +SHRA, VCSH, MIFG, BLSN, FZFG, SNRA).

㉡ 강도(+ : 강함, - : 약함)는 강수현상(소낙성 및 강수를 동반한 뇌우 포함), 높이 날린 먼지, 모래 또는 눈, 먼지보라, 모래보라에만 적용한다.

- 일기현상의 강도는 관측 당시의 상태

96) https://gomdoripoob.tistory.com/6

• 발달한 깔대기구름(토네이도 또는 용오름)의 경우 강도 '+'를 사용(예 +FC)

㉢ 수식어 VC(Vicinity) : TS, DS, SS, FG, FC, SH, PO, BLDU, BLSA, BLSN에만 사용한다.

• 강도 및 형태는 미분류

※ VC(Vicinity) 개념 : 공항 자체는 아니나 공항 주변으로부터 8km 이내

㉣ 상태 표시 수식어는 하나의 w'w'군에 두 가지를 동시에 사용할 수 없다.

㉤ 수식어 중 MI, BC, PR : FG(안개)에만 사용한다(예 MIFG).

• FG : 물방울 또는 얼음결정체에 의해 시정이 1,000m 미만으로 감소할 때 보고한다.
• MIFG : 지상 2m 높이에서의 시정은 1,000m 이상이지만 안개층을 통해서 볼 수 있는 시정이 1,000m 미만일 때 보고
• VCFG : 관측 장소에는 없으나 공항 인근 지역의 안개를 관측했을 경우
• BCFG : 산재한 안개덩어리를 보고할 경우
• PRFG : 안개가 공항의 일부 지역에 끼어있음을 보고할 경우

㉥ 수식어 SH, TS : RA, SN, PE, GS, GR에만 사용한다.

㉦ 수식어 FZ : FG, DZ, RA에만 사용한다.

• 수식어 DR : 바람에 의해 지면 위 2m 미만 날릴 경우
• 수식어 BL : 바람에 의해 지면 위 2m 이상 날릴 경우

※ DR, BL : 먼지(DU), 모래(SA), 눈(SN)에만 사용

㉧ 두 종류 이상의 기상현상이 동시에 관측되었을 때는 해당 기상현상부호 사이에 공백을 두고 따로 표시한다(예 +RA FG).

• 두 가지 이상의 강수현상이 동시에 관측되었을 때는 동일군에 결합시켜 부호화하되 탁월한 강수현상을 앞에 표기하며 수식어를 나타내는 부호는 1개 군에 1개만 사용한다(예 +SHSNRAGS).
• 강수현상과 다른 현상(장애, 기타)을 동시에 관측할 경우에는 각 일기현상으로 부호표 순서에 따라 사용한다.
• 높이 날린 눈과 구름에서 내리는 눈이 동시 관측될 때는 두 가지 현상을 모두 보고한다(예 SN BLSN). 단, 강하게 날린 눈으로 인하여 관측자가 눈이 구름에서 내리는가를 결정할 수 없을 때는 +BLSN으로 보고한다.
• TS는 뇌전현상은 있으나 강수현상을 동반하지 않을 경우이다.

  ※ 강수현상을 동반할 때는 TS 다음에 공백 없이 강수일기현상을 붙여서 보고한다.

• 얼음결정체(빙침 : IC), 연기, 연무, 널리 퍼진 먼지와 모래(낮게 날린 모래 제외) 등은 시정이 5,000m 이하일 때만 보고한다.

- 박무(BR) : 시정이 물방울이나 얼음결정체에 의하여 1,000~5,000m로 감소할 때 보고한다.
  ※ 상대습도가 95%보다 클 때 사용한다.
- 우박(GR) : 관측된 우박의 직경이 5mm 이상될 때, 기타 경우에는 GS 사용한다.

㉢ 시정이 5,000m 이하일 때는 IC, FU, HZ, DU, SA 및 BR이 METAR/SPECI에 보고되어야 한다.

㉣ 시정이 5,000m보다 클 때는 IC, FU, HZ, DU, SA, 및 BR이 정의에 의하여 존재하지도 않으며 보고되지도 않는다. 가령 시정이 5,000m일 때는 시정감소의 원인이 되는 IC, FU, HZ, DU, SA 및 BR의 현상과 함께 부호화된다.

㉤ 반면에 시정이 5,001~5999m일 때는 METAR/SPECI에 5,000으로 부호화되지만 IC, FU, HZ, DU, SA 및 BR은 표시되지 않는다.

㉥ 다음은 일상적으로 비행장에서 사용하는 일기현상별 코드부호를 정리한 것이다.

▌CODE TABLE 4678(WMO publication No.306) 97)

수식어		일기현상		
강 도	상 태	강 수	장 애	기 타
-약함	MI 얕은	DZ 안개비	BR 박무	PO 먼지/모래선풍(회오리바람)
	BC 흩어진	RA 비	FG 안개	
보통(수식어 없음)	PR 부분적인(공항의 일부를 덮고 있을 때)	SN 눈		SQ 스콜
		SG 쌀알눈	FU 연기	
	DR 낮게 날린	IC 얼음결정체(빙침)	VA 화산재	FC 깔대기구름(토네이도 또는 용오름)
+강함(잘 발달된 먼지/모래선풍과 깔대기 구름)	BL 높게 날린			
	SH 소낙성의	PL 얼음싸라기	DU 널리 퍼진 먼지	
	TS 뇌우의	GR 우박	SA 모래	SS 모래보라
VC 인근 또는 근처	FZ 어는(과냉각)	GS 작은 우박 또는 눈싸라기	HZ 연무	DS 먼지보라

97) http://gomdoripoob.tistory.com/6

(5) METAR 보고 표기[98]

① METAR의 표기는 다음과 같이 배포된다. 세부사항은 각 단원별로 지상풍, 시정, 활주로 가시거리, 구름 또는 수직시정 파트에서 기술한 내용을 참조하고, 다른 파트는 다음의 추가 설명을 참조한다.

IDENTIFICATION GROUPS(식별군)			바람(KT)	시정(m)
type	CCCC YYGGggZ	(AUTO)	dddffGfmfm	VVVVDv VxVxVxVxDv
METAR	RKSI		27008KT	0350
SPECI	RKSS		36009G22KT	2000 1200NW
	RJAA		31015KT 280V350	6000 2800E
	VHHH		00000KT	9999
			VRB03KT	4000
			240P99KT	

활주로가시거리(m)	현재일기	구름(100ft)
$RD_RD_R/V_RV_RV_RV_Ri$ 또는 $RD_RD_R/V_RV_RV_RV_RVV_RV_RV_RV_Ri$	W'W'	$N_SN_SN_Sh_sh_sh_s$ $VVh_sh_sh_s$ SKC
R24/0350	FG	FEW020 BKN 040
R33/1200	VCFG	SCT008 SCT015 BKN040
R15/P2000	MIFG	SCT010CB BKN020 OVC050
R15/1300D	+ DR FG	OVC030
R33/0800U	SN BLSN	SCT/// BKN008
R33/1100N	+SHSNGS	VV002
R33/0700VP2000	+DU	SKC

기온/이슬점온도	기 압	보충정보			
$T'T'/T'_dT'_d$	$QP_HP_HP_HP_H$	REw'w'	WS $RWYD_RD_R$ WS ALL RWY	WT_ST_S/SS'	$R_RR_RE_RC_Re_Re_RB_RB_R$
10/08	Q1012	RERA	WS RWY15	W19/S4	15451293
M08/M09	Q0999	RETS	WS ALL RWY		33699294
02/M03	A2997	RESHSN			

98) http://gomdoripoob.tistory.com/6

② 식별군(METAR, SPECI, 장소, 시간)을 세부적으로 살펴보면 다음과 같다.

㉠ 전문형식 : METAR 또는 SPECI CCCC YYGGggZ(AUTO)

작성 예 : SPECI RKSS 211025

㉡ 이 군은 3부분으로 구성된다.

- METAR 또는 SPECI : 항공기상관측보고 전문지시자
- METAR(METeorological Aerodrome Report) : 정시관측보고
- SPECI(SPECIal report) : 특별관측보고
- CCCC : 보고지점의 ICAO 지역 지시부

※ ICAO Location Indicator Doc 7910/77 참조

- YYGGggZ : 관측을 수행한 시간 : 그 달의 날짜/시각/분으로 구성(UTC 단위)

예 SPECI RKSS 211025Z

※ 지시자(AUTO) : 모든 기상관측요소가 사람의 관여 없이 완전 자동관측될 때 표시

2 항공안전정보

(1) 우리나라의 항공정보업무 관련 담당기관

① 항공정책실

② 서울지방항공청(항공정보과, 인천국제공항 비행정보실, 김포공항 비행정보실, 기타 지방공항출장소)

③ 부산지방항공청(항공관제국, 김해공항 비행정보실, 제주공항 비행정보실, 기타 지방공항출장소)

④ 항공교통관제소(항공정보과, 항공관제과, 통신전자과, 운영지원과)와 각 항공교통관제소 등

(2) 항공정보출판물

① 항공정보간행물(AIP ; Aeronautical Information Publication) : 우리나라 항공정보간행물은 한글과 영어로 된 단행본으로 발간되며, 국내에서 운항되는 모든 민간항공기의 능률적이고 안전한 운항을 위하여 영구성 있는 항공정보가 수록되어 있다.

② 항공정보간행물 보충판(AIP SUP) : 장기간의 일시 변경(3개월 또는 그 이상)과 내용이 광범위하고 도표 등이 포함된 운항에 중대한 영향을 끼칠 수 있는 정보를 항공정보간행물 황색 용지를 사용하여 보충판으로 발간한다.

③ 항공정보회람(AIC ; Aeronautical Information Circular) : 항공정보회람은 AIP나 NOTAM으로 전파될 수 없는 주로 행정사항에 관한 항공정보를 제공한다.

④ AIRAC(Aeronautical Information Regulation & Control) : 운영방식에 대한 변경을 필요로 하는 사항을 공통된 발효일자를 기준으로 하여 사전 통보하기 위한 체제(및 관련 항공고시보)를 의미하는 약어이다.

⑤ 항공고시보(NOTAM) : 유효기간 3개월

㉠ 직접 비행에 관련 있는 항공 정보(일시적인 정보, 사전 통고를 요하는 정보, 항공정보간행물에 수록되어야 할 사항으로서 시급한 전달을 요하는 정보)를 전달하고자 할 때 발행한다.

㉡ 각 항공고시보는 매년 새로운 일련번호로 발행한다. 현재 유효한 항공고시보의 확인을 위한 항공고시보 대조표는 매달 첫날에 발행하고, 평문으로 작성된 월간 항공고시보 개요서는 매월 초순에 발행한다.

㉢ 우리나라 항공고시보는 직접 비행에 관련 있는 일시적인 사전 통고를 요하며, 항공정보간행물에 수록되어야 할 사항으로서 시급한 전달을 요하는 정보를 담고 있다. 또한, NOTAM의 접수 및 발행 등의 관련 업무는 항공교통관제소 항공정보과에서 수행하고 있다.

▮ AIP

99)

▮ NOTAM

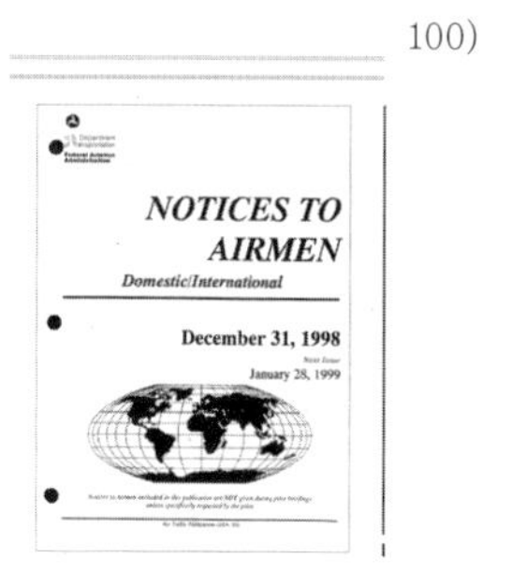

100)

▮ NOTAM 101)

NOTAM Number : FDC 6/5932 Download shapefiles

Issue Date :	December 02, 2016 at 2220 UTC
Location :	CANNONBALL, North Dakota near BISMARCK VOR/DME (BIS)
Beginning Date and Time :	December 02, 2016 at 2359 UTC
Ending Date and Time :	December 16, 2016 at 2359 UTC
Reason for NOTAM :	Temporary flight restrictions
Type :	Hazards
Replaced NOTAM(s) :	N/A
Pilots May Contact :	MINNEAPOLIS (ZMP) ARTCC, 651-463-5580, 202-267-3333

Jump To: **Affected Areas**
Operating Restrictions and Requirements
Other Information

Click for Sectional
NOTAM Text

Affected Area(s) Top

Airspace Definition:

Center: On the BISMARCK VOR/DME (BIS) 164 degree radial at 19.6 nautical miles. (Latitude: 46°26'10"N, Longitude: 100°37'52"W)
Radius: 4 nautical miles
Altitude: From the surface up to and including 3500 feet MSL

Effective Date(s):

From December 02, 2016 at 2359 UTC
To December 16, 2016 at 2359 UTC

Operating Restrictions and Requirements Top

No pilots may operate an aircraft in the areas covered by this NOTAM (except as described).

Other Information: Top

ARTCC:	ZMP - Minneapolis Center
Point of Contact:	NORTH DAKOTA TACTICAL OPERATION CENTER Telephone 701-580-7235
Authority:	Title 14 CFR section 91.137(a)(1)

99) http://blog.naver.com/ijcho99/220474813984
100) http://navyflightmanuals.tpub.com/P-1244/Figure-2-Civilian-Notices-To-Airmen-274.htm
101) http://aireform.com/20161205scp-dapl-tfr-fdc-notam-6-5932-cannonball-nd/

```
                                                  C3875/12 REVI
HOT AIR BALLOONS (MAX 15)
WILL BE OPERATING WI 15NM RADIUS OF LAKE CULLERAINE
APRX 25NM WEST OF MILDURA
SFC TO 5000FT AMSL
FROM 06 301035 TO 07 080800
HJ

                                                           C39

YWST NDB 127 AIP DEP AND APCH (DAP) EAST
INSERT 2500 IN 25NM MSA BETWEEN B-180 AND B-270
FROM 07 020131 TO PERM

                                                           C39

TEMPO DANGER AREA ACT
IN CLASS G AIRSPACE AT LAKE CULLERAINE VICTORIA
DUE TO GRANT MCHERRONS FIRST BALLOON SOLO FLIGHT
WI THE LATERAL LIMITS BOUNDED BY A CIRCLE OF 15NM
RADIUS CENTRED ON S34 16.2 E141 35.6
SFC TO 5000FT AMSL
FROM 07 032100 TO 07 040030

CONGRATULATIONS ON YOUR FIRST SOLO GRANT!
FROM TEAM PCDU

                                                           C39

AUSOTS GROUP A DOMESTIC FLEX TRACKS ACT
```

```
KTOA ZAMPERINI FIELD
FDC 8/8053 - FI/P ZAMPERINI FIELD, TORRANCE, CA.
   ILS OR LOC RWY 29R, AMDT 2A...
     LOS ANGELES ALTIMETER SETTING MINIMUMS:
     S-ILS 29R CATS A/B DA 405/HAT 308.  VISIBILITY CATS A/B 1.
     CATS C/D NA.
     S-LOC 29R CATS A/B MDA 660/HAT 563.  VISIBILITY CATS A/B 1.
     CATS C/D NA.
     CIRCLING CATS A/B MDA 660/HAA 557. VISIBILITY CATS A/B 1.
     CATS C/D NA.
   THIS IS ILS OR LOC RWY 29R, AMDT 2B. WIE UNTIL UFN. CREATED: 05 NOV 16:28
2008
```

[102]

❶ 050063 ❷ NOTAMN ❸ CYXX
❹ LANGLEY AIRPORT CYNJ
RWY 25/07 CLOSED TIL
❺ APRX 0205061600 ❻

❶ NOTAM Continuity Number : 노탐 순번

❷ 'N' Indicates this is a new NOTAM : N이 표시되어 있으면 새로운 노탐을 의미

❸ This notes where the NOTAM file is kept–in this case, FSS at Abbotsford Airport(CYXX) : 노탐이 보관되는 위치 - 여기에서는 애버츠퍼드 공항

❹ The Identifier for Langley Airport(CYNU) : 랭글리 공항 식별자

❺ Approximately : 대략

❻ The standard date and time sequence–in this case May 6, 2002 at 1600 UTC : 표준 날짜 및 시간 - 여기에서는 5월 6일 2002년 16:00 UTC

102) http://fly.blakecrosby.com/2011/10/the-importance-of-notams.html

CHAPTER

10 적중예상문제

01 다음 중 항공고시보(NOTAM)의 유효기간은?

① 3개월 ② 5개월

③ 8개월 ④ 1년

해설

항공고시보(NOTAM)는 항공 안전에 영향을 미칠 수 있는 잠재적 위험이 공항이나 항로에 있을 때 조종사 등이 미리 알 수 있도록 항공당국이 알리는 것이다. 국제적인 항공고정통신망을 통해 전문 형태로 전파되며 유효기간은 3개월이다.

02 항공정기기상보고(METAR) 형태에 포함되지 않는 것은?

① 시 정

② 온도 및 노점

③ 비고(Remarks)

④ 항공기의 사고

해설

항공정기기상보고(METAR)는 보고형태, ICAO 관측소 식별문자, 보고일자 및 시간, 변경 수단, 바람 정보, 시정, 활주로 가시거리, 현재 기상, 하늘 상태, 온도 및 노점, 고도계, 비고(Remarks)가 포함된다.

03 직접 비행에 관련 있는 항공정보(일시적인 정보, 사전 통고를 요하는 정보, 항공정보간행물에 수록되어야 할 사항으로서 시급한 전달을 요하는 정보)를 전달하고자 할 때 조종사들에게 배포하는 공고문은?

① AIC ② AIP

③ AIRAC ④ NOTAM

정답 1 ① 2 ④ 3 ④

해설

항공고시보(NOTAM)는 직접 비행에 관련 있는 항공정보(일시적인 정보, 사전 통고를 요하는 정보, 항공정보간행물에 수록되어야 할 사항으로서 시급한 전달을 요하는 정보)를 전달하고자 할 때 발행한다. 우리나라의 항공고시보는 직접 비행에 관련 있는 일시적인, 사전 통고를 요하는 그리고 항공정보간행물에 수록되어야 할 사항으로서 시급한 전달을 요하는 정보를 담고 있으며 항공교통관제소 항공정보과에서 NOTAM의 접수 및 발행 등의 관련 업무를 수행하고 있다.

04 기상예보에 대한 설명으로 바르지 못한 것은?

① 비행 전 반드시 확인하여야 할 사항 중 하나는 비행하고자 하는 지역에 해당하는 기상정보를 미리 입수하는 것이다.

② 기상정보를 제공하는 기관은 기상청(www.kma.go.kr)과 항공기상청(amo.kma.go.kr) 등이 있다.

③ 비행장치 운용자들이 손쉽게 이용할 수 있는 것은 기상청에서 운용하고 있는 아날로그 예보이다.

④ 비행장치 운용자들이 손쉽게 이용할 수 있는 것은 기상청에서 운용하고 있는 디지털 예보이다.

해설

비행장치 운용자들이 손쉽게 이용할 수 있는 것은 기상청에서 운용하고 있는 디지털예보이다.

05 기상예보 중 디지털예보에 대한 설명으로 틀린 것은?

① 디지털예보는 한반도와 그에 따른 해상을 중심으로 생산한 예보를 디지털화하여 제공하는 서비스이다.

② 시공간적으로 구체적인 숫자, 문자, 그래픽, 음성 등의 형태로 '언제, 어디에, 얼마나'와 같이 다양하고 상세한 예보정보를 제공하는 새로운 개념의 일기예보체계이다.

③ 기존의 예보가 시, 도, 군 단위의 예보 구역별로 생산되던 것을 디지털예보에서는 읍, 면, 동의 행정 구역별로 제공한다.

④ 디지털예보에서는 예보 구역별로 6시간 간격의 상세 예보로 정량화하여 제공된다.

해설

디지털예보에서는 읍, 면, 동의 행정 구역별로 3시간 간격의 상세 예보로 정량화하여 제공된다.

4 ③ 5 ④ **정답**

06 다음 중 항공정기기상보고(METAR) 대한 설명으로 옳지 않은 것은?

① 정시 10분 전에 1시간 간격으로 실시하는 관측이다.

② 비행장 내에 전파한다.

③ 보고 형태, ICAO 관측소 식별문자, 보고일자 및 시간, 변경 수단, 바람 정보, 시정, 활주로 가시거리, 현재 기상, 하늘 상태, 온도 및 노점, 고도계, 비고(Remarks)가 포함된다.

④ 지역항공항행협정에 의거하여 30분 간격으로 수행하기도 함한다(예 인천).

해설

항공정기기상보고(METAR)는 정시 10분 전에 1시간 간격으로 실시하는 관측으로 지역항공항행협정에 의거하여 30분 간격으로 수행하기도 하며, 비행장 밖으로 전파한다.

07 정시관측 외 기상현상의 변화가 커서 일정한 기준에 해당할 때 실시하는 관측·보고로 올바른 것은?

① 특별관측보고(SPECI)

② 터미널 공항예보(TAF)

③ 현재 일기예보

④ 항공정기기상보고(METAR)

해설

특별관측보고(SPECI)는 정시관측 외에 기상현상의 변화가 커서 일정한 기준에 해당할 때 실시하는 관측·보고로서 비행장 밖으로 전파한다.

08 항공기의 사고를 목격하거나 사고 발생을 통지받았을 때 정시관측의 모든 기상요소에 대하여 행하는 관측으로 올바른 것은?

① 특별관측보고(SPECI)

② 터미널 공항예보(TAF)

③ 현재 일기예보

④ 사고관측·보고(Accident Observation & Report)

해설

사고관측·보고(Accident Observation & Report)는 항공기의 사고를 목격하거나 사고 발생을 통지받았을 때 정시관측의 모든 기상요소에 대하여 행하는 관측으로, 모든 계기기록에 시간을 표시해야 한다.

정답 6 ② 7 ① 8 ④

09 터미널 공항예보(TAF)에 대한 설명으로 바르지 않은 것은?

① 어떤 공항에서 일정한 기간 동안에 항공기 운항에 영향을 줄 수 있는 지상풍, 수평시정, 일기, 구름 등의 중요 기상 상태에 관한 예보이다.
② 특정 시간(일반적으로 12시간) 동안 공항의 예측된 기상 상태를 요약한 것으로 목적지 공항에 대한 기상 정보를 얻을 수 있는 주요 기상 정보매체이다.
③ TAF는 METAR 전문에서 상용된 부호를 사용한다.
④ 일반적으로 1일 네 차례(0000Z, 0600Z, 1200Z, 1800Z) 보고된다.

해설
터미널 공항예보(TAF)는 특정 시간(일반적으로 24시간) 동안 공항의 예측된 기상 상태를 요약한 것으로 목적지 공항에 대한 기상 정보를 얻을 수 있는 주요 기상 정보매체이다.

10 다음 중 현재 일기예보(공항기상 정보 : METAR 중 FORECAST)에 대한 설명으로 틀린 것은?

① 관측시각 현재, 공항 또는 그 주변(반경 9.3km 이내)의 시계 내에 있는 일기현상이다.
② 대기 중의 물현상, 먼지현상, 전기현상, 빛현상을 관측한다.
③ 얼음결정체(빙침 : IC), 연기, 연무, 널리 퍼진 먼지와 모래(낮게 날린 모래 제외) 등은 시정이 5,000m 이하일 때만 보고한다.
④ 박무(BR)는 시정이 물방울이나 얼음결정체에 의하여 1,000~5,000m로 감소할 때 보고한다.

해설
관측시각 현재, 공항 또는 그 주변(반경 8km 이내)의 시계 내에 있는 일기현상이다.

11 우리나라의 항공정보업무 관련 담당기관이 아닌 것은?

① 항공교통관제소　② 서울지방항공청
③ 제주지방항공청　④ 부산지방항공청

해설
우리나라의 항공정보업무 관련 담당기관은 항공정책실, 서울지방항공청(항공정보과, 인천국제공항 비행정보실, 김포공항 비행정보실, 기타 지방공항출장소), 부산지방항공청(항공관제국, 김해공항 비행정보실, 제주공항 비행정보실, 기타 지방공항출장소), 항공교통관제소(항공정보과, 항공관제과, 통신전자과, 운영지원과)와 각 항공교통관제소 등이다.

9 ② 10 ① 11 ③ **정답**

12 국내에서 운항되는 모든 민간항공기의 능률적이고 안전한 운항을 위하여 영구성 있는 항공정보가 수록된 공고문은?

① NOTAM(Notice to Airman)

② AIC(Aeronautical Information Circular)

③ AIP(Aeronautical Information Publication)

④ AIRAC(Aeronautical Information Regulation & Control)

해설

항공정보간행물(AIP ; Aeronautical Information Publication) : 우리나라 항공정보 간행물은 한글과 영어로 된 단행본으로 발간되며, 국내에서 운항되는 모든 민간항공기의 능률적이고 안전한 운항을 위하여 영구성 있는 항공정보가 수록되어 있다.

13 다음 중 AIP나 NOTAM으로 전파될 수 없는 주로 행정사항에 관한 항공정보를 제공하는 공고문은?

① AIP SUP

② AIC(Aeronautical Information Circular)

③ METAR

④ AIRAC(Aeronautical Information Regulation & Control)

해설

항공정보회람(AIC ; Aeronautical Information Circular)은 AIP나 NOTAM으로 전파될 수 없는 주로 행정사항에 관한 항공정보를 제공한다.

14 다음 중 운영방식에 대한 변경을 필요로 하는 사항을 제공하는 공고문은?

① NOTAM(Notice to Airman)

② AIC(Aeronautical Information Circular)

③ AIP(Aeronautical Information Publication)

④ AIRAC(Aeronautical Information Regulation & Control)

해설

AIRAC(Aeronautical Information Regulation & Control)은 운영방식에 대한 변경을 필요로 하는 사항을 공통된 발효일자를 기준으로 하여 사전 통보하기 위한 체제(및 관련 항공고시보)를 의미하는 약어이다.

정답 12 ③ 13 ② 14 ④

CHAPTER

11 계기비행

1 계기비행[103] 기상 상태

(1) 비행규칙

항공규정에서는 기상 상태, 항공기 장비, 조종사의 능력, 영공 및 비행고도를 기초로 비행규칙을 계기비행규칙(IFR ; Instrument Flight Rule)과 시계비행규칙(VFR ; Visual Flight Rule)으로 분류하고 있다.

① 기상에 관한 다양한 정보는 비행 여부를 결정하는 데 매우 중요하므로, 이러한 정보를 능률적이고 효과적으로 해석하기 위해서는 시계비행과 계기비행에 관한 용어나 기준을 알아야 한다.

② 계기비행 기상 상태(IMC ; Instrument Meteorological Condition)는 실링과 시정이 특정값 이하인 기상 상태를 의미하는데, 저실링과 저시정은 조종사가 비행하는 기상환경에서 자주 일어나는 현상이다. 이러한 일기 상태를 이해하고 주의를 기울이지 않는다면 계기비행 시 심각한 문제가 야기될 수 있다. 계기비행 기상 상태의 상대적인 개념은 시계비행 기상 상태(VMC ; Visual Meteorological Condition)이다. 이 두 용어의 차이는 항공운항과 관련된 실링과 시정의 상태로 설명된다.

③ 저시정과 저실링 때문에 발생할 수 있는 비행 위험을 이해하기 위해서는 관련 기상용어에 대해 정확한 개념들을 이해할 필요가 있으며, 다음의 도표를 참조한다.

---

103) 항공기상학 p.345~346(교학연구사 / 홍성길 지음)

Ceiling	실 링
Cloud Amount	운량, 구름량
Cloud Height	운고, 구름 높이
Cloud Layer	운층, 구름 층
Obscuration	차폐현상
Partial Obscuration	부분 차폐
Prevailing Visibility	우시정
Relative Humidity	상대습도
Runway Visibility	RVV(활주로 시정)
Runway Visual Range	RVR(활주로 가시거리)
Sector Visibility	부분시정
Surface Visibility	지상시정
Temperature-Dewpoint Spread	이슬점 차
Tower Visibility	탑시정
Vertical Visibility	연직시정
Weather Depiction Chart	일기도

※ 유의사항 : 구름과 시정항목의 정규관측(지상관측)의 기상보고 용어는 자동관측인가, 수동(인력) 관측인가에 따라 차이가 있음.

④ 실링과 시정의 관측이 완벽하게 정확하지 않다는 점에 항상 유의해야 하는데, 이는 관측값이 정확하게 맞지 않을 수도 있음을 의미하는 것으로, 때로는 추정값일 수도 있다. 특히, IMC 상황에서는 짧은 거리와 짧은 시간 사이에도 큰 변화가 있을 수 있으며, 이런 문제 때문에 IMC에서 비행할 때 관측값에 의심이 생길 때는 언제나 관측값에 대한 신중한 재해석이 필요하다.

⑤ METAR(항공기상정시관측) 보고에서 시정과 실링의 정보는 지상관측소에서 관측된 것임에 유의해야 하며, 시정의 불확실성은 관측하는 방법 때문에 발생하기도 한다. 보고된 시정은 물체를 보고서 식별할 수 있는 수평거리로서 밤에는 낮을 기준으로 하여 물체를 식별할 수 있는 거리를 나타낼 수 있도록 밝은 불빛을 식별할 수 있는 수평거리로 표현한다. 이러한 두 가지 정의는 동일한 기상 상태라도 밝은 곳에서 관측했는가 아니면 어두운 곳에서 관측했는가에 따라 다를 수 있다는 것을 의미한다. 또한, 활주로 시정은 활주로의 방향이나 위치에 따라 확연하게 다를 수 있으며, 이런 문제 외에도 지상시정관측은 유인항공기 또는 무인항공기/무인비행장치(무인비행기/무인멀티콥터 등) 조종사들이 운항 중에 관측한 것과는 다를 수 있다.

⑥ 특히, 구름이 있을 때는 더욱 다를 수 있는데 부분 또는 완전한 차폐현상이 있을 때 드론(무인항공기)/무인비행장치에서 비행장을 내려다보면 지상에서 볼 수 없는 물체도 카메라 앵글을 통해 볼 수 있는 경우가 있다. 또 다른 중요한 문제는 비행장 활주로에 최종적으로 접근할 때의 'Slant Visibility(빗시정)'이다. 이것은 드론(무인항공기)/무

인비행장치 조종사가 착륙 중에 활주로등이나 표식물과 같은 착륙유도장치를 볼 수 있는 경사거리이다. 이 값은 지상에서 보고한 시정과 항상 같을 수는 없다.

⑦ Control Tower(관제탑)에서 바라본 시정이 'Tower Visibility(탑시정)'이다. 즉, 지상시정은 기상관측소에서 관측한다. 이를 '시정'이라고 하며, 연직시정은 실링고도로 보고한다.

⑧ 기상 보고에 나타난 시정은 '우시정(또는 시정)'이라는 것을 명심하여야 한다. 우시정(Prevailing Visibility)이 어떠한 종류의 시정값인지 완전히 이해하는 것이 매우 중요한데, 관측의 불확실성은 지상에서 관측된 구름 밑면(운저) 높이도 구름 높이(운고)가 높을수록 추정오차가 증가한다.

(2) 계기비행 기상 상태의 원인

① 시정은 대기 중의 입자들이 빛을 흡수, 산란, 반사하기 때문에 악화된다. 대기 중의 이러한 입자들은 항상 대기 중에 어느 정도는 분포하지만, 대부분의 경우에는 수가 적거나 크기가 작아서 어떤 거리에 있는 물체를 보고 인식하는 데 큰 영향을 주지 않는다. 그러나 때로는 대기 중에 입자가 매우 많아져서 시정이 Zero까지 감소하기도 한다. 이러한 특정조건이 나타나는 원인을 이해하기 위해서는 대기 중에 부유하고 있는 이러한 입자의 형태와 움직임을 알아야 한다. 1997년 괌 KAL기 사고는 시정이 불량한 상태에서 계기착륙을 시도하는 과정에서 발생한 조종자 과실과 공항시설 미비로 인한 대표적인 사고이다.

읽을거리

조종사 과실과 공항시설 미비의 합작으로 발생한 괌 KAL기 사고

1997년 대한항공 801편의 괌 추락사고의 원인은 조종사 과실과 공항시설 미비 및 관제상의 문제로 1999년에 결론지어졌다.

자정 넘어 괌의 아가냐 공항으로 향하던 대한항공기가 강한 비와 짙은 구름으로 공항 위치를 확인하지 못해 계기착륙을 시도하였으나, 조종실 승무원들이 사전에 이에 대한 충분한 브리핑을 거치지 않은 상태에서 각자의 임무를 제대로 수행치 못한 점이 가장 큰 이유라고 지적되었다. 이에 따라 사전에 작동치 않는 것으로 고지되어 전면적으로 무시했어야 할 활공각지시기의 작동 여부에 대해 혼동을 일으켰고, 활주로 끝에서 5.9km 떨어진 니츠힐의 전방향무선표지시설(VOR)에서 나오는 정보를 활주로 끝으로부터의 거리 정보로 착각하여 정상보다 700ft(210m)나 낮은 고도에서 니미츠힐을 향해 돌진하게 되었다. 그러나 최저안전고도경보장치마저 작동하지 않는 상태였고 관제 역시 완벽하지 않아 조종사들의 재상승 노력에도 불구하고 추락을 피할 수 없었다.

② 대기 중의 이러한 입자는 일반적으로 두 가지 유형, 즉 물방울 및 빙정과 같은 물입자들과 연소에 의하거나 바람이 운반한 모래, 토양, 화산재와 같은 먼지 입자들이다. 두 유형의 입자 중에서 빗방울이나 화산재와 같이 큰 입자들은 지면으로 낙하할 수 있으나 구름입자나 연무입자처럼 작은 입자들은 대기 중에 충분히 부유가 가능하다. 이러한 입자들의 수와 크기는 시정 자체는 물론이고 하늘의 색깔에도 영향을 미친다.

㉠ 안개와 낮은 하층운

- 구름이 물방울이나 빙정으로 구성되어 있거나 이들 두 가지의 혼합으로 구성되어 있거나 모든 구름은 시정에 큰 영향을 미친다.
- 권운 속에서는 시정이 일반적으로 0.5mile 이상이지만, 하층운이나 적란운 속에서는 시정이 100ft에서 0ft까지도 떨어진다.
- 안개(Fog)는 지면에 붙어 있는(실제적으로는 지상 50ft 이하의 운저를 가지는) 낮은 구름이며 구름과 마찬가지로 시정을 악화시킨다.

㉡ 기타 저시정요인

- 강수(Precipitation)는 실링이나 시정에 여러 가지 방법으로 영향을 미친다. 이슬비(Drizzle), 비 및 눈의 입자들은 구름입자보다는 훨씬 더 크기 때문에 시정 악화에 큰 영향을 미칠 수 있다. 눈이나 이슬비에 의하여 시정이 5/8 이하로 악화될 때도 있다. 이슬비나 비가 안개를 발생시켰다면 계속적인 강수가 예상되는 한 시정이 호전될 것으로는 기대하지 않는 것이 바람직하다.
- 연기와 연무 중 연기(Smoke)로 인한 시정장애의 정도는 발생하는 연기의 양과 바람에 의한 연기의 이동 또는 난류에 의한 연기의 확산 및 발원지로부터의 거리 등에 따라서 달라지는데, 바람이 약할 때는 연기 발원지 부근에서 시정이 심각하게 악화된다.
- 불안정한 대기는 연기를 높은 곳까지 혼합하여 연기 발원지 부근을 제외하고는 시정에 끼치는 영향이 작다. 만일 대규모 화재에 의해 연기가 발생했다면 하늘 높이 솟구쳐 올라서 높은 안정층 아래까지 이동한다. 연무(Haze)는 대단위 산업지역이나 도시에서 잘 발생하는데 어떤 특정 지역에서 상층에 지속적인 안정층이 있을 때 바람이 약하면 지형적인 장애물과 결합하여 오염물질을 가두어 두는 저지선 역할을 하기도 한다. 이것은 공기오염을 누적시키는 결과를 낳고 결과적으로 시정을 악화시키게 되는데 영국의 스모그현상이 대표적인 시정 악화요인이다.

CHAPTER

11 적중예상문제

01 실링과 시정이 특정값 이하인 기상 상태를 의미하는 용어는?

① 계기비행 기상 상태
② 시계비행 기상 상태
③ 야간비행 기상 상태
④ 고고도비행 기상 상태

해설

계기비행 기상 상태(IMC ; Instrument Meteorological Condition)는 실링과 시정이 특정값 이하인 기상 상태를 의미하는데, 저실링과 저시정은 조종사가 비행하는 기상환경에서 자주 일어나는 현상이다.

02 드론(무인항공기)/무인비행장치 조종사가 착륙 중에 활주로등이나 표식물과 같은 착륙유도 장치를 볼 수 있는 경사거리를 의미하는 용어는?

① Tower Visibility(탑시정)
② Slant Visibility(빗시정)
③ Prevailing Visibility(우시정)
④ Vertical Visibility(연직시정)

해설

드론(무인항공기)/무인비행장치에서 비행장을 내려다보면 지상에서 볼 수 없는 물체도 카메라 앵글을 통해 볼 수 있는 경우가 있다. 또 다른 중요한 문제는 비행장 활주로에 최종적으로 접근할 때의 Slant Visibility(빗시정)이다. 이것은 드론(무인항공기)/무인비행장치 조종사가 착륙 중에 활주로등이나 표식물과 같은 착륙유도 장치를 볼 수 있는 경사거리이다. 이 값은 지상에서 보고한 시정과 항상 같을 수는 없다.

1 ① 2 ② 정답

03 관제탑에서 바라본 시정을 의미하는 용어는?

① Tower Visibility(탑시정)
② Slant Visibility(빗시정)
③ Prevailing Visibility(우시정)
④ Vertical Visibility(연직시정)

해설
Control Tower(관제탑)에서 바라본 시정이 Tower Visibility(탑시정)이다.

04 계기비행 기상 상태에 대한 설명으로 바르지 못한 것은?

① 시정은 대기 중의 입자들이 빛을 흡수, 산란, 반사하기 때문에 악화된다.
② 대기 중 입자들은 대부분의 경우에는 수가 적거나 크기가 작지만, 어떤 거리에 있는 물체를 보고 인식하는 데는 큰 영향을 주게 된다.
③ 대기 중의 이러한 입자는 일반적으로 두 가지 유형, 즉 물방울 및 빙정과 같은 물입자들과 연소에 의하거나 바람이 운반한 모래, 토양, 화산재와 같은 먼지 입자들이다.
④ 빗방울이나 화산재와 같이 큰 입자들은 지면으로 낙하할 수 있으나 구름입자나 연무입자처럼 작은 입자들은 대기 중에 충분히 부유가 가능하다. 이러한 입자들의 수와 크기는 시정 자체는 물론이고 하늘의 색깔에도 영향을 미친다.

해설
대기 중 입자들은 항상 대기 중에 어느 정도는 분포하지만, 대부분의 경우에는 수가 적거나 크기가 작아서 어떤 거리에 있는 물체를 보고 인식하는 데 큰 영향을 주지 않는다.

정답 3 ① 4 ②

MEMO

찾 / 아 / 보 / 기

ㅅ

ㅊ

ㅋ

ㅌ

ㅍ

ㅎ

기 타

MEMO

참 / 고 / 문 / 헌

- 「항공기상업무지침」 항공기상청, 2015. 1
- 「국제기상전보식」 기상청, 2012. 1
- 「항공기상학」 홍성길, 교학연구사, 2012
- 「대단한 바다여행」 윤경철, 푸른길, 2009

[참고사이트]

- 기상청(www.kma.go.kr)
- 기상청 날씨누리(www.weather.go.kr/weather/main.jsp)
- 사이언스올(scienceall.com)
- 에듀넷
- 네이버 지식백과
- 두산백과

편저자 약력

서일수

現 아세아무인항공교육원 원장
現 육군 정책발전 자문위원
• 충남대학교 대학원 평화안보학 석사
• 감항인증 교육 17-4기 수료
• 육군 예비역 중령(정보학교 초대 드론 교육원장/전투실험처장)
• 합참 수집운영과 ISR 계획장교/정보학교 UAV 중대장
• 한·미 ISR 관계관 회의, 美태평양사령부
• 제2회 드론컨퍼런스 연사(드론전문부대 운용방안)
• 제2회 로보유니버스 연사(4차 산업혁명에 기반한 드론 활용안)
• 제33회 SPRI 포럼 연사(4차 산업혁명에 기반한 드론/소프트웨어 활용안)
• 주요 기업(군인공제회, 중앙항업, LIG 넥스원) 강의(드론원리/활용안)
• 군 장병(육군사관학교, 3사관학교, 2작전사령부, 30사단) 강의(드론원리/활용안)
• KT 무인비행선 조종자 이론 강의(비행선 원리/활용안)
• DX Korea 2018 연사(4차 산업혁명에 기반한 군드론 적용안)

[자격]
• 초경량비행장치(무인회전익) 지도(교관)조종자/실기평가 조종자
• 지도(교관)조종자/실기평가조종자 1기 수료
• 무인회전익 비행시간 500시간 이상
• 육군/공군 자문위원(드론봇 전투단/드론 교육원/무인기 총람)
• 산업인력공단 NCS(국가직무능력표준) 개발위원 - 드론콘텐츠제작

[연구개발 및 논문]
• '드론 전문부대 운용 방안' 연구, 육군본부
• '스카이레인저/SWID(멀티콥터)' 전투실험 및 개발 참여, SIS
• '대대급 UAV(리모아이)' 전투실험/사고조사위원 활동/Field Test, 육군본부/유콘시스템
• 국방 무인비행장치 자격 신설 연구

[저서]
• EBS 드론 무인비행장치 필기 한권으로 끝내기
• EBS 드론 무인멀티콥터 실기편 교육용 교본
• 산업인력공단 NCS(국가직무능력표준) - 드론콘텐츠제작

박주성 예비역 육군 준장

現 육군정책연구위원(드론봇 전투체계)
• 국내 드론기술·운용 전문가 육군발전자문위원 조직구성 및 위촉(12명)
• 육군 드론봇 전투체계발전 자문 및 활동
• 육군 드론봇 전투체계관련 기술·운용분야 행정기관 협조 및 지원
現 육군발전자문위원
現 한국안보협업연구소 전문연구위원
前 75사단장 역임
• 드론의 전술적·전략적 운용개념을 디자인할 수 있는 작전분야 근무
배재대학교 행정학 박사
연세대학교 행정학 석사

[자격] • 초경량비행장치(무인멀티콥터)조종자 자격
• 행정사(일반행정사) 자격

[연구개발 및 논문] • 드론 기술개발 및 군 적용방향에 대한 연구
• 군단급 무인기 전술적 운용 및 관리체계 분석, 발전방안 제시

문성철 예비역 육군 준장

現 육군 정책발전 자문위원
• 고려대 정책과학대학원 정치학석사
• 경남대 대학원 정외과 박사과정 수료
• 정보사령부 정보단장
• 육군정보학교장
• 제3야전군 정보처장
• 제1회 드론전투 컨퍼런스 및 경연대회 주최
• DX Korea 2016 드론세미나 공동주최
• 제2회 드론전투 경연대회 주최
• 제3회 드론전투 경연대회 주최
• 드론 군집 편대비행 성공(2016년, 10대)
• 드론 비행 세계 기네스북 도전 성공(2016년, 252대)
• 대대급 UAV 조종사 자격인증과정 신설
• 사단 · 군단 UAV 조종사 양성교육 책임

[자격] • 초경량비행장치(무인회전익) 조종자
• 육군 정책발전 자문위원(육군 드론봇 전투단/육본 정보작전참모부)

[연구개발 및 논문] • 산학연계 드론전문인력 육성 방안
• 드론전투 수행방안
• 드론의 군사적 운용방안

오세진 Tricell International Robotics Lab/연구소장

現 한국재난정보학회 상임이사
現 경찰인재교육원 외래교수
現 아세아항공직업전문학교 항공보안과 외래교수
現 항공안전기술원(KIAST) 기술전문위원
現 행정안전부(MOIS) 연구개발사업 평가위원
現 국립재난안전연구원(NDMI) 테러/항공 전문위원
現 정보통신기술진흥센터(IITP) 국방/ICT/정보보호 전문위원
現 소프트웨어정책연구소(SPRI) 국방 전문위원
現 한미연합사령부 C-IED(급조폭발물) 탐색 및 대응전문가 SMEE 멤버
現 육군(ROKA) 정보작전/군수 분과 발전자문위원
現 한국국방안보포럼(KODEF) 사이버 국장

現 특수지상작전연구회(Landsok-K) 연구위원
現 NAVER 무기백과사전 집필진

[자격] • USN(미해군) EOD, EX SCIENTIA VERA, EXU-1 Advanced Electronics Course 수료
• USN(미해군) EOD, UAV/UAS Forensic Course 수료
• 항공대, 항공보안교관(ICAO ASTP123/Instructors) 수료
• 항공대, 무인기 사고조사 및 보안과정 수료
• 국토교통부, 초경량비행장치 비행자격(무인회전익/멀티콥터)
• 산업인력공단 NCS(국가직무능력표준) 개발위원 - 드론콘텐츠제작

[논문] • 무인비행체계(UAS)방어 기술의 발전과 국내 현황에 대한 고찰, 한국재난정보학회, 2018
• 안티드론 시장과 관련 기술에 대한 고찰, 한국재난정보학회, 2017
• 폭팔물의 구조이해가 X-Ray 판독능력에 미치는 영향연구, 한국재난정보학회, 2017
• 경찰활동에서 드론 활용 방안, 한국재난정보학회, 2016
• 상용드론기반의 다목적 전술드론 개발과 활용방안, 2016

[저서] • 산업인력공단 NCS(국가직무능력표준) - 드론콘텐츠제작
• 인천국제공항공사 - 불법 드론 탐지시설 연구보고서
• 진영사 - 폭발물대응의 이해

감수자 약력

황창근

現 아세아무인항공교육원 수석교관(비행시간 3,000시간 이상)
• 초경량비행장치(무인회전익) 지도(교관) 조종자
• 국내 20여개 드론교육원 원장/교관 배출
• 국내 무인기 업체 조종사 배출(한화테크윈, 대한항공, 한전, KAI, 숨비 등)

김재철

現 아세아무인항공교육원 수석교관(비행시간 3,000시간 이상)
• 초경량비행장치(무인회전익) 지도(교관) 조종자
• 초경량비행장치(무인회전익) 평가교관 조종자(내부)

좋은 책을 만드는 길
독자님과 함께하겠습니다.

도서나 동영상에 궁금한 점, 아쉬운 점, 만족스러운 점이
있으시다면 어떤 의견이라도 말씀해 주세요.
시대고시기획은 독자님의 의견을 모아 더 좋은 책으로 보답하겠습니다.

www.sidaegosi.com

항공기상

초판발행	2019년 10월 10일 (인쇄 2019년 08월 19일)
발행인	박영일
책임편집	이해욱
편저	서일수 외
편집진행	윤진영, 박형규
표지디자인	조혜령
편집디자인	심혜림, 조준영
발행처	(주)시대고시기획
출판등록	제 10-1521호
주소	서울시 마포구 큰우물로 75 [도화동 538 성지 B/D] 9F
전화	1600-3600
팩스	02-701-8823
홈페이지	www.sidaegosi.com
ISBN	979-11-254-6027-5
정가	25,000원